Lineare Algebra I

Falko Lorenz

Lineare Algebra I

4. Auflage

Autor:
Prof. Dr. Falko Lorenz
Universität Münster
Mathematisches Institut
Fachbereich Mathematik und Informatik
Einsteinstraße 62, 48149 Münster

Wichtiger Hinweis für den Benutzer
Der Verlag, der Herausgeber und die Autoren haben alle Sorgfalt walten lassen, um vollständige und akkurate Informationen in diesem Buch zu publizieren. Der Verlag übernimmt weder Garantie noch die juristische Verantwortung oder irgendeine Haftung für die Nutzung dieser Informationen, für deren Wirtschaftlichkeit oder fehlerfreie Funktion für einen bestimmten Zweck. Der Verlag übernimmt keine Gewähr dafür, dass die beschriebenen Verfahren, Programme usw. frei von Schutzrechten Dritter sind. Die Wiedergabe von Gebrauchsnamen, Handelsnamen, Warenbezeichnungen usw. in diesem Buch berechtigt auch ohne besondere Kennzeichnung nicht zu der Annahme, dass solche Namen im Sinne der Warenzeichen- und Markenschutz-Gesetzgebung als frei zu betrachten wären und daher von jedermann benutzt werden dürften.

Bibliografische Information der Deutschen Nationalbibliothek
Die Deutsche Nationalbibliothek verzeichnet diese Publikation in der Deutschen Nationalbibliografie; detaillierte bibliografische Daten sind im Internet über http://dnb.d-nb.de abrufbar.

Springer ist ein Unternehmen von Springer Science+Business Media
springer.de

4. Auflage 2004, Nachdruck 2012
© Spektrum Akademischer Verlag Heidelberg 2004
Spektrum Akademischer Verlag ist ein Imprint von Springer

12 13 14 15 16   5 4 3 2

Lektorat: Dr. Andreas Rüdinger, Barbara Lühker
Umschlaggestaltung: SpieszDesign, Neu–Ulm

ISBN 978-3-8274-1406-9

Vorwort zur dritten Auflage

Der rege Zuspruch, den beide Bände meiner Einführung in die Lineare Algebra inzwischen erfahren haben, hat nun bereits kurze Zeit nach der zweiten Auflage, mit der das Buch eine neue, bessere Ausstattung erhielt, zu einer dritten Auflage geführt.

Die Ziele, die das Buch sich steckt und die Wege, die es dazu einschlägt, haben dabei erst im Laufe der Zeit Beachtung und Anklang gefunden. Zuerst waren es vor allem *Studierende*, deren Zuschriften ich entnehmen konnte, daß das Buch hier von Anfang an auf ein waches Interesse gestoßen war. (Ihnen habe ich auch für manche sorgfältig erstellte Liste von Druckfehlern zu danken.) Vielleicht wäre dennoch aller Einsatz wenig erfolgreich geblieben, hätten nicht auch mehr und mehr meiner Kollegen, ausgetretene Bahnen verlassend, das Buch als nützlich empfunden.

Unter den Lehrenden wächst wieder die Auffassung, daß die mathematische Grundausbildung der Studierenden nicht als lästige Routine betrachtet werden darf, sondern vielmehr eine verantwortungsvolle Herausforderung darstellt. Da kann es auch nicht gleichgültig sein, welche Lehrbücher den Studierenden real zur Verfügung stehen. Das werden gerade diejenigen bestätigen können, die überzeugend dafür einstehen, daß eine gute Vorlesung durch kein Buch zu ersetzen ist.

Von vielen Seiten habe ich nützliche Kritik und wertvolle Anregung erhalten (darunter auch eine bunte Karte aus Singapur, mit der mich R. Bier und T. Schulz auf die inkorrekte Fassung der Aufgabe 75 hinwiesen). Besonderen Dank schulde ich meiner Heidelberger Kollegin *S. Böge*, die mir mitgeteilt hat, wie man den Beweis von Satz 1 in Kap. IX wesentlich vereinfachen kann. An zentraler Stelle war so meine Darstellung noch spürbar zu verbessern (und auch die letzte Beweisführung von etwas ermüdender Dauer, die sich im ganzen Buch noch fand, konnte damit entfallen). Das *Ähnlichkeitsproblem für Matrizen* nach dem Vorbild von *Frobenius* zu behandeln, ist nunmehr noch attraktiver als zuvor.

Die Neuauflage des Buches bot auch Gelegenheit, die Aufgabensammlung am Schluß des zweiten Bandes ein wenig zu ergänzen und eine Aktualisierung der Literaturhinweise vorzunehmen.

Kritik und Anregung von Leserinnen und Lesern des Buches sind mir auch künftig sehr willkommen.

Münster, Juli 1991 — Falko Lorenz

Vorwort zur ersten Auflage

Nach besten Kräften habe ich versucht, eine ansprechende und gründliche Einführung in die Lineare Algebra zu geben; gleichzeitig habe ich dabei großen Wert auf didaktische Gesichtspunkte gelegt. Das Buch ist zweibändig und basiert auf Vorlesungen, die ich für Studenten des ersten und zweiten Semesters an den Universitäten Freiburg und Münster gehalten habe.

Als Einstieg in die Lineare Algebra werden im ersten Kapitel gleich lineare Gleichungssysteme besprochen; sie erfahren anhand des *Gauß'schen Verfahrens* eine in gewissem Sinne bereits abschließende Behandlung. Auf der anderen Seite stellt das Gauß'sche Verfahren die Frage nach der Invarianz des Ranges einer Matrix, führt also in natürlicher Weise zum Dimensionsbegriff der Linearen Algebra. So wird die Einführung abstrakter Begriffe wohlvorbereitet, und außerdem kann bei deren weiterer Behandlung auf die Ergebnisse des ersten Kapitels zurückgegriffen werden. Überhaupt durchzieht das Gauß'sche Verfahren als roter Faden weite Teile des gesamten Stoffes, über den Determinantenbegriff bis hin zu dem durch das Schlagwort *Jordansche Normalform* bezeichneten Themenkreis. Allgemein schreitet der Text in der Weise fort, das die jeweils neu behandelten Begriffe und Sätze sich möglichst natürlich aus dem Vorhergehenden entwickeln.

Die Darstellung ist so angelegt, daß das Buch auch zum Selbststudium geeignet ist sowie für jedermann, der sich in der Linearen Algebra als einer mathematischen Grunddisziplin solide Kenntnisse erwerben möchte. Einige leichte Übungsaufgaben sind in den Text eingestreut; sie sind in erster Linie allerdings bloß als Testfragen gedacht. Dafür findet sich eine kleine Aufgabensammlung am Schluß von Band 2.

Bei angemessener Beschränkung des Stoffes habe ich doch dafür Sorge getragen, daß ein Student das Buch nicht nur als Begleittext zu einer Vorlesung, sondern auch zur Wiederholung und Vertiefung schon erworbener Kenntnisse zur Hand nehmen kann. Der Dozent hingegen, der das Buch für seine Vorlesung heranziehen möchte, wird leicht ersehen, was er eventuell übergehen bzw. wie er die Darstellung gegebenenfalls 'kurzschließen' kann. Die Aufteilung der behandelten Gegenstände auf die beiden Bände ist an der üblichen Semestereinteilung orientiert; sie beruht auf praktischen Erfahrungen, läßt aber durchaus gewisse Umstellungen zu.

Was allgemeine Hinweise für den Leser betrifft, so kann ich mich auf wenige beschränken: Einige der üblichen, heutzutage meist schon auf der Schule vermittelten Ausdrücke und Bezeichnungen der Mengensprechweise werden ohne weiteren Kommentar verwendet; bisweilen wird ferner für Implikationen ein Doppelpfeil benutzt. Einfache

Feststellungen, die zwar hervorgehoben werden sollten, aber dennoch nicht den Namen *Satz* verdienen, habe ich eben *Feststellungen* genannt und mit F1, F2, ... innerhalb eines jeden Kapitels durchnumeriert. Ich möchte hoffen, daß dieser (oder ähnlicher) Brauch Schule macht anstelle der verbreiteten Gewohnheit, auch noch die simpelste mathematische Feststellung einen *Satz* zu nennen.

Von einigen vorsichtigen geometrischen Anspielungen (insb. in Kap. VIII) abgesehen, ist in diesem Buch von Geometrie explizit nicht die Rede. Dies mag als Mangel empfunden werden. Man möge aber bedenken, daß bei dem gegenwärtig vielerorts beklagenswerten Zustand des Geometrieunterrichts an den Schulen ein mit 'Geometrie' mehr oder weniger künstlich angereichertes Buch über Lineare Algebra kaum Gutes bewirken kann; auch eine Rückkehr zur Vorlesung 'Analytische Geometrie' alten Stils erscheint mir angesichts der verfahrenen Situation nicht tauglich. Der Geometrie wird gewiß ein schlechter Dienst erwiesen, wenn elementargeometrische Sätze, für die es gute geometrische Begründungen gibt, erstmals in einer Vorlesung über Lineare Algebra behandelt und dort mit Mausefallen-Beweisen versehen werden, von jenen verbreiteten Pseudobeweisen (wie etwa für den Satz des Pythagoras) ganz zu schweigen. Lineare Algebra jedenfalls als universelle mathematische Grunddisziplin ist glücklicherweise ohne Geometrie sehr gut erlernbar. Um aber der Geometrie selber wieder zu ihrem Recht zu verhelfen, bedarf es eigens besonderer Anstrengungen, vielleicht auch neuer Ideen. Verbreitete gute Kenntnisse der Linearen Algebra sind aber auch hier eher förderlich.

Am Schluß ist es mir eine angenehme Pflicht, vielfachen Dank auszusprechen: Bernadette Bourscheid für die nimmermüde, sorgfältige Arbeit am Typoskript, Günther Steinke für das Ausmerzen einiger Fehler, Andrea für das mühselige Geschäft des Korrekturenlesens sowie ihre und Katharinas Erinnerung, auch an die 'Unterhaltung der Studenten' zu denken, Vera und den anderen dänischen Freunden für die Atmosphäre jener 'speciellen' Ferientage, in denen das Buch zum großen Teil entstanden ist, und nicht zuletzt dem Bibliographischen Institut für seine Unterstützung und die gute Ausstattung des Buches.

Fly, im September 81   Falko Lorenz

Inhaltsverzeichnis

Kapitel IV: Determinanten

*Kapitel V: Eigenvektoren und das charakteristische Polynom
eines Endomorphismus*

Kapitel I

Lineare Gleichungssysteme

§1 Zwei lineare Gleichungen in zwei Unbekannten

Einleitend betrachten wir zwei lineare Gleichungen in zwei Unbekannten:

$$ax + by = e$$
$$cx + dy = f. \tag{1}$$

Sei einer der Koeffizienten a, b, c, d auf der linken Seite verschieden von Null, etwa

$$a \neq 0. \tag{2}$$

Wir subtrahieren dann das c/a-fache der ersten Gleichung von der zweiten Gleichung (die erste Gleichung lassen wir unverändert) und erhalten

$$ax + by = e$$
$$d' y = f' \tag{3}$$

mit $d' = d - bc/a$ und $f' = f - ec/a$. Lösung von (1) und Lösung von (3) laufen auf dasselbe hinaus.* Das System (3) ist aber leicht zu behandeln, weil hier in der zweiten Gleichung eine Unbekannte eliminiert ist. Die zweite Gleichung von (3) ist (wegen $a \neq 0$) äquivalent zu

$$(ad - bc) y = af - ec. \tag{4}$$

Es kommt nun offenbar darauf an, ob hier die Zahl

$$\delta(a, b, c, d) := ad - bc \tag{5}$$

von Null verschieden ist oder nicht.

Fall A: Sei $\delta(a, b, c, d) = ad - bc \neq 0$.
Dann ist (4) äquivalent zu

$$y = \frac{af - ec}{ad - bc} = \frac{af - ec}{\delta(a, b, c, d)}, \tag{6}$$

---

* Denn von (3) ausgehend gelangt man ja durch Addition des c/a-fachen der ersten Gleichung zur zweiten wiederum zu (1) zurück.

was wir übrigens auch in der Form

$$y = \frac{\delta(a, e, c, f)}{\delta(a, b, c, d)} \tag{7}$$

schreiben können. Insgesamt ist das vorgelegte System (1) also äquivalent zu dem folgenden System:

$$ax + by = e$$
$$y = \delta(a, e, c, f)/\delta(a, b, c, d). \tag{8}$$

Hieraus erkennen wir nun im Hinblick auf die gemachte Voraussetzung $a \neq 0$ sofort, daß (1) in dem hier betrachteten Fall A e i n d e u t i g l ö s b a r ist. Für x ergibt sich aus (8) nach kurzer Rechnung* übrigens der Wert

$$x = \frac{ed - bf}{ad - bc} = \frac{\delta(e, b, f, d)}{\delta(a, b, c, d)}. \tag{9}$$

Fall B: Sei $\delta(a, b, c, d) = ad - bc = 0$.

Wie man aus (4) erkennt, ist dann das System (1) n i c h t   i m m e r l ö s b a r.. Man hat ja nur die vorkommenden Konstanten sich so eingerichtet zu denken, daß die rechte Seite von (4), d.h. der Ausdruck $af - ec$, verschieden von Null ausfällt (z.B. $a = c = f = 1$, $e = 0$). Ist aber $af - ec = 0$, so können wir in (3) für y eine b e l i e b i g e Zahl einsetzen (und x nach der ersten Gleichung von (3) berechnen); das System (1) ist dann zwar lösbar, aber n i c h t   e i n d e u t i g   l ö s b a r.

Durch die vorstehenden (aus didaktischen Gründen erfolgten) Erörterungen ist eigentlich schon alles gesagt, was zur Lösungsdiskussion eines linearen Gleichungssystems von zwei Gleichungen in zwei Unbekannten im Prinzip nötig ist. Ergänzend (und zusammenfassend) wollen wir jedoch noch die folgende Feststellung anschließen:

F1: *Vorgelegt sei das lineare Gleichungssystem* (1). *Dann hat man die folgenden drei Fälle zu unterscheiden:*

Fall 0: $a = b = c = d = 0$.
 Dann ist (1) *unlösbar, falls e oder f verschieden von Null sind. Gilt aber $e = f = 0$, so kann man für x und y beliebige Zahlen einsetzen und erhält eine Lösung von* (1).

Fall 1: *Nicht alle Koeffizienten a, b, c, d sind 0, es sei aber $\delta(a, b, c, d) = 0$. Dann ist* (1) *unlösbar, falls $\delta(a, e, c, f) = af - ec$ oder $\delta(e, b, f, d) = ed - bf$ verschieden von 0 ist. Gilt aber $\delta(a, e, c, f) = \delta(e, b, f, d) = 0$, so ist* (1) *lösbar,*

---

* Man kann (9) auch ganz o h n e weitere Rechnung ableiten (siehe weiter unten), doch kommt es uns darauf an dieser Stelle nicht an.

und es gilt (falls wir $a \neq 0$ voraussetzen, was man nach Vertauschen der Unbekannten bzw. Gleichungen stets erreichen kann): Die sämtlichen Lösungen von (1) sind durch

$$x = \frac{1}{a}(e - bt), \quad y = t \tag{10}$$

gegeben, wobei t eine beliebige Zahl bedeutet.

<u>*Fall 2*</u>: $\delta(a, b, c, d) \neq 0$.
    Dann ist (1) eindeutig lösbar, und die Lösung wird durch (9) und (7) gegeben.

Beweis: Wir bemerken zuvor, daß der einem Schema

$$\begin{pmatrix} s & t \\ u & v \end{pmatrix} \tag{11}$$

von Zahlen durch $\delta(s, t, u, v) = sv - ut$ zugeordnete Wert offenbar sein Vorzeichen wechselt, wenn wir in (11) die Zeilen bzw. Spalten untereinander vertauschen, d.h. es gelten die Relationen

$$\delta(u, v, s, t) = -\delta(s, t, u, v) \quad \text{und} \quad \delta(t, s, v, u) = -\delta(s, t, u, v).$$

Der Fall 0 in F1 bedarf keiner weiteren Erörterung, wir nehmen daher im weiteren an, daß die Zahlen a, b, c, d nicht alle gleich 0 sind. Wir wollen nun zunächst voraussetzen, daß (1) lösbar ist; es sei x, y eine Lösung von (1). Dann gilt stets die Beziehung (4); diese hatten wir oben zwar nur unter der Voraussetzung $a \neq 0$ abgeleitet, doch ist sie ersichtlich auch für $a = 0$ erfüllt. Aus Symmetriegründen gilt dann auch

$$(bc - ad)\, x = bf - ed,$$

also

$$(ad - bc)\, x = ed - bf. \tag{12}$$

Aus den Gleichungen (4) und (12) folgt nun aber sofort: Ist $ad - bc = 0$, so ist notwendig $af - ec = ed - bf = 0$.
    Sei jetzt umgekehrt $ad - bc = af - ec = ed - bf = 0$ vorausgesetzt. Im Hinblick auf die Vorbemerkung können wir dabei ohne Einschränkung $a \neq 0$ voraussetzen. Nach dem oben unter Fall B Gesagten ist (1) lösbar, und (10) liefert die sämtlichen Lösungen von (1). Damit ist der Fall 1 erledigt.
    Sei nun $ad - bc \neq 0$. Im Hinblick auf die Vorbemerkung können wir wiederum $a \neq 0$ annehmen. Wie oben unter Fall A ausgeführt, ist (1) dann eindeutig lösbar. Aufgrund der Gleichungen (12) und (4) wird die Lösung durch (9) und (7) gegeben. □

Bemerkung: Die jedem Schema der Gestalt

$$\begin{pmatrix} a & b \\ c & d \end{pmatrix} \tag{13}$$

von beliebigen Zahlen a, b, c, d durch (5) zugeordnete Zahl $\delta(a, b, c, d)$

heißt die *Determinante** von (13). Ist ein lineares Gleichungssystem wie in (1) vorgelegt, so sind – wie wir oben gesehen haben – neben der Determinante von (13) auch die Determinanten von

$$\begin{pmatrix} e & b \\ f & d \end{pmatrix} \quad \text{bzw.} \quad \begin{pmatrix} a & e \\ c & f \end{pmatrix}$$

von Bedeutung; sie treten insbesondere in den Formeln (9) bzw. (7) als Zähler der rechtsstehenden Quotienten auf.

§2 Grundbegriffe für lineare Gleichungssysteme

Wir betrachten nun ein b e l i e b i g e s *lineares Gleichungssystem*

$$
\begin{aligned}
a_{11} x_1 + a_{12} x_2 + \cdots + a_{1n} x_n &= b_1 \\
a_{21} x_1 + a_{22} x_2 + \cdots + a_{2n} x_n &= b_2 \\
\vdots \qquad\qquad\qquad\qquad &\quad\ \vdots \\
a_{m1} x_1 + a_{m2} x_2 + \cdots + a_{mn} x_n &= b_m
\end{aligned}
\tag{14}
$$

von m Gleichungen in den n '*Unbekannten*' $x_1, \ldots, x_n$.

Die a_{ij} $(i = 1, 2, \ldots, m; \ j = 1, 2, \ldots, n)$ bezeichnet man als die *Koeffizienten* des Gleichungssystems. (Sind Mißverständnisse zu befürchten, schreibe man deutlicher $a_{i,j}$ anstatt a_{ij}.) Die Koeffizienten des Gleichungssystems (14) ordnet man zweckmäßig in der Form

$$
\begin{pmatrix}
a_{11} & a_{12} & \cdots & a_{1n} \\
a_{21} & a_{22} & \cdots & a_{2n} \\
\vdots & & & \vdots \\
a_{m1} & a_{m2} & \cdots & a_{mn}
\end{pmatrix}
\tag{15}
$$

an. Ein solches Schema von Zahlen† bezeichnet man auch als eine *Matrix*; um das Format der Matrix in (15) anzugeben, spricht man im Fall von (15) genauer von einer $m \times n$-Matrix. Wir betrachten die *Spalten* dieser Matrix:

---

* Von lateinisch: determinare – abgrenzen, (logisch) bestimmen.

† Wenn in diesem Kapitel von Z a h l e n die Rede ist, mag man sich darunter stets reelle Zahlen vorstellen. Alle hier angestellten Betrachtungen gelten aber auch, wenn wir unter Zahlen die Elemente eines festen, aber beliebigen *Körpers K* verstehen, also eines Rechenbereiches, in dem die vom Rechnen mit reellen Zahlen gewohnten Rechengesetze gelten. Zur genauen Definition eines Körpers siehe Definition 1 von Kap. II.

$$v_1 = \begin{pmatrix} a_{11} \\ a_{21} \\ \vdots \\ a_{m1} \end{pmatrix}, \quad v_2 = \begin{pmatrix} a_{12} \\ a_{22} \\ \vdots \\ a_{m2} \end{pmatrix}, \quad \ldots \quad v_n = \begin{pmatrix} a_{1n} \\ a_{2n} \\ \vdots \\ a_{mn} \end{pmatrix} \tag{16}$$

Diese Spalten kann man auch als $m \times 1$-Matrizen auffassen; jede von ihnen stellt ein m-gliedriges (geordnetes) System, kurz: ein *m-Tupel* von Zahlen dar. Die Zahlen $b_1, \ldots, b_m$ auf der rechten Seite von (14) wollen wir ebenfalls zu einem m-Tupel zusammenfassen:

$$b = \begin{pmatrix} b_1 \\ b_2 \\ \vdots \\ b_m \end{pmatrix} \tag{17}$$

Wir können auf naheliegende Weise eine *Addition von m-Tupeln* erklären durch

$$\begin{pmatrix} c_1 \\ \vdots \\ c_m \end{pmatrix} + \begin{pmatrix} d_1 \\ \vdots \\ d_m \end{pmatrix} = \begin{pmatrix} c_1 + d_1 \\ \vdots \\ c_m + d_m \end{pmatrix} \tag{18}$$

ebenso eine *Multiplikation eines m-Tupels mit einer Zahl* durch

$$a \begin{pmatrix} c_1 \\ \vdots \\ c_m \end{pmatrix} = \begin{pmatrix} ac_1 \\ \vdots \\ ac_m \end{pmatrix} \tag{19}$$

Mit diesen Vereinbarungen können wir (14) die folgende übersichtliche Form geben:

$$x_1 v_1 + x_2 v_2 + \cdots + x_n v_n = b. \tag{20}$$

Um eine prägnante Redeweise zu haben, nennen wir ein n-Tupel

$$x = \begin{pmatrix} x_1 \\ \vdots \\ x_n \end{pmatrix}$$

von Zahlen $x_1, \ldots, x_n$, für welches (14) bzw. (20) gilt, eine *Lösung* unseres linearen Gleichungssystems.

Es ist zweckmäßig, diejenigen Gleichungssysteme unter einem Begriff zusammenzufassen, bei welchen auf der rechten Seite von (14) nur Nullen stehen; man nennt sie *h o m o g e n e lineare Gleichungssysteme*. Ist ein lineares Gleichungssystem (14) vorgelegt, so bezeichnet man dasjenige System, welches aus (14) entsteht, indem man alle $b_1, \ldots, b_m$

durch Null ersetzt, als *das zugehörige homogene Gleichungssystem.* Bezeichnet man demnach mit

$$0 = \begin{pmatrix} 0 \\ 0 \\ \vdots \\ 0 \end{pmatrix} \tag{21}$$

das m-Tupel, welches aus lauter Nullen besteht, so ist das zu (14) bzw. (20) gehörige homogene System durch

$$x_1 v_1 + x_2 v_2 + \cdots + x_n v_n = 0 \tag{22}$$

beschrieben. Ein beliebiges (nicht von vornherein als homogen vorausgesetztes) lineares Gleichungssystem nennt man ein *inhomogenes lineares Gleichungssystem.*

F2: *Man erhält alle Lösungen eines inhomogenen linearen Gleichungssystems, indem man zu einer speziellen Lösung dieses Systems alle Lösungen des zugehörigen homogenen Systems addiert.*

Beweis: Für den Fall, daß (14) unlösbar ist, hat man nichts zu zeigen. Wir nehmen daher an, (14) bzw. (20) besitze eine Lösung x'. Es sei nun x eine beliebige Lösung von (20). Mit

$$x = \begin{pmatrix} x_1 \\ \vdots \\ x_n \end{pmatrix}, \quad x' = \begin{pmatrix} x_1' \\ \vdots \\ x_n' \end{pmatrix}$$

gelten also die Beziehungen

$$x_1 v_1 + x_2 v_2 + \cdots + x_n v_n = b$$
$$x_1' v_1 + x_2' v_2 + \cdots + x_n' v_n = b.$$

Zieht man diese beiden Identitäten (von m-Tupeln) voneinander ab, so erhält man

$$(x_1 - x_1') v_1 + (x_2 - x_2') v_2 + \cdots + (x_n - x_n') v_n = 0.$$

Dies besagt aber, daß das n-Tupel

$$y := x - x' = \begin{pmatrix} x_1 - x_1' \\ x_2 - x_2' \\ \vdots \\ x_n - x_n' \end{pmatrix}$$

eine Lösung des zu (14) bzw. (20) gehörigen homogenen Systems (22) ist. Also ist jede Lösung x des Systems (14) von der behaupteten Gestalt

$$x = x' + y \tag{23}$$

mit einer Lösung y des zugehörigen homogenen Systems. Ist umgekehrt

$$y = \begin{pmatrix} y_1 \\ y_2 \\ \vdots \\ y_n \end{pmatrix}$$

eine beliebige Lösung des zugehörigen homogenen Systems, d.h. gelte

$$y_1 v_1 + y_2 v_2 + \cdots + y_n v_n = 0,$$

so liefert jedes x der Gestalt (23) eine Lösung von (20), denn es ist

$$x_1 v_1 + \cdots + x_n v_n = (x'_1 + y_1) v_1 + \cdots + (x'_n + y_n) v_n$$
$$= (x'_1 v_1 + \cdots + x'_n v_n) + (y_1 v_1 + \cdots + y_n v_n)$$
$$= b + 0 = b. \quad \square$$

Wir bezeichnen mit L die Gesamtheit aller Lösungen von (14), mit L_0 die Gesamtheit aller Lösungen des zugehörigen homogenen Systems. Ist dann (14) lösbar, d.h. $L \neq \emptyset$ und x' wie oben eine Lösung von (14), so können wir den Inhalt von F2 auch in der knappen Form

$$L = x' + L_0 \tag{24}$$

zusammenfassen, wobei die rechtsstehende Menge definitionsgemäß aus allen m-Tupeln $x' + y$ bestehen soll, in denen y die Menge L_0 durchläuft.

Über die Gesamtheit L_0 aller Lösungen eines beliebigen homogenen linearen Gleichungssystems können wir im Hinblick auf (22) offenbar folgendes aussagen:

$$\text{Aus } x \in L_0, \ x' \in L_0 \text{ folgt } x + x' \in L_0 \tag{25}$$

sowie:

$$\text{Ist } x \in L_0, \text{ so ist auch } cx \in L_0 \text{ für jede Zahl } c. \tag{26}$$

Für die Lösungsmengen homogener linearer Gleichungssysteme in n Unbekannten kommen also nicht beliebige Mengen von n-Tupeln in Betracht, sondern nur solche, die den Bedingungen (25) und (26) genügen. Dies veranlaßt uns zu der folgenden Definition: Mit K^n bezeichnen wir die Gesamtheit aller n-Tupel.[*] Eine Teilmenge $U \neq \emptyset$ von K^n nenne wir einen *Teilraum von K^n*, falls gilt:

$$x, x' \in U \Rightarrow x + x' \in U$$

---

[*] von Zahlen des zugrundegelegten Körpers K, vgl. die Fußnote auf Seite 4.

sowie

$$x \in U \Rightarrow cx \in U \text{ (für jede Zahl } c\text{).}$$

Unter Verwendung dieses Begriffs können wir dann den Inhalt von (25) und (26) folgendermaßen festhalten:

F3: *Die Lösungsmenge eines homogenen linearen Gleichungssystems in n Unbekannten ist ein Teilraum von K^n.*

Die Bedingung $L_0 \neq \emptyset$ ist dabei erfüllt, weil ein homogenes lineares Gleichungssystem stets das '*Nulltupel*' **0** von K^n als Lösung besitzt. Man nennt **0** die *triviale Lösung* des homogenen linearen Gleichungssystems. Als unmittelbare Folgerung von F2 bzw. der Formel (24) ergibt sich:

F4: *Ein lösbares inhomogenes lineares Gleichungssystem ist genau dann eindeutig lösbar, falls das zugehörige homogene System nur die triviale Lösung besitzt.*

Übungsaufgabe 1: Man zeige, daß das homogene lineare Gleichungssystem

$$ax + by = 0$$

$$cx + dy = 0$$

genau dann nur die triviale Lösung besitzt, wenn $\delta(a, b, c, d) = ad - bc \neq 0$ ist.

§3 Elementare Umformungen linearer Gleichungssysteme und elementare Zeilenumformungen von Matrizen

Wir wollen nun eine im Prinzip ganz einfache Methode zur Lösung beliebiger linearer Gleichungssysteme, nämlich das sogenannte *Gauß'sche Verfahren*, herleiten:

Vorgelegt sei also das beliebige (inhomogene) lineare Gleichungssystem (14). Wir versuchen dann (ähnlich wie zu Anfang für Systeme von zwei Gleichungen mit zwei Unbekannten), das gegebene System (14) **schrittweise** in ein solches lineares Gleichungssystem umzuformen, bei dem die Frage nach der Lösbarkeit sowie den Lösungen (falls vorhanden) leicht zu beantworten ist. Dabei soll ein einzelner Schritt ein gegebenes lineares Gleichungssystem S natürlich nur in ein solches lineares Gleichungssystem S' (mit gleichviel Unbekannten) überführen dürfen, das dem System S *äquivalent* ist, d.h. es soll gelten:

x ist genau dann eine Lösung von S, wenn x eine Lösung von S' ist.

Neben dieser selbstverständlichen Forderung ist man naturgemäß daran interessiert, daß die einzelnen Schritte so einfach wie möglich ausgeführt werden können. Es werden folgende *elementare Umformungen* erlaubt (man überlegt sich sofort, daß diese in der Tat ein lineares Gleichungssystem in ein dazu äquivalentes überführen):

>　I *Addition eines Vielfachen einer Gleichung zu einer anderen Gleichung* (27)
>　II *Vertauschung zweier Gleichungen*

Nun ist das gesamte Gleichungssystem (14) durch Angabe seiner sogenannten *erweiterten Koeffizientenmatrix*

$$\begin{pmatrix} a_{11} & a_{12} & \dots & a_{1n} & b_1 \\ a_{21} & a_{22} & \dots & a_{2n} & b_2 \\ \vdots & & & \vdots & \vdots \\ a_{m1} & a_{m2} & \dots & a_{mn} & b_m \end{pmatrix} \tag{28}$$

bestimmt*, und die Umformungen vom Typ I und II spiegeln sich in entsprechenden Umformungen der *Zeilen* von (28) wider. Um die Unbekannten x_i nicht immer mitzuschleppen, betrachten wir daher allgemein elementare Zeilenumformungen von Matrizen. Sei also

$$C = \begin{pmatrix} c_{11} & c_{12} & \dots & c_{1q} \\ c_{21} & c_{22} & \dots & c_{2q} \\ \vdots & & & \vdots \\ c_{p1} & c_{p2} & \dots & c_{pq} \end{pmatrix} \tag{29}$$

eine beliebige $p \times q$-Matrix. (Man nennt hierbei die c_{ij} die *Koeffizienten der Matrix C.*) Die Zeilen von C wollen wir der Reihe nach mit u_1, $u_2, \dots, u_p$ bezeichnen. Für $i = 1, 2, \dots, p$ ist u_i also das (waagerecht notierte) q-Tupel

$$u_i = (c_{i1}, c_{i2}, \dots, c_{iq}).$$

Unter *elementaren Zeilenumformungen einer Matrix C* wollen wir nun – entsprechend zu (27) – die folgenden Operationen verstehen:

>　I *Addition eines Vielfachen einer Zeile zu einer anderen Zeile* (30)
>　II *Vertauschung zweier Zeilen*

Der größeren Übersichtlichkeit halber und um unsere Ergebnisse bequemer aufschreiben zu können, lassen wir im folgenden gegebenenfalls auch noch *Spaltenvertauschungen* als erlaubte Operationen zu.

---

* Die erweiterte Koeffizientenmatrix von (14) ist also eine $m \times (n + 1)$-Matrix; die $m \times n$-Matrix (15) dagegen bezeichnet man als die (*einfache*) *Koeffizientenmatrix* des linearen Gleichungssystems (14).

Es sei aber betont, daß dies für unser Problem nicht wirklich wesentlich ist, ausschlaggebend werden allein die Zeilenumformungen vom Typ I und II sein. Im übrigen entsprechen die Spaltenvertauschungen der Matrix (28), welche nicht die Spalte aus den b_i betreffen, einfach einer *Umbenennung* (= *Umnumerierung*) der Unbekannten x_1, x_2,..., x_n unseres Gleichungssystems (14).

Jetzt fangen wir wirklich mal an: Vorgelegt sei also eine Matrix C wie in (29). Sind alle Koeffizienten c_{ij} von C gleich Null, so geben wir uns zufrieden und tun nichts weiter. Sei jetzt wenigstens ein Koeffizient von Null verschieden und stehe ein solcher in der i-ten Zeile u_i von C. Sollte $i \neq 1$ sein, so vertauschen wir die erste Zeile mit der i-ten (elementare Zeilenumformung vom Typ II). In der ersten Zeile der so erhaltenen Matrix (welche wir gleich wieder mit C wie in (29) bezeichnen), steht also wenigstens ein von 0 verschiedener Koeffizient c_{1k}. Indem wir gegebenenfalls jetzt noch die erste Spalte von C mit der k-Spalte vertauschen, sehen wir, daß wir von vornherein

$$c_{11} \neq 0$$

annehmen dürfen. Jetzt addieren wir für jedes $i \geq 2$ das $(-c_{i1}/c_{11})$-fache der ersten Zeile u_1 zur i-ten Zeile u_i. Für die Matrix C' mit den Zeilen u_i', die wir so erhalten, gilt also

$$u_1' = u_1$$
$$u_i' = u_i - (c_{i1}/c_{11})\, u_1 \quad \text{für } i \geq 2.$$

Die Matrix C' hat dann die Gestalt

$$C' = \begin{pmatrix} c_{11} & c_{12} & \cdots & c_{1q} \\ \hline 0 & c_{22}' & \cdots & c_{2q}' \\ \vdots & & & \vdots \\ 0 & c_{p2}' & \cdots & c_{pq}' \end{pmatrix}$$

Unterhalb von c_{11} stehen also in C' nur Nullen. Sind nun überhaupt alle Elemente unterhalb der ersten Zeile in C' gleich Null, so geben wir uns zufrieden. Andernfalls können wir entsprechend wie oben (nach einer Zeilen- und gegebenenfalls einer Spaltenvertauschung) im weiteren annehmen, daß

$$c_{22}' \neq 0$$

gilt. Nun wenden wir dieselbe Prozedur wie für die Ausgangsmatrix auf die Matrix mit den Zeilen $u_2',..., u_p'$ an, dies ist die Matrix, welche aus C' durch Fortlassen der ersten Zeile $u_1' = u_1$ entsteht. Für jedes $i \geq 3$ addieren wir also das $(-c_{i2}'/c_{22}')$-fache von u_2' zu u_i'. Die Matrix C'', die

wir jetzt erhalten, besitzt dann die Zeilen $u_1'' = u_1$, $u_2'' = u_2'$ und $u_i'' = u_i'$
$- (c_{i2}'/c_{22}')\, u_2'$ für $i \geq 3$ und hat die Gestalt

$$C'' = \begin{pmatrix} c_{11} & c_{12} & c_{13} & \cdots & c_{1q} \\ 0 & c_{22}' & c_{23}' & \cdots & c_{2q}' \\ 0 & 0 & c_{33}'' & \cdots & c_{3q}'' \\ \vdots & \vdots & & & \vdots \\ 0 & 0 & c_{p3}'' & \cdots & c_{pq}'' \end{pmatrix}$$

So fortfahrend, gelangen wir schließlich zu einer $p \times q$-Matrix D der
folgenden Gestalt:

$$D = \left(\begin{array}{cccccc} d_{11} & & & & * & \\ 0 & d_{22} & & & & * \\ 0 & 0 & d_{33} & & & \\ 0 & 0 & 0 & \ddots & & \\ \vdots & \vdots & & \ddots & & \\ 0 & 0 & \cdots & 0 & d_{rr} & \\ & & \mathbf{0} & & & \mathbf{0} \end{array} \right) \tag{31}$$

Hierbei ist r eine gewisse natürliche Zahl mit

$$0 \leq r \leq p \quad \text{und} \quad 0 \leq r \leq q, \tag{32}$$

und es gilt

$$d_{ii} \neq 0 \quad \text{für} \quad 1 \leq i \leq r. \tag{33}$$

Die großen Nullen in (31) bezeichnen *Nullmatrizen* (entsprechenden
Formats), d.h. Matrizen, welche aus lauter Nullen bestehen, und *
schließlich deutet irgendwelche Koeffizienten von D an, die nicht weiter
interessieren. (Für $r = 0$ ist unter (31) natürlich die $p \times q$-Nullmatrix zu
verstehen; entsprechend ist klar, wie man (31) für die Fälle $r = p$, $r = q$
zu interpretieren hat.) Wir halten fest:

Satz 1: *Durch mehrfache Anwendung geeigneter elementarer Zeilenumformungen (vom Typ I und II, vgl. (30)) sowie geeigneter Spaltenvertauschungen läßt sich jede beliebige $p \times q$-Matrix C in eine
$p \times q$-Matrix D der Gestalt (31) überführen (wobei (32) und (33) gelten
sollen).*

Bemerkung 1: Man überlegt sich leicht, daß man unter alleiniger Verwendung
von elementaren Zeilenumformungen vom Typ I und II (also o h n e Benutzung
von Spaltenvertauschungen) eine beliebige $p \times q$-Matrix C stets in einer Matrix
der folgenden Gestalt transformieren kann:

$$\begin{pmatrix} 0 & \cdots & 0 & d_{1,j_1} \\ 0 & \cdots & \cdots & 0 & \cdots & 0 & d_{2,j_2} & & & & * & & & * \\ 0 & \cdots & \cdots & \cdots & \cdots & \cdots & 0 & \cdots & d_{3,j_3} \\ \vdots \\ 0 & \cdots & \cdots & \cdots & \cdots & \cdots & \cdots & \cdots & \cdots & \cdots & 0 & d_{r,j_r} \\ \hline & & & & & & 0 & & & & & & 0 \end{pmatrix} \tag{34}$$

mit $1 \leqq j_1 < j_2 < \cdots < j_r \leqq q$. Man erhält so eine gewisse (in der Bezeichnung allerdings etwas schwerfälliger zu handhabende) Verallgemeinerung von Satz 1. (Es ist klar, wie man eine Matrix der Gestalt (34) durch Spaltenvertauschungen anschließend noch in eine solche der Gestalt (31) verwandeln kann: Man vertausche die erste Spalte mit der j_1-ten, sodann die zweite Spalte mit der j_2-ten u.s.w.)

Bemerkung 2: Da die $d_{11}, d_{22}, \ldots, d_{rr}$ in (31) sämtlich von 0 verschieden sind, kann man durch weitere Zeilenumformungen vom Typ I die Matrix **D** in (31) offenbar noch in eine Matrix der folgenden Form transformieren:

$$\begin{pmatrix} d_{11} & 0 & 0 & \cdots & 0 \\ 0 & d_{22} & 0 & & 0 \\ 0 & 0 & d_{23} & & \vdots \\ \vdots & & & \ddots & 0 & & * \\ 0 & \cdots & \cdots & 0 & d_{rr} \\ \hline & & 0 & & & 0 \end{pmatrix} \tag{35}$$

Die $r \times r$-Matrix in dem linken oberen Teil von (35) besitzt also außerhalb der Diagonalen nur Nullen (eine solche Matrix nennt man eine *Diagonalmatrix*).

Bemerkung 3: Manchmal erlaubt man noch folgenden Typ einer elementaren Umformung eines Gleichungssystems bzw. einer Matrix:

    III *Multiplikation einer Gleichung (bzw. Zeile) mit einer Zahl $\neq 0$*

Werden auch solche elementaren Umformungen zugelassen, so kann man die Matrix (35) und damit auch die Ausgangsmatrix schließlich noch in eine Matrix der folgenden Gestalt überführen:

$$\begin{pmatrix} \begin{array}{ccccc|c} 1 & 0 & 0 & \dots & 0 & \\ 0 & 1 & 0 & & \vdots & \\ 0 & 0 & 1 & & \vdots & * \\ \vdots & & & \ddots & & \\ \vdots & & & & 0 & \\ 0 & \dots & \dots & 0 & 1 & \\ \hline & & \mathbf{0} & & & \mathbf{0} \end{array} \end{pmatrix} \qquad (36)$$

Die $r \times r$-Matrix in dem linken oberen Teil von (36) ist eine Diagonalmatrix mit lauter Einsen in der Diagonalen; man bezeichnet sie als die $r \times r$-*Einheitsmatrix* E_r.

Ehe wir nun das, was wir über elementare Umformungen von Matrizen schon ausgeführt haben, auf lineare Gleichungssysteme anwenden werden, geben wir zur Illustration der geschilderten Methode noch ein simples

Beispiel: Im folgenden deuten wir die Ausführung einer (oder auch gleich mehrerer) elementarer Umformungen durch → an. Vorgelegt sei nun die (reelle) 4×5-Matrix

$$C = \begin{pmatrix} 1 & 3 & 5 & 2 & 0 \\ 3 & 9 & 10 & 1 & 2 \\ 0 & 2 & 7 & 3 & -1 \\ 2 & 8 & 12 & 2 & 1 \end{pmatrix}$$

Hier ist der Koeffizient $c_{11} = 1$ in der linken oberen Ecke von C schon ungleich 0. Wir können also damit beginnen, geeignete Vielfache der ersten Zeile zu den übrigen zu addieren. Im vorliegenden Fall subtrahieren wir das 3-fache der ersten Zeile von der zweiten, darauf das 2-fache der ersten Zeile von der vierten (der erste Koeffizient in der dritten Zeile ist ja bereits 0). Zusammengefaßt stellt das den ersten Schritt in der nachfolgenden Kette dar:

$$\begin{pmatrix} 1 & 3 & 5 & 2 & 0 \\ 3 & 9 & 10 & 1 & 2 \\ 0 & 2 & 7 & 3 & -1 \\ 2 & 8 & 12 & 2 & 1 \end{pmatrix} \rightarrow \begin{pmatrix} 1 & 3 & 5 & 2 & 0 \\ 0 & 0 & -5 & -5 & 2 \\ 0 & 2 & 7 & 3 & -1 \\ 0 & 2 & 2 & -2 & 1 \end{pmatrix} \rightarrow$$

$$\begin{pmatrix} 1 & 3 & 5 & 2 & 0 \\ 0 & 2 & 2 & -2 & 1 \\ 0 & 2 & 7 & 3 & -1 \\ 0 & 0 & -5 & -5 & 2 \end{pmatrix} \rightarrow \begin{pmatrix} 1 & 3 & 5 & 2 & 0 \\ 0 & 2 & 2 & -2 & 1 \\ 0 & 0 & 5 & 5 & -2 \\ 0 & 0 & -5 & -5 & 2 \end{pmatrix} \rightarrow$$

$$\begin{pmatrix} \begin{array}{ccc|cc} 1 & 3 & 5 & 2 & 0 \\ 0 & 2 & 2 & -2 & 1 \\ 0 & 0 & 5 & 5 & -2 \\ \hline 0 & 0 & 0 & 0 & 0 \end{array} \end{pmatrix} \qquad (37)$$

Von der zweiten Matrix zur dritten gelangen wir hierbei durch Vertauschen der zweiten mit der vierten Zeile; danach subtrahieren wir die zweite Zeile von der dritten Zeile, und im letzten Schritt wird die dritte Zeile zur vierten addiert. Mit der letzten Matrix haben wir bereits eine Matrix von der Gestalt (31) – mit $r = 3$ – erhalten.

Wenn wir wollen, können wir diese noch in eine Matrix der Gestalt (35) überführen; hierzu subtrahieren wir das 3/2-fache der zweiten Zeile von der ersten, sodann entsprechende Vielfache der dritten Zeile von der ersten und zweiten Zeile:

$$\begin{pmatrix} 1 & 3 & 5 & 2 & 0 \\ 0 & 2 & 2 & -2 & 1 \\ 0 & 0 & 5 & 5 & -2 \\ 0 & 0 & 0 & 0 & 0 \end{pmatrix} \rightarrow \begin{pmatrix} 1 & 0 & 2 & 5 & -3/2 \\ 0 & 2 & 2 & -2 & 1 \\ 0 & 0 & 5 & 5 & -2 \\ 0 & 0 & 0 & 0 & 0 \end{pmatrix} \rightarrow$$

$$\left(\begin{array}{ccc|cc} 1 & 0 & 0 & 3 & -7/10 \\ 0 & 2 & 0 & -4 & 9/5 \\ 0 & 0 & 5 & 5 & -2 \\ \hline 0 & 0 & 0 & 0 & 0 \end{array}\right) \rightarrow \left(\begin{array}{ccc|cc} 1 & 0 & 0 & 3 & -7/10 \\ 0 & 1 & 0 & -2 & 9/10 \\ 0 & 0 & 1 & 1 & -2/5 \\ \hline 0 & 0 & 0 & 0 & 0 \end{array}\right)$$

Im letzten Schritt haben wir dabei noch die Gestalt (36) hergestellt, indem wir die zweite Zeile mit 1/2 und die dritte Zeile mit 1/5 multipliziert haben. Wir sind in dem vorliegenden Fall übrigens ganz ohne Spaltenvertauschungen ausgekommen.

Angewandt auf lineare Gleichungssysteme besagen Satz 1 sowie die Bemerkungen 1, 2 und 3, daß jedes lineare Gleichungssystem äquivalent ist zu einem solchen, dessen (einfache) Koeffizientenmatrix die Gestalt (31) bzw. (34) bzw. (35) bzw. (36) besitzt. Dazu hat man geeignete elementare Zeilenumformungen (und gegebenenfalls noch Spaltenvertauschungen) auf die (einfache) Koeffizientenmatrix (15) des gegebenen Systems anzuwenden.* Die rechte Seite des neuen Gleichungssystems erhält man dabei, indem man dieselben Zeilenumformungen auf die erweiterte Koeffizientenmatrix (28) des gegebenen Systems anwendet. Die 'Übersetzung' z.B. von Bemerkung 3 auf lineare Gleichungssysteme lautet dann:

Satz 2: *Ein beliebiges Gleichungssystem* (14) *läßt sich durch elementare Umformungen des Typs I, II und III stets in ein solches (zu dem gegebenen System äquivalentes) System überführen, welches – gegebenenfalls nach geeigneter Umnumerierung der Unbekannten – die folgende Gestalt besitzt:*

---

* Es ist klar, daß auch elementare Zeilenumformungen vom Typ III – siehe Bemerkung 3 – ein lineares Gleichungssystem in ein dazu äquivalentes überführen.

$$
\begin{aligned}
x_1 \qquad\;\; + d_{1,r+1}\,x_{r+1} + \cdots + d_{1,n}\,x_n &= b'_1 \\
x_2 \qquad + d_{2,r+1}\,x_{r+1} + \cdots + d_{2,n}\,x_n &= b'_2 \\
\ddots \qquad\quad \vdots \qquad\qquad\qquad\quad \vdots \;\;\; & \\
x_r + d_{r,r+1}\,x_{r+1} + \cdots + d_{r,n}\,x_n &= b'_r \\
0 &= b'_{r+1} \\
\vdots \quad & \\
0 &= b'_m
\end{aligned}
\tag{38}
$$

mit $0 \le r \le m, n.$* *Ist das Ausgangssystem $homogen$, so sind mit den b_i auch alle b'_i gleich 0 (so daß man in diesem Fall die letzten $m - r$ Gleichungen in (38) auch einfach fortlassen kann).*

Wir können aus Satz 2 sofort einige Folgerungen allgemeiner Art ziehen:

F5: *Ein $homogenes$ lineares Gleichungssystem mit $n > m$, also mehr Unbekannten als Gleichungen, besitzt stets nicht-triviale Lösungen.*

Beweis: Nach Satz 2 ist das gegebene System nämlich äquivalent zu einem solchen, welches die Gestalt (38) mit $b'_1 = \cdots = b'_m = 0$ besitzt. Wegen $0 \le r \le m$ gilt dann aufgrund der Voraussetzung auch $n > r$. Wählt man nun $beliebige$ Zahlen $x_{r+1}, \ldots, x_n$ und bestimmt Zahlen $x_1, \ldots, x_r$ gemäß den ersten r Gleichungen von (38), so stellt $x_1, \ldots, x_r$, $x_{r+1}, \ldots, x_n$ stets eine Lösung von (38) dar.† Insbesondere gibt es eine Lösung $x_1, \ldots, x_n$ mit $x_n \neq 0$.

F6: *Ein inhomogenes lineares Gleichungssystem mit $m = n$, also gleichviel Unbekannten wie Gleichungen, dessen zugehöriges homogenes System nur die triviale Lösung besitzt, ist stets lösbar, und zwar eindeutig.*

Beweis: Im Hinblick auf Satz 2 genügt es, die Behauptung nur für den Fall eines Systems der Gestalt (38) zu zeigen. Besitzt nun das zu (38) gehörige homogene System nur die triviale Lösung, so muß (nach dem oben Gesagten) zwangsläufig $r = n$ gelten. Aus den Voraussetzungen folgt also $r = m = n$. In diesem Fall lautet (38) aber einfach

$$
\begin{aligned}
x_1 &= b'_1 \\
&\vdots \\
x_n &= b'_n
\end{aligned}
$$

und ist daher eindeutig lösbar. $\square$

---

* Es versteht sich von selbst, wie man (38) für die Grenzfälle $r = m$, $r = n$ und $r = 0$ zu lesen hat; es sei aber empfohlen, sich das für diese Fälle jeweils einmal aufzuschreiben.

† Die Vielfalt der Lösungen wird dann also durch $n - r$ frei wählbare Parameter genau beschrieben.

§4 Rechenverfahren zur Lösung homogener und inhomogener linearer Gleichungssysteme

Im vorigen Abschnitt haben wir – im Zusammenhang mit linearen Gleichungssystemen – in die Methode elementarer Umformungen von Matrizen eingeführt und das sich daraus ergebende Gauß'sche Verfahren zur Lösung linearer Gleichungssysteme erläutert. Im übrigen konnten wir dabei – was gewiß bemerkenswert ist – auch Einsichten theoretischer Art über lineare Gleichungssysteme gewinnen, vgl. F5 und F6. An dieser Stelle wollen wir nun das erhaltene Rechenverfahren zur Lösung linearer Gleichungssysteme nochmals übersichtlich zusammenstellen. Schon im Hinblick auf F2 und F3 erscheint es dabei nicht unzweckmäßig, homogene Systeme vorab für sich zu behandeln.

Rechenverfahren zur Lösung homogener linearer Gleichungssysteme:
     Vorgelegt sei also ein System

$$
\begin{aligned}
a_{11}x_1 + a_{12}x_2 + \cdots a_{1n}x_n &= 0 \\
a_{21}x_1 + a_{22}x_2 + \cdots a_{2n}x_n &= 0 \\
\vdots \qquad\qquad\qquad \vdots \\
a_{m1}x_1 + a_{m2}x_2 + \cdots a_{mn}x_n &= 0
\end{aligned}
\tag{39}
$$

Mit A bezeichnen wir die Koeffizientenmatrix von (39):

$$
A = (a_{ij}).
\tag{40}
$$

Durch elementare Zeilenumformungen des Typs I, II und III sowie Spaltenvertauschungen überführen wir A in eine $m \times n$-Matrix D der Gestalt (36), vgl. Bemerkung 3 zu Satz 1. Es ist dann also

$$
D = \begin{pmatrix} E_r & B \\ O & O \end{pmatrix}
\tag{41}
$$

Hierbei ist E_r die $r \times r$-Einheitsmatrix, B ist eine gewisse $r \times (n-r)$-Matrix, und die Nullen stehen für Nullmatrizen entsprechenden Formats.* Das vorgelegte System (39) ist dann (nach eventueller *Umnumerierung der Unbekannten, die hier und im folgenden stets berücksichtigt werden muß*) äquivalent zu dem folgenden System:

$$
\begin{aligned}
x_1 \qquad\quad + b_{1,1}x_{r+1} + \cdots + b_{1,n-r}x_n &= 0 \\
x_2 \quad + b_{2,1}x_{r+1} + \cdots + b_{2,n-r}x_n &= 0 \\
\ddots \qquad\quad \vdots \qquad\qquad\quad \vdots \\
x_r + b_{r,1}x_{r+1} + \cdots + b_{r,n-r}x_n &= 0
\end{aligned}
\tag{42}
$$

---

* Für die Grenzfälle $r = 0$, $r = m$, $r = n$ allerdings ist (41) wieder sinngemäß zu verstehen.

(Die letzten $m - r$ trivialen Gleichungen $0 = 0$ können fortgelassen werden!)

Ist $n = r$, so ist die triviale Lösung $\boldsymbol{0}$ offenbar die einzige Lösung von (42) und damit auch von (39). Im folgenden sei daher $n > r$. Wir ersehen dann aus (40): Wählt man beliebige Zahlen $x_{r+1}, \ldots, x_n$ und bestimmt Zahlen $x_1, \ldots, x_r$ gemäß (42) durch

$$x_i = -b_{i,1}x_{r+1} - b_{i,2}x_{r+2} - \cdots - b_{i,n-r}x_n \quad \text{für } i = 1, 2, \ldots, r, \quad (43)$$

so ist

$$\boldsymbol{x} := \begin{pmatrix} x_1 \\ \vdots \\ x_r \\ x_{r+1} \\ \vdots \\ x_n \end{pmatrix} \tag{44}$$

eine Lösung von (42). Hieraus erkennt man:

F7: Für $n > r$ seien $l_1, l_2, \ldots, l_{n-r}$ die Spalten der Matrix

$$\begin{pmatrix} -\boldsymbol{B} \\ \boldsymbol{E}_{n-r} \end{pmatrix} \tag{45}$$

also

$$l_1 = \begin{pmatrix} -b_{1,1} \\ -b_{2,1} \\ \vdots \\ -b_{r,1} \\ 1 \\ 0 \\ \vdots \\ \vdots \\ 0 \end{pmatrix}, \quad l_2 = \begin{pmatrix} -b_{1,2} \\ -b_{2,2} \\ \vdots \\ -b_{r,2} \\ 0 \\ 1 \\ 0 \\ \vdots \\ 0 \end{pmatrix}, \ldots, \quad l_{n-r} = \begin{pmatrix} -b_{1,n-r} \\ -b_{2,n-r} \\ \vdots \\ -b_{r,n-r} \\ 0 \\ \vdots \\ \vdots \\ 0 \\ 1 \end{pmatrix} \tag{46}$$

Dann gilt: *Jede Lösung $\boldsymbol{x}$ von (42) läßt sich eindeutig in der Gestalt*

$$\boldsymbol{x} = t_1 l_1 + t_2 l_2 + \cdots + t_{n-r}l_{n-r} \tag{47}$$

darstellen mit gewissen Zahlen $t_1, t_2, \ldots, t_{n-r}$. Umgekehrt ist für beliebige Zahlen $t_1, t_2, \ldots, t_{n-r}$ jeder Ausdruck der Gestalt (47) eine Lösung von (42).

Beweis: Sei x wie in (44) eine Lösung von (42). Wir setzen dann

$$t_1 = x_{r+1}, \quad t_2 = x_{r+2}, \ldots, t_{n-r} = x_n. \tag{48}$$

Da x eine Lösung von (42) ist, bestehen die Beziehungen (43). Diese aber besagen zusammen mit (48) nichts anderes als die durch (47) ausgedrückte Beziehung von n-Tupeln. Sei jetzt umgekehrt das n-Tupel x in (44) in der Form (47) darstellbar. Dann bestehen notwendig die Beziehungen (48) sowie die Beziehungen (43). Aus den letzteren folgt, daß x eine Lösung von (42) ist; aus den ersteren ergibt sich die behauptete Eindeutigkeit der Darstellung (47). $\square$

Aufgrund von F7 hat man insbesondere eine sehr befriedigende und übersichtliche Beschreibung des Teilraumes L_0 aller Lösungen eines homogenen linearen Gleichungssystems gegeben. Es gibt danach (im Falle $L_0 \neq \{0\}$) Elemente $l_1, l_2, \ldots, l_{n-r}$ aus L_0 dergestalt, daß sich jedes beliebige Element von L_0 in der Form (47) eindeutig als '*Linearkombination*' der $l_1, \ldots, l_{n-r}$ ausdrücken läßt (umgekehrt gehört jede solche Linearkombination natürlich zu L_0). Ein derartiges System $l_1, \ldots, l_{n-r}$ von Elementen aus L_0 heißt bisweilen auch ein *System von Fundamentallösungen*. Die aus einem System von Fundamentallösungen $l_1, l_2, \ldots, l_{n-r}$ gebildete Menge $\{l_1, l_2, \ldots, l_{n-r}\}$ nennt man eine *Basis* von L_0.

Beispiel: Vorgelegt sei das homogene lineare Gleichungssystem

$$\begin{aligned}
x_1 + 2x_2 + x_3 + x_4 + x_5 &= 0 \\
-x_1 - 2x_2 - 2x_3 + 2x_4 + x_5 &= 0 \\
2x_1 + 4x_2 + 3x_3 - x_4 &= 0 \\
x_1 + 2x_2 + 2x_3 - 2x_4 - x_5 &= 0
\end{aligned} \tag{49}$$

von 4 Gleichungen in 5 Unbekannten. Seine Koeffizientenmatrix transformieren wir mittels elementarer Umformungen wie folgt in eine Matrix der Gestalt (41):

$$\begin{pmatrix} 1 & 2 & 1 & 1 & 1 \\ -1 & -2 & -2 & 2 & 1 \\ 2 & 4 & 3 & -1 & 0 \\ 1 & 2 & 2 & -2 & -1 \end{pmatrix} \rightarrow \begin{pmatrix} 1 & 2 & 1 & 1 & 1 \\ 0 & 0 & -1 & 3 & 2 \\ 0 & 0 & 1 & -3 & -2 \\ 0 & 0 & 1 & -3 & -2 \end{pmatrix} \rightarrow$$

$$\begin{pmatrix} 1 & 1 & 2 & 1 & 1 \\ 0 & -1 & 0 & 3 & 2 \\ 0 & 1 & 0 & -3 & -2 \\ 0 & 1 & 0 & -3 & -2 \end{pmatrix} \rightarrow \left(\begin{array}{cc|ccc} 1 & 1 & 2 & 1 & 1 \\ 0 & -1 & 0 & 3 & 2 \\ \hline 0 & 0 & 0 & 0 & 0 \\ 0 & 0 & 0 & 0 & 0 \end{array} \right) \rightarrow$$

$$\left(\begin{array}{cc|ccc} 1 & 0 & 2 & 4 & 3 \\ 0 & -1 & 0 & 3 & 2 \\ \hline \mathbf{0} & & \mathbf{0} & & \end{array} \right) \rightarrow \left(\begin{array}{cc|ccc} 1 & 0 & 2 & 4 & 3 \\ 0 & 1 & 0 & -3 & -2 \\ \hline \mathbf{0} & & \mathbf{0} & & \end{array} \right)$$

Dabei haben wir im zweiten Schritt eine Spaltenvertauschung vorgenommen, nämlich Vertauschung der zweiten mit der dritten Spalte. Berücksichtigt man dies bei der Anwendung von F7, so erhält man also mit

$$l_1 = \begin{pmatrix} -2 \\ 1 \\ 0 \\ 0 \\ 0 \end{pmatrix}, \quad l_2 = \begin{pmatrix} -4 \\ 0 \\ 3 \\ 1 \\ 0 \end{pmatrix}, \quad l_3 = \begin{pmatrix} -3 \\ 0 \\ 2 \\ 0 \\ 1 \end{pmatrix}$$

ein System von Fundamentallösungen von (49).

Rechenverfahren zur Lösung inhomogener linearer Gleichungssysteme:

Vorgelegt sei das System (14). Durch elementare Umformungen bringen wir die einfache Koeffizientenmatrix von (14) auf die Gestalt (41); dabei sind neben elementaren Zeilenumformungen vom Typ I, II, III evtl. auch gewisse Spaltenvertauschungen nötig (über die man Buch führen muß). Man führe nun dieselben Zeilenumformungen mit der erweiterten Koeffizientenmatrix von (14) durch. Erhält man dabei am Schluß als letzte Spalte

$$\begin{pmatrix} b'_1 \\ \vdots \\ b'_m \end{pmatrix},$$

so ist das gegebene System (14) – nach eventueller Umnummerierung der Unbekannten, die im folgenden stets berücksichtigt werden muß – äquivalent zu dem folgenden:

$$\begin{aligned}
x_1 \qquad\quad + b_{1,1}x_{r+1} + \cdots + b_{1,n-r}x_n &= b'_1 \\
x_2 \qquad + b_{2,1}x_{r+1} + \cdots + b_{2,n-r}x_n &= b'_2 \\
\ddots \qquad\quad \vdots \qquad\qquad\qquad \vdots \quad\ \ \vdots & \\
x_r + b_{r,1}x_{r+1} + \cdots + b_{r,n-r}x_n &= b'_r \\
0 &= b'_{r+1} \\
\vdots \quad\ \ \vdots & \\
0 &= b'_m
\end{aligned} \qquad (50)$$

Das System (14) ist also genau dann lösbar, wenn

$$b'_{r+1} = b'_{r+2} = \cdots = b'_m = 0$$

gilt[*]. Ist das der Fall, so sieht man – setze in (50) $x_{r+1} = \cdots = x_n = 0$ –, daß speziell das n-Tupel

---

[*] Gilt $r = m$, so ist (14) also stets lösbar!

$$x' := \begin{pmatrix} b'_1 \\ \vdots \\ b'_r \\ 0 \\ \vdots \\ 0 \end{pmatrix}$$

eine Lösung von (50) bzw. (14) ist. Es gilt dann für die Menge L aller Lösungen von (14)

$$, L = x' + L_0,$$

wobei L_0 den Lösungsraum des zugehörigen homogenen Systems bezeichnet, vgl. F2 bzw. (24). Wegen F7 gilt dann

F8: *Das inhomogene Gleichungssystem (14) sei lösbar, und es sei x' eine Lösung von (14). Ist dann $\{l_1, \ldots, l_{n-r}\}$ eine Basis des Teilraumes L_0 aller Lösungen des zugehörigen homogenen Systems, so läßt sich jede Lösung x von (14) eindeutig darstellen in der Form*

$$x = x' + t_1 l_1 + \cdots + t_{n-r} l_{n-r}$$

mit Zahlen $t_1, \ldots, t_{n-r}$. Umgekehrt ist jeder solche Ausdruck eine Lösung von (14).

Beispiel: Wir betrachten das folgende (reelle) lineare Gleichungssystem:

$$\begin{aligned}
x_1 + 3x_2 + 5x_3 + 2x_4 &= 1 \\
3x_1 + 9x_2 + 10x_3 + x_4 + 2x_5 &= 0 \\
2x_2 + 7x_3 + 3x_4 - x_5 &= 3 \\
2x_1 + 8x_2 + 12x_3 + 2x_4 + x_5 &= 1
\end{aligned} \tag{51}$$

Als einfache Koeffizientenmatrix besitzt es die in dem Beispiel auf S. 13 schon betrachtete Matrix C. Wir führen nun die gleichen elementaren Zeilenumformungen wie in (37) mit der erweiterten Koeffizientenmatrix von (51) aus und erhalten

$$\begin{pmatrix} 1 & 3 & 5 & 2 & 0 & 1 \\ 3 & 9 & 10 & 1 & 2 & 0 \\ 0 & 2 & 7 & 3 & -1 & 3 \\ 2 & 8 & 12 & 2 & 1 & 1 \end{pmatrix} \rightarrow \left(\begin{array}{ccc|cc|c} 1 & 3 & 5 & 2 & 0 & 1 \\ 0 & 2 & 2 & -2 & 1 & -1 \\ 0 & 0 & 5 & 5 & -2 & 4 \\ \hline 0 & 0 & 0 & 0 & 0 & 1 \end{array} \right)$$

Hieraus erkennt man bereits, daß das vorgelegte System (51) nicht lösbar ist, denn die vierte Gleichung des Gleichungssystems, welches die zuletzt erhaltene Matrix als erweiterte Koeffizientenmatrix besitzt, lautet: $0 = 1$.

Das betrachtete Beispiel zeigt, daß ein inhomogenes lineares Gleichungssystem mit mehr Unbekannten als Gleichungen nicht immer lösbar zu sein braucht (auch wenn man ihm dies nicht schon auf den ersten Blick ansieht).

Übungsaufgabe 2: Man betrachte das lineare Gleichungssystem, welches aus (51) entsteht, wenn man auf der rechten Seite die 3 durch 2 ersetzt. Zeige, daß es lösbar ist, und gebe alle seine Lösungen in der in F8 genannten Weise an.

§5 Zwei Problemstellungen

Durch die vorausgegangenen Betrachtungen sind wir zu einer Kenntnis der Lösungstheorie linearer Gleichungssysteme gelangt, die durchaus als befriedigend gelten kann: Nachdem wir zunächst etwas zur prinzipiellen Gestalt der Lösungsgesamtheit eines linearen Gleichungssystems gesagt haben (vgl. F2 und F3), haben wir dann erstens gesehen, daß man in einfacher Weise anhand des Gauß'schen Verfahrens entscheiden kann, ob ein vorgelegtes lineares Gleichungssystem lösbar ist oder nicht; und zweitens gezeigt, daß das Gauß'sche Verfahren gleichzeitig auch eine brauchbare praktische Methode darstellt, alle Lösungen eines (lösbaren) linearen Gleichungssystems in geeigneter Weise wirklich anzugeben.

Andererseits ist jedoch bei der obigen Behandlung linearer Gleichungssysteme fast zwangsläufig eine Frage theoretischer Natur entstanden, auf die wir an dieser Stelle ausdrücklich hinweisen wollen: Wie wir oben gezeigt haben, kann man jede Matrix C durch elementare Zeilenumformungen sowie Spaltenvertauschungen in eine Matrix der Gestalt (36) transformieren. Dabei stellt sich aber sogleich die Frage nach dem Charakter der hierbei auftretenden Zahl r. Hängt diese allein von der Ausgangsmatrix ab? Tritt also jedesmal die gleiche Zahl r auf, wenn man die vorgelegte Matrix C in verschiedener Weise durch elementare Zeilenumformungen und Spaltenvertauschungen in eine Matrix der allgemeinen Gestalt (36) transformiert?* Wir formulieren daher als

Problem 1: *Kann man jeder Matrix auf natürliche Weise eine ganze Zahl $r \geq 0$ so zuordnen, daß sich diese Zahl bei einer elementaren Zeilenumformung nicht ändert und einer Matrix wie in (36) gerade die Zahl r zugeordnet wird?*

Wir wollen noch eine weitere Problemstellung erwähnen: Wir haben oben gesehen, daß die Lösungsmenge jedes homogenen linearen Gleichungssystems ein Teilraum von K^n ist (im Sinne der Definition auf S. 10). Es ist daher naheliegend zu fragen:

Problem 2: *Gibt es zu jedem Teilraum U von K^n ein homogenes lineares Gleichungssystem, dessen Lösungsmenge gerade U ist?*

---

* Damit zusammen hängt die Frage (vgl. F7 und die daran anschließende Bemerkung), ob jede Basis des Lösungsraumes eines vorgelegten homogenen linearen Gleichungssystems aus gleichviel Elementen besteht.

Was nun die Auseinandersetzung mit den hier aufgeworfenen Fragen angeht, so wird man mit Recht erwarten, daß dabei ohne eine gewisse Erweiterung des Gesichtskreises und des begrifflichen Rahmens wenig Aussicht auf Erfolg besteht. Solcher Erweiterung dient das folgende Kapitel, welches eine systematische Einführung in einige (durch die Betrachtungen dieses Kapitels schon vorbereitete) Grundbegriffe der Linearen Algebra geben wird. Wir werden dann auch die oben gestellten Fragen leicht beantworten können.

Kapitel II

Vektorräume

§1 Der Begriff eines Körpers

Bei der Behandlung linearer Gleichungssysteme in Kap. I haben wir stets von 'Zahlen' gesprochen, ohne genauer zu sagen, welcher Art diese Zahlen eigentlich sein sollen. Nun haben wir allerdings von speziellen Eigenschaften solcher Zahlen weiter keinen Gebrauch gemacht, sondern lediglich gewisse elementare Rechenregeln als 'selbstverständlich' angenommen. In der Tat kommt es in weiten Teilen der Linearen Algebra – wie eben z.B. bei der Behandlung linearer Gleichungssysteme – auch gar nicht auf die besondere Natur bestimmter Zahlbereiche an. Wir wollen deshalb unseren Betrachtungen allgemein eine bestimmte Klasse von Rechenbereichen, nämlich sogenannte *Körper* zugrundelegen.

Definition 1 ('Körper'):
Ein Körper K ist eine Menge, für welche eine '*Addition*'

$$+: K \times K \to K$$
$$(a, b) \mapsto a + b$$

und eine '*Multiplikation*'

$$\cdot: K \times K \to K$$
$$(a, b) \mapsto ab$$

gegeben sind, so daß folgende 'Rechenregeln' erfüllt sind:

(A1) $a + (b + c) = (a + b) + c$

(A2) $a + b = b + a$

(A3) Es gibt genau ein Element in K, welches wir mit 0 bezeichnen, für das gilt:

$$a + 0 = a = 0 + a$$

Man nennt 0 das <u>*Nullelement*</u> (oder kurz: die <u>*Null*</u>) von K.

(A4) Zu jedem a aus K gibt es genau ein Element in K, welches wir mit $-a$ bezeichnen, für das gilt

$$a + (-a) = 0$$

(M1) $a(bc) = (ab)\,c$

(M2) $ab = ba$

(M3) Es gibt genau ein von 0 verschiedenes Element in K, welches wir mit 1 bezeichnen, für das gilt

$$a1 = a = 1a$$

Man nennt 1 das *Einselement* (oder kurz: die *Eins*) von K.

(M4) Zu jedem $a \neq 0$ aus K gibt es genau ein Element in K, welches wir mit $1/a$ (oder auch mit a^{-1}) bezeichnen, für das gilt:

$$a(1/a) = 1$$

(D) $(a + b)c = ac + bc$

Bemerkungen: (1) Man nennt (A1) bzw. (M1) das *Assoziativgesetz* der Addition bzw. Multiplikation, (A2) bzw. (M2) heißt das *Kommutativgesetz* der Addition bzw. Multiplikation. (A3) bzw. (M3) nennt man das Gesetz von der *Existenz eines neutralen Elementes* für die Addition bzw. Multiplikation, (A4) bzw. (M4) das Gesetz von der *Existenz inverser Elemente* für Addition bzw. Multiplikation. (D) schließlich heißt das *(rechtsseitige) Distributivgesetz*.

(2) Ein Teil der oben gestellten Forderungen an einen Körper ist eigentlich überflüssig: So folgt z.B. aus $a + 0 = a$ wegen (A2) sofort auch $0 + a = a$; Entsprechendes gilt für die Multiplikation. Ferner hätten wir in (A3), (A4), (M3) und (M4) jeweils auf die gemachte Eindeutigkeitsforderung verzichten können.

(3) Aus den obigen axiomatisch geforderten Rechenregeln gewinnt man leicht andere, wie z.B.

$$a0 = 0 \tag{1}$$

$$(-a)b = -(ab) \tag{2}$$

$$ab = 0 \Rightarrow a = 0 \text{ oder } b = 0 \tag{3}$$

$$c(a + b) = ca + cb \text{ (\textit{linksseitiges Distributivgesetz})} \tag{4}$$

$$a/b + c/d = (ad + bc)/bd \text{ für } b \neq 0 \text{ und } d \neq 0; \tag{5}$$

hierbei ist $a/b := a(1/b) = ab^{-1}$ gesetzt.

Die Beweise für diese Rechenregeln wollen wir dem Leser als Übungsaufgabe 1 überlassen; als Muster sei hier jedoch die Herleitung von (2) einmal ausgeführt: Es ist $ab + (-a)b = (a + (-a))b = 0b = 0$, wobei wir erst (D), dann (A4) und schließlich noch (1) benutzt haben; aus $ab + (-a)b = 0$ folgt aber im Hinblick auf die in (A4) enthaltene Eindeutigkeitsforderung sofort $(-a)b = -(ab)$, d.h. die Behauptung.

(4) Läßt man aus dem obigen Axiomensystem für Körper die Axiome (M2) und (M4) fort, fügt aber noch das linksseitige Distributivgesetz (4) hinzu, welches sich ja nach Weglassen von (M2) nicht mehr

aus dem rechtsseitigen Distributivgesetz (D) ergibt (und verzichtet ferner auf die Forderung $1 \neq 0$ in (M3)), so nennt man K einen *Ring (mit Eins)*. Gilt auch (M2), so heißt K ein *kommutativer Ring (mit Eins)*. Ein Ring, für den (3) erfüllt ist, heißt *nullteilerfrei*.

Ein Beispiel für einen nullteilerfreien, kommutativen Ring ist der Ring $\mathbb{Z}$ der ganzen Zahlen.

(5) Beispiele von Körpern:

$\mathbb{Q}$ der Körper der rationalen Zahlen

$\mathbb{R}$ der Körper der reellen Zahlen

$\mathbb{C}$ der Körper der komplexen Zahlen,

jeweils ausgestattet mit der 'gewöhnlichen' Addition und Multiplikation. Die Körper $\mathbb{Q}$ und $\mathbb{R}$ wollen wir hier als bekannte Begriffe voraussetzen; was den Körper $\mathbb{C}$ der komplexen Zahlen betrifft, so findet man eine Einführung desselben auch in Kap. III; vgl. Seite 103.

Für weitere Beispiele von Körpern siehe Bemerkungen 7 und 8.

(6) Wenn wir den Ausführungen in Kap. I jeweils einen festen, aber beliebigen Körper K zugrundegelegt denken, so gilt alles, was wir (von den expliziten Zahlenbeispielen einmal abgesehen) in Kap. I über lineare Gleichungssysteme gesagt haben, für lineare Gleichungssysteme über einem beliebigen Körper K. Es sei dabei ausdrücklich darauf hingewiesen, daß wir von der Möglichkeit der Division, d.h. Axiom (M4), in Kap. I wesentlichen Gebrauch gemacht haben.

(7) Es sei K ein Körper und K' eine Teilmenge von K. Ist dann K' mit der Einschränkung der Addition und Multiplikation von K auf die Elemente von K' ebenfalls ein Körper, d.h. sind Summe, Differenz, Produkt und Quotient zweier Elemente aus K' stets wieder in K' enthalten, so nennt man K' einen *Teilkörper* (oder auch: *Unterkörper*) von K. Beispielsweise ist

$$\mathbb{Q}(\sqrt{3}) := \{a + b\sqrt{3} \,|\, a, b \in \mathbb{Q}\}$$

ein Teilkörper von $\mathbb{R}$ (Beweis als Übungsaufgabe 2).

(8) Es sei K ein Körper und a ein Element von K. Für jede natürliche Zahl m definieren wir dann

$$ma = a + a + \cdots + a \quad (m \text{ Summanden}) \tag{6}$$

als die m-fache Summe von a in K. Für eine ganze Zahl $m < 0$ definieren wir ma durch $ma := -(-m)\,a$; schließlich setzen wir $ma = 0$ für $m = 0$. Für den Moment wollen wir das Einselement des Körpers K mit e bezeichnen, um es von der natürlichen Zahl 1 unterscheiden zu können. Für jede ganze Zahl m können wir dann das Vielfache

$$me$$

in K betrachten. Im allgemeinen wird nun statt me auch einfach m geschrieben. Aus dem Zusammenhang sollte dabei jedoch stets hervorgehen, ob mit m die ganze Zahl m oder das Element me von K gemeint ist. Es kann nämlich vorkommen (siehe weiter unten), daß

$$me = 0 \text{ in } K \tag{7}$$

gilt, ohne daß die ganze Zahl m selbst gleich 0 ist. Ist dies der Fall, so nennen wir die kleinste natürliche Zahl p für die $pe = 0$ gilt, die *Charakteristik K* und schreiben $\text{Char}(K) = p$. Gilt (7) nur für $m = 0$, so sagen wir, K habe die Charakteristik 0, in Zeichen $\text{Char}(K) = 0$. Es gilt

F1: *Hat ein Körper K nicht die Charakteristik 0, so ist $p := \text{Char}(K)$ eine Primzahl.*

Beweis: Angenommen, es gilt $p = p_1 p_2$ mit natürlichen Zahlen $p_1, p_2 < p$. Nach Definition von p gilt dann einerseits $p_1 e \neq 0$ und $p_2 e \neq 0$, andererseits $(p_1 e)(p_2 e) = (p_1 p_2) e = pe = 0$. Dies steht aber im Widerspruch zur Nullteilerfreiheit von K, siehe (3).

(9) Es sei m eine beliebige natürliche Zahl. Zu jeder ganzen Zahl a gibt es dann bekanntlich eindeutig bestimmte ganze Zahlen q und r mit

$$a = qm + r \quad \text{und} \quad 0 \le r < m. \tag{8}$$

Wir nennen r den *Rest* von a bei Division durch m und bezeichnen diesen auch mit

$$r_m(a).$$

Sei nun

$$\mathbb{F}_m := \{0, 1, 2, \ldots, m - 1\}. \tag{9}$$

Wir definieren dann eine Addition $+_m$ und eine Multiplikation $\cdot_m$ in $\mathbb{F}_m$ durch die Festsetzung

$$a +_m b = r_m(a + b); \quad a \cdot_m b = r_m(ab). \tag{10}$$

Es gilt dann

F2: (i) $\mathbb{F}_m$ *ist ein kommutativer Ring mit Einselement.*
(ii) $\mathbb{F}_m$ *ist genau dann ein Körper, wenn m eine Primzahl ist.*

Beweis: Der Nachweis von (i) sei als kleine Fleißaufgabe dem Leser überlassen. Sei nun $\mathbb{F}_m$ als Körper vorausgesetzt. Nach Definition der Addition in $\mathbb{F}_m$ gilt nun offenbar $m = \text{Char}(\mathbb{F}_m)$. Wegen F1 ist daher m eine Primzahl. Sei jetzt umgekehrt m als Primzahl vorausgesetzt. Wir zeigen dann zunächst, daß $\mathbb{F}_m$ nullteilerfrei ist. Für $a, b \in \mathbb{F}_m$ gelte also $a \cdot_m b = 0$, d.h. $r_m(ab) = 0$. Somit ist ab durch m teilbar. Nach einer grundlegenden Eigenschaft von Primzahlen ('Satz von Euklid') ist dann a oder b durch die Primzahl m teilbar; wegen $0 \le a$, $b \le m - 1$ ist dann aber $a = 0$ oder $b = 0$. Dies beweist die Nullteilerfreiheit von $\mathbb{F}_m$. Sei nun a ein beliebiges Element $\neq 0$ aus $\mathbb{F}_m$. Im folgenden rechnen wir nur in dem Ring $\mathbb{F}_m$ und verwenden daher für die Addition und Multiplikation in $\mathbb{F}_m$ die gewöhnlichen Bezeichnungen. Zu a betrachten wir die Abbildung

$$\mathbb{F}_m \to \mathbb{F}_m$$
$$x \mapsto xa$$

$$(11)$$

Wir behaupten, daß diese Abbildung *injektiv* ist; in der Tat folgt aus $xa = ya$ zunächst $(x - y)\,a = 0$, woraus sich aber wegen der schon bewiesenen Nullteilerfreiheit sofort $x - y = 0$, also $x = y$ ergibt. Wegen der Injektivität von (11) sind nun die Elemente $0a$, $1a$, $2a$, ..., $(m - 1)\,a$ paarweise verschieden, also ist die Abbildung (11) auch *surjektiv*, d.h. jedes Element von $\mathbb{F}_m$ kommt als Bild unter der Abbildung (11) vor; insbesondere trifft dies für das Element 1 zu, es gibt somit (genau) ein Element x in $\mathbb{F}_m$ mit $xa = ax = 1$.

§2 Definition eines Vektorraumes; Begriff des Teilraumes eines Vektorraumes

Wir wollen jetzt definieren, was man unter einem Vektorraum versteht.

Definition 2 ('Vektorraum'):

Es sei K ein Körper. Ein *Vektorraum V* über dem Körper K ist eine Menge, für welche eine '*Addition*'

$$+: V \times V \to V$$
$$(x, y) \mapsto x + y$$

sowie eine '*skalare Multiplikation*'

$$\cdot: K \times V \to V$$
$$(a, x) \mapsto ax$$

gegeben sind, so daß folgende Gesetze gelten:

(A1) $x + (y + z) = (x + y) + z$

(A2) $x + y = y + x$

(A3) Es gibt genau ein Element in V, welches wir mit **0** bezeichnen, für das gilt

$$x + 0 = x$$

(A4) Zu jedem x aus V gibt es genau ein Element in V, welches wir mit $-x$ bezeichnen, für das gilt

$$x + (-x) = 0$$

(SM1) $(ab)\,x = a(bx)$

(SM2) $1x = x$

(SM3) $a(x + y) = ax + ay$

(SM4) $(a + b)\,x = ax + bx$

Bemerkungen: (1) Die Gesetze (A1), (A2), (A3) und (A4) für die Addition in Vektorräumen sind formal genau dieselben wie die entsprechenden Gesetze (A1) bis (A4) für die Addition in Körpern. Eine Menge M, für welche eine algebraische Verknüpfung $+: M \times M \to M$ gegeben ist, so daß (A1) bis (A4) gelten, heißt eine *abelsche Gruppe*.

(2) Aus den obigen Axiomen für Vektorräume gewinnt man leicht weitere Rechengesetze in Vektorräumen wie z.B.

$$0x = 0, \quad a0 = 0. \tag{12}$$

$$(-a)\,x = -ax = a(-x), \quad (-1)\,x = -x. \tag{13}$$

$$\text{Aus } ax = 0 \text{ folgt } a = 0 \text{ oder } x = 0. \tag{14}$$

$$a(x - y) = ax - ay \tag{15}$$

(wobei $x - y$ durch $x - y := x + (-y)$ definiert ist).

Wir wollen beispielsweise (14) beweisen (und den Rest dem fleißigen Leser als Übungsaufgabe 3 überlassen): Es gelte also $ax = 0$, und es sei $a \neq 0$. Durch skalare Multiplikation mit a^{-1} erhält man dann $a^{-1}(ax) = a^{-1}0$, also unter Verwendung von (12)

$$a^{-1}(ax) = 0.$$

Für die linke Seite dieser Gleichung gilt nun unter Benutzung von (SM1) und (SM2) $a^{-1}(ax) = (a^{-1}a)\,x = 1x = x$; also ist $x = 0$ und somit (14) bewiesen.

(3) Statt Vektorraum ist auch die Bezeichnung *linearer Raum* gebräuchlich. Einen Vektorraum V über einem Körper K nennt man kurz auch einen K-Vektorraum. Die Elemente eines Vektorraumes werden oft auch *Vektoren* genannt. Ist V ein K-Vektorraum, so wird das neutrale Element 0 der Addition in V auch als *Nullvektor* von V bezeichnet.

Beispiele von Vektorräumen:
(1) Für jeden Körper K ist die Menge K^n aller n-*Tupel*

$$x = \begin{pmatrix} x_1 \\ x_2 \\ \vdots \\ x_n \end{pmatrix}, \quad x_i \in K$$

– versehen mit der in Kap. I schon eingeführten (komponentenweisen) Addition und skalaren Multiplikation – ein Vektorraum über K.

(2) Die Menge $C^0(I)$ aller stetigen Funktionen $f: I \to \mathbb{R}$ auf dem Intervall $I \subseteq \mathbb{R}$ mit Werten in $\mathbb{R}$ bildet in natürlicher Weise einen Vektorraum über dem Körper $\mathbb{R}$ der reellen Zahlen.

(3) Ist E ein Körper und K ein Teilkörper von E (vgl. Bem. 7 zu Def. 1), so ist E ein Vektorraum über K. (Dieses unscheinbare Beispiel ist von

Wichtigkeit für die Theorie der Körper; es erlaubt, allgemeine Feststellungen der Linearen Algebra für die *Körpertheorie* auszunutzen.)

(4) Verallgemeinerung von Beispiel 1: Es seien I eine beliebige Menge und K ein Körper. Dann betrachten wir die Menge

$$K^I = \mathrm{Abb}(I, K) *$$

aller Abbildungen (Funktionen) der Menge I in die Menge K. Sind x und y Elemente von K^I, d.h. Abbildungen $x: I \to K$ und $y: I \to K$, so definieren wir (für $I \neq \emptyset$) die Abbildung $x + y: I \to K$ einfach durch:

$$(x + y)(i) = x(i) + y(i), \quad i \in I. \tag{16}$$

Das skalare Produkt ax eines $a \in K$ mit einem $x \in K^I$ wird entsprechend durch

$$(ax)(i) = ax(i) \tag{17}$$

definiert. Man überzeugt sich sofort davon, daß K^I mit der so definierten Addition und skalaren Multiplikation ein Vektorraum|über K ist.

Ist n eine natürliche Zahl und setzt man $I = \{1, 2, \dots, n\}$, so ist K^I dasselbe wie K^n, denn was soll ein n-Tupel x von Elementen aus K auch anderes sein als eine Abbildung $x: \{1, 2, \dots, n\} \to K$; statt $x(i)$ wird dabei lediglich x_i geschrieben.

Ob wir dabei nun n-Tupel von Elementen aus K als 'Spalten' wie oben in Beispiel 1 oder als 'Zeilen'

$$x = (x_1, \dots, x_n)$$

notieren, ist in diesem Zusammenhang gleichgültig. In Kap. I hatten wir gesehen, daß jeweils die eine oder andere Notierung zweckmäßig erschien. Erst viel später, in Verbindung mit der Matrizenrechnung, besteht Veranlassung, zwischen Zeilen und Spalten (d.h. genauer, zwischen $1 \times n$- und $n \times 1$-Matrizen über K) sorgfältig zu unterscheiden. Von da an werden wir unter K^n stets den Vektorraum der Spalten-n-Tupel (also der $n \times 1$-Matrizen) über K verstehen. Was die Notierung der Lösungen linearer Gleichungssysteme betrifft, so wollen wir auch schon jetzt an der Gewohnheit, sie wie in Kap. I als Spalten zu notieren, konsequent festhalten. $\square$

Definition 3 ('Teilraum eines Vektorraumes'):

Es sei V ein Vektorraum über dem Körper K. Eine Teilmenge V', die bezüglich der in V erklärten Addition und skalaren Multiplikation selbst ein Vektorraum ist, heißt ein *Teilvektorraum von V*. Statt Teil-

---

* Allgemein ist für beliebige Mengen M und I die Menge M^I als die Menge aller Abbildungen von I nach M definiert. Sind M und I endliche Mengen der Elementeanzahl m bzw. i, so besitzt M^I genau m^i Elemente; dies erklärt die Schreibweise M^I.

vektorraum sind auch die Ausdrücke *linearer Teilraum* oder auch einfach *Teilraum* gebräuchlich.*

F3 ('Kriterium für Teilraum'):

Eine Teilmenge U eines K-Vektorraumes V ist genau dann ein Teilvektorraum von V, wenn $U \neq \emptyset$ ist und folgende Bedingungen erfüllt sind:

$$x, y \in U \Rightarrow x + y \in U \tag{18}$$

$$c \in K, \quad x \in U \Rightarrow cx \in U \tag{19}$$

Beweis: Ist U ein Teilvektorraum von V, so gelten natürlich (18) und (19). Sei umgekehrt U eine Teilmenge von V, für welche (18) und (19) erfüllt sind, und gebe es ein Element a in U. Zunächst ist dann wegen (19) mit jedem x aus U auch $-x = -(1x) = (-1)x$ in U enthalten. Wegen (18) liegt dann auch $0 = a + (-a)$ in U. $\square$

Beispiele zum Begriff Teilraum eines Vektorraumes:

(1) Jeder Vektorraum V besitzt die '*trivialen Teilräume*' V und $\{0\}$. Ein Vektorraum V, der nur aus dem Nullvektor 0 von V besteht, also $V = \{0\}$, heißt <u>*Nullvektorraum*</u> oder kurz: <u>*Nullraum.*</u> Übrigens kann K^I für $I = \emptyset$ als Nullvektorraum angesehen werden.

(2) Die Gesamtheit der Lösungen eines homogenen linearen Gleichungssystems über K in n Unbekannten bildet einen Teilvektorraum von K^n (vgl. Kap. I, F3).

(3) $C^0(I)$ – vgl. das obige Beispiel 2 zu Definition 2 – ist ein Teilraum von $\mathbb{R}^I$.

(4) Sei K ein Körper, und sei I eine beliebige Menge. Wir betrachten dann die Menge

$$K^{(I)} := \{x \in K^I \,|\, x(i) \neq 0 \text{ nur für endlich viele } i \in I\} \tag{20}$$

aller der Funktionen $x: I \to K$ auf I mit Werten in K, für welche die Teilmenge

$$\{i \in I \,|\, x(i) \neq 0\} \tag{21}$$

von I eine endliche Menge ist. (Die Menge in (21) wird auch als der '*Träger*' von $x \in K^I$ bezeichnet.) Mit F3 sieht man sofort, daß $K^{(I)}$ ein Teilraum des Vektorraumes K^I ist. Natürlich besteht nur für eine unendliche Menge I zwischen $K^{(I)}$ und K^I ein Unterschied. Die Vektorräume der Gestalt $K^{(I)}$ sind von grundlegender Bedeutung. Jeder

---

* Man spricht auch von *Unterraum* statt Teilraum.

beliebige K-Vektorraum ist nämlich vom Typ $K^{(I)}$ für geeignetes I.* Dies ist gewissermaßen der *Fundamentalsatz* der Theorie der Vektorräume. Wir werden darauf noch zurückkommen.

(5) Die Teilmenge $M = \left\{ \begin{pmatrix} 2 \\ a \end{pmatrix} \mid a \in \mathbb{R} \right\}$ von $\mathbb{R}^2$ ist kein Teilvektorraum von $\mathbb{R}^2$. Sie ist aber von der Gestalt $x + U$ mit einem Teilvektorraum U $\left(\text{setze } x = \begin{pmatrix} 2 \\ 0 \end{pmatrix} \text{ und } U = \left\{ \begin{pmatrix} 0 \\ a \end{pmatrix} \mid a \in \mathbb{R} \right\} \right)$.

F4 ('Durchschnitt und Summe von Teilräumen'):
Seien U_1 und U_2 Teilräume des Vektorraumes V. Dann sind auch ihr Durchschnitt $U_1 \cap U_2$ sowie ihre 'Summe'

$$U_1 + U_2 := \{ u_1 + u_2 \mid u_1 \in U_1, u_2 \in U_2 \}$$

Teilräume von V.

Beweis: Man verifiziert dies sofort anhand von F3.

§3 Linearkombinationen von Vektoren; Begriff der Basis eines Vektorraumes

Im Kap. I sind wir bei der Behandlung linearer Gleichungssysteme schon gleich zu Anfang Teilräumen von K^n begegnet, und zwar in Gestalt der Lösungsmengen homogener linearer Gleichungssysteme. Im bisherigen Verlauf dieses Kapitels haben wir nun lediglich den Begriff Teilraum eines Vektorraumes in allgemeiner Weise eingeführt und dazu in F3 und F4 beinahe Selbstverständliches festgestellt. Durch die obigen Beispiele 2 und 3 für Vektorräume allerdings haben wir andeuten wollen, daß Vektorräume auch noch im anderen Zusammenhang (als dem linearer Gleichungssysteme) vorkommen. Wenn wir nun in 'abstrakten' Vektorräumen rechnen und insbesondere die Teilräume eines Vektorraumes studieren wollen (vgl. das Problem 2 am Schluß von Kap. I), so ist es gewiß ein Vorteil, die Vektorräume der Gestalt K^n als Modelle heranziehen zu können. So knüpfen wir auch bei der folgenden Begriffsbildung an schon von Kap. I Geläufiges an:

Seien $u_1, u_2, \ldots, u_m$ Vektoren eines K-Vektorraumes V. Wir sagen dann, ein Vektor v aus V sei eine *Linearkombination von* $u_1, u_2, \ldots, u_m$, wenn es Elemente $a_1, a_2, \ldots, a_m$ aus K gibt mit

$$v = a_1 u_1 + a_2 u_2 + \cdots + a_m u_m. \tag{22}$$

---

* Für $I = \emptyset$ sehen wir $K^{(I)}$ wie gesagt als Nullvektorraum an (aber zu 'Experten für leere Mengen' wollen wir trotzdem nicht werden, das überlassen wir lieber anderen).

Stets ist der Nullvektor $\mathbf{0}$ auf triviale Weise eine Linearkombination von $u_1, u_2, \ldots, u_m$:

$$\mathbf{0} = 0u_1 + 0u_2 + \cdots + 0u_m.$$

Ist M eine beliebige nichtleere Teilmenge des K-Vektorraumes V, so sagen wir, ein Vektor v aus V sei eine *Linearkombination von Vektoren aus M*, wenn es endlich viele Vektoren $u_1, \ldots, u_m$ aus M gibt, so daß v eine Linearkombination von $u_1, \ldots, u_m$ ist. Wir verabreden nun folgende Bezeichnung:

Definition 4 ('Lineare Hülle einer Menge von Vektoren'):
Ist M eine beliebige Teilmenge eines K-Vektorraumes V, so setzen wir

$$\operatorname{Lin} M := \{v \in V \,|\, v \text{ ist Linearkombination von Vektoren aus } M\}, \tag{23}$$

wobei

$$\operatorname{Lin} \emptyset = \{\mathbf{0}\} \tag{24}$$

gelten soll. Man nennt $\operatorname{Lin} M$ die *lineare Hülle von M in V*. $\square$

Ist $v \in \operatorname{Lin} M$, so besteht (für $M \neq \emptyset$) eine Relation der Form (22) mit gewissen Vektoren $u_1, \ldots, u_m$ aus M (und gewissen Zahlen $a_1, \ldots, a_m$ aus K). Indem wir gegebenenfalls in (22) geeignete Summanden zusammenfassen, sehen wir, daß für jedes $v \in \operatorname{Lin} M$ stets auch eine Relation der Form (22) mit *paarweise verschiedenen* $u_1, \ldots, u_m$ aus M besteht.

Unter Heranziehung des K-Vektorraumes $K^{(M)}$ – vgl. das Beispiel 4 auf Seite 30 – können wir die Elemente von $\operatorname{Lin} M$ bequem auch folgendermaßen kennzeichnen: Ein v aus V gehört genau dann zu $\operatorname{Lin} M$, wenn es ein x aus $K^{(M)}$ gibt mit

$$v = \sum_{u \in M} x(u)\, u. \tag{25}$$

Die rechtsstehende Summe ist dabei für jedes $x \in K^{(M)}$ wohldefiniert, denn nach Definition von $K^{(M)}$ ist ja $x(u) \neq 0$ nur für endlich viele $u \in M$; für $M = \emptyset$ sei sie durch $\mathbf{0}$ definiert.

Beweis: O.E. sei $M \neq \emptyset$. Sei nun $v \in \operatorname{Lin} M$. Dann gilt (22) mit gewissen $a_1, \ldots, a_m$ aus K und gewissen paarweise verschiedenen $u_1, \ldots, u_m$ aus M. Wir definieren dann $x \colon M \to K$ durch

$$x(u) = \begin{cases} a_i, & \text{falls } u = u_i \text{ für ein } 1 \le i \le m \\ 0, & \text{sonst} \end{cases}$$

Dann ist $x \in K^{(M)}$, und es gilt (25). Gilt umgekehrt (25) mit $x \in K^{(M)}$, so gibt es eine endliche Teilmenge $T = \{u_1, \ldots, u_m\}$ vom M mit $x(u) = 0$ für jedes $u \in M$ mit $u \notin T$. Setzt man nun $a_i := x(u_i)$ für $1 \leq i \leq m$, so besagt (25) nichts anderes als (22); somit ist $v \in \mathrm{Lin}\, M$. $\quad\square$

Die Notierung der Elemente von $\mathrm{Lin}\, M$ in der Gestalt (25), ist bezeichnungstechnisch sehr bequem; mit $x, y \in K^{(M)}$ und $a \in K$ gelten nämlich z.B. die Beziehungen

$$\sum_{u \in M} x(u)\,u + \sum_{u \in M} y(u)\,u = \sum_{u \in M} (x + y)(u)\,u \tag{26}$$

$$a \sum_{u \in M} x(u)\,u = \sum_{u \in M} (ax)(u)\,u, \tag{27}$$

und zwar aufgrund der in $K^{(M)}$ definierten Addition und skalaren Multiplikation, vgl. (16) und (17). Da stets

$$0 \in \mathrm{Lin}\, M \tag{28}$$

gilt, folgt aus (26) und (27) im Hinblick auf F3 sofort, daß die lineare Hülle $\mathrm{Lin}\, M$ einer beliebigen Teilmenge M des K-Vektorraumes V stets ein Teilraum von V ist. Es ist nützlich, $\mathrm{Lin}\, M$ als Teilraum von V folgendermaßen zu kennzeichnen:

F5 ('Charakterisierung der linearen Hülle einer Teilmenge eines Vektorraumes'):
Es sei V ein K-Vektorraum, und M sei eine beliebige Teilmenge von V. Dann gibt es genau einen Teilraum U von V mit $M \subseteq U$ und folgender Eigenschaft:

$$\textit{Ist } W \textit{ ein Teilraum von } V \textit{ mit } M \subseteq W, \textit{ so ist } U \subseteq W. \tag{29}$$

Es gilt

$$U = \mathrm{Lin}\, M. \tag{30}$$

Kurz gesagt: $\mathrm{Lin}\, M$ *ist der kleinste Teilraum von V, der die Menge M enthält.*

Beweis: Wir zeigen zuerst, daß $U := \mathrm{Lin}\, M$ die gestellten Forderungen erfüllt. Wie oben schon festgestellt, ist U zunächst ein Teilraum von V. Offenbar ist M eine Teilmenge von $U = \mathrm{Lin}\, M$, denn für jedes $v \in M$ ist $v = 1v \in \mathrm{Lin}\, M$. Ist $M = \emptyset$, so ist $U = \{0\}$, also (29) sicherlich richtig. Sei also $M \neq \emptyset$, und sei W ein Teilraum von V mit $M \subseteq W$. Für jedes $v \in U = \mathrm{Lin}\, M$ besteht nun eine Relation der Gestalt (22); wegen $M \subseteq W$ und weil W ein Teilraum von V ist, folgt somit $v \in W$. Also ist $U \subseteq W$ und folglich (29) erfüllt. – Daß es nur ein e n Teilraum mit den verlangten Eigenschaften geben kann, ist klar: Ist nämlich auch U' ein

Teilraum von V mit $M \subseteq U'$, der – anstelle von U – die Bedingung (29) erfüllt, so ist danach einerseits $U' \subseteq U$ und andererseits $U \subseteq U'$, also insgesamt $U' = U$. $\square$

Wir wollen hier einige (triviale) formale Eigenschaften der Bildung der linearen Hülle notieren:

$$M \subseteq \operatorname{Lin} M \tag{31}$$

$$M \subseteq M' \Rightarrow \operatorname{Lin} M \subseteq \operatorname{Lin} M' \tag{32}$$

$$M = \operatorname{Lin} M \Leftrightarrow M \text{ ist ein Teilraum von } V \tag{33}$$

$$\operatorname{Lin}(\operatorname{Lin} M) = \operatorname{Lin} M \tag{34}$$

Die Gültigkeit dieser Behauptungen ist offensichtlich und eigentlich nicht 'beweiswürdig'; um dem Leser aber eine weitere Gelegenheit zu geben, sich an die bei solcher Gelegenheit übliche Argumentationsweise zu gewöhnen, wollen wir den Beweis hier trotzdem ausführen: (31) ist klar bzw. in F5 enthalten. Aus $M \subseteq M'$ folgt wegen (31) zunächst $M \subseteq \operatorname{Lin} M'$. Da $\operatorname{Lin} M'$ ein Teilraum von V ist, folgt aus F5 sofort $\operatorname{Lin} M \subseteq \operatorname{Lin} M'$. Damit ist (32) bewiesen. Aus $M = \operatorname{Lin} M$ folgt, daß M ein Teilraum von V ist, denn $\operatorname{Lin} M$ ist ein Teilraum von V. Ist umgekehrt M als Teilraum von V vorausgesetzt, so ergibt sich aus der Eindeutigkeitsaussage von F5 sofort $\operatorname{Lin} M = M$, womit auch (33) bewiesen ist. Schließlich ist (34) ein Spezialfall von (33). – Als Übungsaufgabe 4 zeige man, daß gilt:

$$U, W \text{ Teilraum von } V \Rightarrow \operatorname{Lin}(U \cup W) = U + W \tag{35}$$

(zur Definition von $U + W$ vgl. F4).

Bemerkungen: (1) Sei M eine beliebige Teilmenge des K-Vektorraumes V. Es sei dann U der Durchschnitt aller Teilräume von V, welche M als Teilmenge enthalten:

$$U := \bigcap_{\substack{W \text{ Teilraum von } V \\ M \subseteq W}} W \tag{36}$$

Dann gilt $M \subseteq U$, und offenbar ist U ein Teilraum von V, der zudem die Bedingung (29) von F5 erfüllt. Aus F5 folgt daher sofort $U = \operatorname{Lin} M$. Die lineare Hülle von M hätten wir daher auch durch die rechte Seite von (36) definieren können.

(2) Anstelle von $\operatorname{Lin} M$ ist auch die (vielleicht weniger suggestive, dafür aber kürzere) Bezeichnung

$$\langle M \rangle \tag{37}$$

gebräuchlich. Ist $M = \{v_1, \ldots, v_m\}$, so schreibt man statt $\langle \{v_1, \ldots, v_n\} \rangle$ auch einfach

$$\langle v_1, \ldots, v_m \rangle. \tag{38}$$

Unter Verwendung dieser Schreibweise ist zum Beispiel

$$\langle v \rangle = \{av \mid a \in K\} \tag{39}$$

die Menge aller skalaren Vielfachen des Vektors v aus V; allgemeiner gilt

$$\langle v_1, \ldots, v_m \rangle = \left\{ \sum_{i=1}^{m} a_i v_i \mid a_i \in K \text{ für } 1 \le i \le m \right\} \tag{40}$$

(3) In $V = C^0(\mathbb{R})$ – vgl. das Beispiel 2 zu Definition 2 – ist die Exponentialfunktion *exp* keine Linearkombination der Funktionen *cos* und *sin*; gäbe es nämlich reelle Zahlen c_1, c_2 mit *exp* $= c_1$ *cos* $+ c_2$ *sin*, d.h.

$$exp(x) = c_1\, cos\, x + c_2\, sin\, x \quad \text{für alle } x \in \mathbb{R},$$

so folgte *exp*$(0) = c_1$, *exp*$(\pi) = -c_1$, also wäre einerseits $c_1 > 0$ und andererseits $c_1 < 0$. Widerspruch!

(4) Sei ein lineares Gleichungssystem von m Gleichungen in n Unbekannten über dem Körper K vorgelegt. Mit $v_1, v_2, \ldots, v_n \in K^m$ seien (der Reihe nach) die Spalten seiner (einfachen) Koeffizientenmatrix bezeichnet (vgl. Kap. I: (14), (15), (16) und (17). Das vorgelegte System ist genau dann lösbar, wenn

$$b \in \langle v_1, \ldots, v_n \rangle = \text{Lin}\{v_1, \ldots, v_n\} \tag{41}$$

gilt, wobei b wie üblich das m-Tupel der Zahlen auf der rechten Seite bezeichnet; vgl. Kap. I, (20).

Das zugehörige homogene System besitzt genau dann nicht nur die triviale Lösung, wenn der Nullvektor $\mathbf{0}$ von K^m eine *nicht-triviale* Linearkombination von $v_1, \ldots, v_n$ ist. Dabei sei ganz allgemein vereinbart:

Definition 5: Es sei V ein K-Vektorraum. Wir sagen, $\mathbf{0}$ *sei eine* <u>*nicht-triviale* *Linearkombination der Vektoren*</u> $v_1, \ldots, v_m$ aus V, wenn es Zahlen $a_1, \ldots, a_m$ aus K gibt, von denen wenigstens eine von 0 verschieden ist, so daß

$$a_1 v_1 + \cdots + a_m v_m = \mathbf{0} \tag{42}$$

gilt.*

Die in Def. 5 gegebene einfache Begriffsbildung ist von grundlegender Bedeutung; darauf weist schon der enge Zusammenhang mit homogenen linearen Gleichungssystemen hin, der uns zu Def. 5 geführt hat.

---

* Es wird hier nicht vorausgesetzt, daß $v_1, \ldots, v_m$ paarweise verschieden sind; ist aber (für $n \ge 2$) etwa $v_1 = v_2$, so ist nach unserer Definition $\mathbf{0}$ stets eine nicht-triviale Linearkombination von $v_1, \ldots, v_m$, da ja $\mathbf{0} = v_1 - v_2 = 1v_1 + (-1)v_2 + 0v_3 + \cdots + 0v_m$ gilt.

Beispiele:
(1) In $\mathbb{R}^4$ ist **0** eine nicht-triviale Linearkombination der Vektoren

$$v_1 = \begin{pmatrix} -1 \\ -1 \\ 3 \\ 4 \end{pmatrix} \quad v_2 = \begin{pmatrix} 4 \\ 10 \\ 3 \\ 5 \end{pmatrix} \quad v_3 = \begin{pmatrix} 3 \\ 7 \\ 1 \\ 2 \end{pmatrix}$$

Man prüft nämlich anhand des in Kap. I beschriebenen Rechenverfahrens ohne Mühe nach, daß das homogene lineare Gleichungssystem, dessen Koeffizientenmatrix aus den Spalten v_1, v_2, v_3 besteht, nicht-triviale Lösungen besitzt. Übrigens ist z.B. $v_1 - 2v_2 + 3v_3 = \mathbf{0}$.

(2) In $V = C^0(\mathbb{R})$ betrachten wir die durch

$$p_k(t) = t^k \quad (t \in \mathbb{R}) \tag{43}$$

für $k = 0, 1, 2, \ldots$ definierten stetigen Funktionen $p_k \colon \mathbb{R} \to \mathbb{R}$. Wir behaupten, daß für keine ganze Zahl $n \geq 0$ die Nullfunktion eine nicht-triviale Linearkombination von $p_1, \ldots, p_n$ ist. Sicherlich ist dies für $n = 0$ richtig. Sei also $n \geq 1$. Wir führen Induktion nach n und nehmen an, daß die Behauptung für $n - 1$ richtig ist. Aus $\mathbf{0} = a_n p_n + a_{n-1} p_{n-1} + \cdots + a_1 p_1 + a_0 p_0$ (mit gewissen Zahlen $a_0, a_1, \ldots, a_n$ aus $\mathbb{R}$), also

$$0 = a_n t^n + a_{n-1} t^{n-1} + \cdots + a_1 t + a_0 \quad \text{für alle } t \in \mathbb{R} \tag{44}$$

folgt nun durch Einsetzen von $t = 0$ zunächst $a_0 = 0$. Dann kann man aber t in (44) ausklammern; es ist also

$$0 = tp(t) \quad \text{für alle } t \in \mathbb{R}, \tag{45}$$

wobei $p \in V$ durch

$$p(t) = a_n t^{n-1} + \cdots + a_1 \quad (t \in \mathbb{R})$$

gegeben ist. Aus (45) folgt nun, daß $p(t) = 0$ für alle $t \neq 0$ gilt. Aus Stetigkeitsgründen ist dann aber auch $p(0) = 0$ und somit $p = 0$ die Nullfunktion. Aufgrund der Induktionsannahme ist daher $a_1 = a_2 = \cdots = a_n = 0$. Da auch $a_0 = 0$ gilt, ist die Behauptung bewiesen. $\quad\square$

Am Schluß dieses Abschnittes wollen wir nun noch einen weiteren wichtigen Begriff, der ebenfalls schon in Kap. I eine Rolle gespielt hat, aufgreifen und allgemein für Vektorräume formulieren:

Definition 6 ('Basis eines Vektorraumes'):
Eine Teilmenge M eines K-Vektorraumes V heißt eine _Basis von V_, wenn sich jeder Vektor aus V in eindeutiger Weise als Linearkombination von paarweise verschiedenen Vektoren aus M darstellen läßt; es soll also gelten:
Zu jedem v aus V gibt es genau ein $x \in K^{(M)}$ mit

$$v = \sum_{u \in M} x(u)\, u \tag{46}$$

Bemerkungen: (1) Sei V ein K-Vektorraum, und sei M eine nichtleere Teilmenge von V. Genau dann ist M eine Basis von V, wenn folgende zwei Bedingungen erfüllt sind:

Erste Eigenschaft einer Basis: Es ist $V = \mathrm{Lin}\, M$, d.h. jeder Vektor v von V besitzt eine Darstellung der Gestalt (46).

Zweite Eigenschaft einer Basis: Es gibt zu jedem v aus V nur eine solche Darstellung, d.h. gilt für $x, y \in K^{(M)}$

$$v = \sum_{u \in M} x(u)\, u = \sum_{u \in M} y(u)\, u,$$

so muß $x = y$, d.h. $x(u) = y(u)$ für alle $u \in M$ gelten.

(2) Eine endliche, aus genau n Elementen bestehende Teilmenge $M = \{u_1, \ldots, u_n\}$ eines K-Vektorraumes V ist genau dann eine Basis von V, wenn sich jeder Vektor v aus V darstellen läßt in der Gestalt

$$v = \sum_{i=1}^{n} x_i u_i = x_1 u_1 + x_2 u_2 + \cdots + x_n u_n$$

mit eindeutig bestimmten Zahlen $x_1, x_2, \ldots, x_n$ aus K.

(3) Sei $V = K^2$. Dann ist jede Teilmenge $\left\{\begin{pmatrix} a \\ b \end{pmatrix}, \begin{pmatrix} c \\ d \end{pmatrix}\right\}$ mit $ad - bc \neq 0$ eine Basis von V; vgl. Kap. I, §1.

(4) Für $V = K^n$ ist die aus den sogenannten _kanonischen Einheitsvektoren_

$$e_1 = \begin{pmatrix} 1 \\ 0 \\ \vdots \\ \vdots \\ 0 \end{pmatrix}, \quad e_2 = \begin{pmatrix} 0 \\ 1 \\ 0 \\ \vdots \\ 0 \end{pmatrix}, \ldots, \quad e_n = \begin{pmatrix} 0 \\ \vdots \\ \vdots \\ 0 \\ 1 \end{pmatrix} \tag{47}$$

des K^n gebildete Menge eine Basis von V. Denn erstens besitzt jeder Vektor

$$x = \begin{pmatrix} x_1 \\ x_2 \\ \vdots \\ x_n \end{pmatrix} \tag{48}$$

aus K^n offenbar die Darstellung

$$x = x_1 e_1 + x_2 e_2 + \cdots + x_n e_n = \sum_{i=1}^{n} x_i e_i, \tag{49}$$

und zweitens folgt aus $x = \sum_{i=1}^{n} y_i e_i$ – mit $y_1, \ldots, y_n \in K$ und x wie in (48) – sofort $y_i = x_i$ für alle $i = 1, 2, \ldots, n$. Der K-Vektorraum K^n besitzt also eine besondere vor allen anderen Basen des K^n ausgezeichnete Basis; man nennt sie die *kanonische Basis* von K^n.

(5) Allgemeiner ist – für eine beliebige nichtleere Menge I – die Menge der e_i aus $K^{(I)}$, definiert durch

$$e_i(j) = \begin{cases} 0 & \text{für } j \neq i \\ 1 & \text{für } j = i \end{cases} \quad (i \in I) \tag{50}$$

eine Basis von $K^{(I)}$; sie heißt die kanonische Basis von $K^{(I)}$. Für jedes $x \in K^{(I)}$ gilt nämlich

$$x = \sum_{i \in I} x(i) \, e_i \tag{51}$$

und aus

$$x = \sum_{i \in I} a_i \, e_i \tag{52}$$

(mit $a_i \in K$ und $a_i \neq 0$ nur für endlich viele $i \in I$) folgt $a_i = x(i)$ für alle $i \in I$. Man bestätigt dies sofort, indem man die in (51) und (52) genannten Funktionen $I \to K$ an jeder Stelle $j \in I$ auswertet.

(6) Besitzt ein Vektorraum V eine Basis $M \neq \emptyset$, so besteht V nicht nur aus dem Nullvektor $\mathbf{0}$; da nämlich $M \neq \emptyset$ vorausgesetzt ist, stünde sonst $\mathbf{0} = 1u = 0u$ für $u \in M$ im Widerspruch dazu, daß der Vektor $\mathbf{0}$ nur auf eine Weise als Linearkombination von Elementen aus M darstellbar sein soll. – Da nun aber Nullräume auf natürliche Weise in der Linearen Algebra auftreten (z.B. als Durchschnitte von Teilräumen eines Vektorraumes), so wollen wir sinngemäß festsetzen: Ist V ein Nullraum, so sei $\emptyset$ (die einzige) Basis von V. (Welche Ehre für die leere Menge!) □

Aus F7 in Kap. I folgt insbesondere, daß der K-Vektorraum aller Lösungen eines beliebigen homogenen linearen Gleichungssystems über dem Körper K stets eine (aus endlich vielen Elementen bestehende) Basis besitzt, eine Tatsache, die von vornherein gar nicht auf der Hand liegt, die uns aber andererseits hier gerade zu dem in Def. 6 formulierten Begriff der Basis eines Vektorraumes geführt hat.

Bisher haben wir in Kap. II nur wenige Grundbegriffe der Linearen Algebra, wie: Teilraum eines Vektorraumes, Linearkombination von Vektoren, Basis eines Vektorraumes vorgestellt. Alle diese Begriffe traten in spezieller Gestalt in Kap. I im Zusammenhang mit linearen Gleichungssystemen auf natürliche Weise in Erscheinung. Dennoch haben wir hier unsere Ausführungen ziemlich ausführlich gehalten, da der Anfänger mit diesen einfachen Dingen oft seine Schwierigkeiten hat und sich meist auch nur allmählich an die übliche, ein wenig abstrakte Betrachtungs- und Sprechweise gewöhnt (um wenig später – mit Recht – alles etwas trivial und langweilig zu finden). Also, wir hinken gewissermaßen immer noch hinter Kap. I her, wollen aber nun im nächsten Abschnitt anfangen, mit den erwähnten Grundbegriffen systematisch zu arbeiten (um dann vor allem auch die am Schluß von Kap. I gestellten Probleme ernsthaft in Angriff nehmen zu können).

§4 Über die Existenz von Basen in beliebigen Vektorräumen; lineare Abhängigkeit und Unabhängigkeit

Wir untersuchen jetzt die Frage nach der Existenz einer Basis in beliebigen Vektorräumen. Im folgenden seien K stets ein Körper und V ein Vektorraum über K.

Definition 7 ('Erzeugendensystem'):
Wir sagen, *ein Teilraum V' von V sei durch die Teilmenge M von V erzeugt* (oder: *M erzeuge den Teilraum V'*), wenn

$$V' = \operatorname{Lin} M$$

gilt. Ist dies der Fall, so heißt M auch ein (*lineares*) *Erzeugendensystem** von V'. Wir nennen V *endlich erzeugt*, falls V ein lineares Erzeugendensystem besitzt, welches nur aus endlich vielen Elementen besteht.

Bemerkungen: (1) Daß eine K-Vektorraum V endlich erzeugt ist, bedeutet also, daß es endlich viele Vektoren $v_1, \ldots, v_m$ aus V gibt, so daß

$$V = \langle v_1, \ldots, v_m \rangle = \left\{ \sum_{i=1}^{m} a_i v_i \,\middle|\, a_i \in K \right\}$$

gilt.
(2) K^n ist endlich erzeugt, denn die Menge der kanonischen Einheitsvektoren $e_1, \ldots, e_n$ von K^n ist ein lineares Erzeugendensystem von K^n; diese Menge ist ja sogar eine Basis von K^n, vgl. Bem. 4 zu Def. 6.
(3) Die Menge der folgenden fünf Vektoren

$$\begin{pmatrix} 1 \\ 3 \\ 0 \\ 2 \end{pmatrix}, \quad \begin{pmatrix} 3 \\ 9 \\ 2 \\ 8 \end{pmatrix}, \quad \begin{pmatrix} 5 \\ 10 \\ 7 \\ 12 \end{pmatrix}, \quad \begin{pmatrix} 2 \\ 1 \\ 3 \\ 2 \end{pmatrix}, \quad \begin{pmatrix} 0 \\ 2 \\ -1 \\ 1 \end{pmatrix}$$

---

* Im Hinblick auf den später von uns benutzten (und allgemein üblichen) Sprachgebrauch bei Verwendung des Wortes 'System' wäre es vielleicht deutlicher, hier von Erzeugendenmenge anstatt von Erzeugendensystem zu sprechen, doch hat sich letzterer Begriff ebenfalls viel zu gut eingebürgert, als daß wir von ihm abweichen wollten.

des $\mathbb{R}^4$ ist **kein** Erzeugendensystem von $\mathbb{R}^4$; vgl. das in Kap. I auf S. 13 behandelte Beispiel.

(4) Wegen Lin $\emptyset = \{0\}$ besitzt ein Nullraum die leere Menge als Erzeugendensystem; vgl. (24) in Def. 4.

(5) Die Vektoren $\begin{pmatrix} 1 \\ 2 \end{pmatrix}$, $\begin{pmatrix} 3 \\ 4 \end{pmatrix}$, $\begin{pmatrix} 5 \\ 6 \end{pmatrix}$ des $\mathbb{R}^2$ bilden ein lineares Erzeugendensystem von $\mathbb{R}^2$; vgl. auch Bem. 3 zu Def. 6.

(6) Jeder Vektorraum V besitzt ein lineares Erzeugendensystem, nämlich die Menge V selbst.

(7) Ist I eine unendliche Menge, so ist der K-Vektorraum $K^{(I)}$ nicht endlich erzeugt. Ebensowenig ist der $\mathbb{R}$-Vektorraum $C^0(\mathbb{R})$ aller stetigen Funktionen von $\mathbb{R}$ nach $\mathbb{R}$ endlich erzeugt (zum Nachdenken!).   □

Es ist naheliegend, unter allen Teilmengen M von V mit Lin $M = V$ nach solchen zu suchen, die möglichst 'klein' sind, d.h. solchen, die keine Vektoren mehr enthalten, die zur Erzeugung von V überflüssig sind und daher fortgelassen werden können. Wir definieren deshalb:

Definition 8 ('Lineare Abhängigkeit und Unabhängigkeit'):
Eine Teilmenge M von V heißt eine *linear unabhängige* Teilmenge *von V*, wenn für jedes $u \in M$ der von $M \backslash \{u\}$ erzeugte Teilraum eine echte Teilmenge des von M erzeugten Teilraumes ist, d.h.:

Für alle $u \in M$ *gilt* Lin $M \backslash \{u\} \neq$ Lin M.

Eine Teilmenge M von V heißt eine *linear abhängige Teilmenge von V*, wenn M keine linear unabhängige Teilmenge von V ist.[*] Für 'linear unabhängig' bzw. 'linear abhängig' wollen wir die Abkürzung *l.u.* bzw. *l.a.* verwenden.

Bemerkungen: (1) Lineare Abhängigkeit ist also als das logische Gegenteil von linearer Unabhängigkeit definiert. Demnach ist M genau dann eine *linear abhängige* Teilmenge von V, wenn gilt:

$$\textit{Es existiert ein } u \in M \textit{ mit } \mathrm{Lin}\, M \backslash \{u\} = \mathrm{Lin}\, M. \tag{53}$$

(2) Die leere Menge $\emptyset$ ist eine *l.u.* Teilmenge von V.

(3) Eine Teilmenge M von V mit $0 \in M$ ist stets linear abhängig.

(4) Das in Bem. 5 zu Def. 7 genannte Erzeugendensystem von $\mathbb{R}^2$ ist *l.a.*, denn es gilt z.B. schon Lin $\left\{ \begin{pmatrix} 1 \\ 2 \end{pmatrix}, \begin{pmatrix} 3 \\ 4 \end{pmatrix} \right\} = \mathbb{R}^2$.

---

[*] Ist M eine linear unabhängige (bzw. linear abhängige) Teilmenge von V, so sagen wir auch kurz (also ohne auf den Vektorraum V, in dem sich ja alles abspielen soll, ausdrücklich Bezug zu nehmen): M ist linear unabhängig (bzw. linear abhängig).

(5) Für Vektoren u, $v \neq 0$ von V ist $\{u,\, u + v,\, u - v\}$ stets *l.a.*, vorausgesetzt, es gilt $1 + 1 \neq 0$ in K. (Beweis als Übungsaufgabe 5.) $\square$

Die folgende Feststellung ergibt sich fast unmittelbar aus der Definition der linearen Abhängigkeit.

F6: *Sei M eine Teilmenge von V. Dann gilt für jedes v aus V:*

$$v \in \operatorname{Lin} M, \quad v \notin M \Rightarrow M \cup \{v\} \text{ ist } l.a.$$

Beweis: Aus $v \in \operatorname{Lin} M$ folgt zunächst $M \cup \{v\} \subseteq \operatorname{Lin} M$. Aus der Charakterisierung der linearen Hülle von $M \cup \{v\}$ nach F5 folgt daraus $\operatorname{Lin}(M \cup \{v\}) \subseteq \operatorname{Lin} M$. Andererseits gilt trivialerweise $\operatorname{Lin} M \subseteq \operatorname{Lin}(M \cup \{v\})$, vgl. (32). Somit haben wir gezeigt, daß stets gilt:

$$v \in \operatorname{Lin} M \Rightarrow \operatorname{Lin} M \cup \{v\} = \operatorname{Lin} M. \tag{54}$$

Wir setzen $M' := M \cup \{v\}$. Aus der Voraussetzung $v \notin M$ folgt $M' \backslash \{v\} = M$. Insgesamt erhalten wir also $\operatorname{Lin} M' \backslash \{v\} = \operatorname{Lin} M = \operatorname{Lin} M'$. Folglich ist M' *l.a.* $\square$

Die linear abhängigen Teilmengen eines Vektorraumes können wir in der durch Def. 5 eingeführten Sprechweise folgendermaßen charakterisieren:

F7 ('Charakterisierung der linearen Abhängigkeit'):
Eine Teilmenge M von V ist genau dann linear abhängig, wenn es endlich viele, paarweise verschiedene Vektoren $v_1, \ldots, v_m$ aus M gibt, so daß 0 eine nicht-triviale Linearkombination von $v_1, \ldots, v_m$ ist.

Beweis: (i) Sei M *l.a.* Dann gibt es nach Definition (vgl. auch Bem. 1 zu Def. 8) einen Vektor v_1 aus M mit $\operatorname{Lin} M = \operatorname{Lin}(M \backslash \{v_1\})$. Insbesondere ist dann

$$v_1 \in \operatorname{Lin} M \backslash \{v_1\}. \tag{55}$$

Sollte $M \backslash \{v_1\} = \emptyset$ sein, so folgt wegen $\operatorname{Lin} \emptyset = \{0\}$, daß $v_1 = 0$ ist. Wir erhalten dann $0 = 1 v_1$ als nicht-triviale Linearkombination von $v_1 \in M$. Sei jetzt also $M \backslash \{v_1\} \neq \emptyset$. Nach (55) gibt es dann Vektoren $v_2, \ldots, v_m$ aus M – alle verschieden von v_1 – sowie Zahlen $c_2, \ldots, c_m$ aus K mit

$$v_1 = c_2 v_2 + \cdots + c_m v_m. \tag{56}$$

Wir können dabei die $v_2, \ldots, v_m$ als paarweise verschieden annehmen. Aus (56) erhalten wir nun die Relation

$$a_1 v_1 + a_2 v_2 + \cdots + a_m v_m = 0 \tag{57}$$

mit $a_1 = 1$, $a_2 = -c_2, \ldots, a_m = -c_m$. Wegen $a_1 \neq 0$ ist danach also 0 eine nicht-triviale Linearkombination der paarweise verschiedenen Vektoren $v_1, v_2, \ldots, v_m$ aus M.

(ii) Es seien nun umgekehrt $v_1, \ldots, v_m$ paarweise verschiedene Vektoren aus M und $a_1, \ldots, a_m$ Zahlen aus K, die nicht sämtlich gleich 0 sind, so daß (57) gilt. Wir können dabei o.E. annehmen, daß $a_1 \neq 0$ ist. Durch Multiplikation mit a_1^{-1} erhalten wir dann aus (57) die Gleichung

$$v_1 = (-a_2\, a_1^{-1})\, v_2 + \cdots + (-a_m\, a_1^{-1})\, v_m.$$

Es ist also $v_1 \in \operatorname{Lin} M \setminus \{v_1\}$. Nach F6 ist dann aber die Menge M *l.a.*　　□

Eine Teilmenge M von V ist nach Definition genau dann *l.u.*, wenn M nicht *l.a.* ist. Aus F7 folgt daher sofort die folgende Charakterisierung der linearen Unabhängigkeit:

F7' ('Charakterisierung der linearen Unabhängigkeit'):
Eine Teilmenge M von V ist genau dann linear unabhängig, wenn sie folgende Eigenschaft besitzt:

Sind $v_1, \ldots, v_m$ endlich viele, paarweise verschiedene Vektoren aus M und $a_1, \ldots, a_m$ Zahlen aus K mit

$$a_1 v_1 + \cdots + a_m v_m = \mathbf{0},$$

so ist $a_i = 0$ für alle $i = 1, \ldots, m$.

Bemerkungen: (1) Es sei nochmals betont, daß F7' lediglich eine Umformulierung von F7 darstellt.

(2) Die Charakterisierung der linearen Unabhängigkeit durch F7' wird anderswo meist zur Definition der linearen Unabhängigkeit verwendet.

(3) Aus F7' folgt, daß jede Teilmenge einer *l.u.* Teilmenge M von V ebenfalls *l.u.* ist.

F8 ('Maximale l.u. Teilmengen einer Menge von Vektoren'):
Es sei M eine Teilmenge von V, und v sei ein Vektor von V. Dann gelten:

(i) *Ist M l.u. und $M \cup \{v\}$ l.a., so folgt $v \in \operatorname{Lin} M$.*[*]
(ii) *Ist M eine maximale l.u. Teilmenge einer Teilmenge M' von V, so folgt*

$$M' \subseteq \operatorname{Lin} M\,†.$$

(Dabei heißt M eine *maximale l.u.* Teilmenge von M', falls M *l.u.* ist, aber $M \cup \{u\}$ *l.a.* für jeden Vektor u von M', der nicht zu M gehört.)

---

[*] Vgl. F6.
[†] Und somit auch $\operatorname{Lin} M' = \operatorname{Lin} M$.

Beweis: (i) Sei also M *l.u.* und $M \cup \{v\}$ *l.a.* Dann folgt aus der linearen Abhängigkeit von $M \cup \{v\}$ nach F7 zunächst die Existenz von paarweise verschiedenen Vektoren $v_1, \ldots, v_m$ aus M sowie von Zahlen a, $a_1, \ldots, a_m$ aus K – letztere nicht sämtlich gleich 0 –, so daß

$$av + a_1 v_1 + \cdots + a_m v_m = 0 \tag{58}$$

gilt. Es ist $a \neq 0$, sonst wäre – wieder nach F7 – M *l.a.*, im Widerspruch zur Voraussetzung. Wir können also (58) mit a^{-1} multiplizieren und erhalten dann $v = (-a_1 a^{-1}) v_1 + \cdots + (-a_m a^{-1}) v_m$. Somit ist $v \in \operatorname{Lin} M$, wie behauptet.

(ii) Sei $u \in M'$ beliebig. Ist $u \in M$, so ist trivialerweise auch $u \in \operatorname{Lin} M$. Sei daher jetzt $u \notin M$. Nach Voraussetzung ist dann aber $M \cup \{u\}$ *l.a.*; nach (i) folgt somit $u \in \operatorname{Lin} M$. Also gilt $M' \subseteq \operatorname{Lin} M$. $\square$

Wir sind nun in der Lage, die Eigenschaft einer Teilmenge M von V, eine Basis von V zu sein, auf verschiedene Weisen zu charakterisieren:

F9 ('Charakterisierung einer Basis'):
Für eine Teilmenge M des K-Vektorraumes V sind die folgenden sieben Aussagen äquivalent:

 (i) *M ist eine Basis von V*
 (ii) *M ist ein minimales Erzeugendensystem von V*
 (iii) *M erzeugt V, und M ist l.u.*
 (iv) *M ist eine maximale l.u. Teilmenge von V*
 (v) *Für jedes Erzeugendensystem E von V, welches M enthält, ist M eine maximale l.u. Teilmenge von E*
 (vi) *Es gibt ein Erzeugendensystem E von V, welches M als eine maximale l.u. Teilmenge enthält*
 (vii) *Es gibt eine Bijektion $f \colon K^{(M)} \to V$ mit*
   (a) $f(x + y) = f(x) + f(y), \quad f(ax) = af(x)$
   (b) $f(e_u) = u$ *für alle $u \in M$*

Beweis: Um den Umgang mit den eingeführten Begriffen einzuüben, empfehlen wir dem Leser, erstmal zu versuchen, einzelne Schritte in dem folgenden Beweisschema nach Möglichkeit selbständig auszuführen:

$$
\begin{array}{ccccc}
 & & \text{(ii)} & & \\
 & & \Updownarrow & & \\
\text{(i)} & \Leftrightarrow & \text{(iii)} & \Rightarrow & \text{(iv)} \\
\Updownarrow & & \Uparrow & & \Downarrow \\
\text{(vii)} & & \text{(vi)} & \Leftarrow & \text{(v)}
\end{array}
$$

(ii) $\Leftrightarrow$ (iii): Daß (ii) und (iii) genau dasselbe besagen, ist im Hinblick auf unsere Definition 8 der linearen Unabhängigkeit unmittelbar klar.

(i) $\Rightarrow$ (iii): Sei M also eine Basis von M. Nach der ersten Eigenschaft einer Basis (vgl. Bem. 1 zu Def. 6) ist dann $V = \mathrm{Lin}\, M$, d.h. V wird von M erzeugt. Wir zeigen jetzt, daß M auch *l.u.* ist. Annahme: M ist *l.a.* Dann ist

$$0 = a_1 v_1 + \cdots + a_m v_m$$

eine nicht-triviale Linearkombination von paarweise verschiedenen Elementen $v_1, \ldots, v_m$ aus M. Andererseits ist

$$0 = 0 v_1 + \cdots + 0 v_m$$

auch triviale Linearkombination von $v_1, \ldots, v_m$. Dies steht im Widerspruch dazu, daß sich jeder Vektor aus V nur auf ein e Weise als Linearkombination von Vektoren der Basis M darstellen läßt.

(iii) $\Rightarrow$ (iv): Gelte also (iii). Wir haben zu zeigen, daß für jedes v aus V, welches nicht schon zu M gehört, $M \cup \{v\}$ *l.a.* ist. Da nach Voraussetzung $v \in \mathrm{Lin}\, M$ gilt, folgt dies direkt aus F6.

(iv) $\Rightarrow$ (v): Ist M eine maximale *l.u.* Teilmenge von V, so ist M auch eine maximale *l.u.* Teilmenge in jeder Teilmenge E, die M enthält.

(v) $\Rightarrow$ (vi): Dies ist trivial, denn V ist ein Erzeugendensystem von V.

(vi) $\Rightarrow$ (iii): Sei (vi) erfüllt. Da M schon als *l.u.* vorausgesetzt ist, haben wir noch $V = \mathrm{Lin}\, M$ zu zeigen. Da M eine maximale *l.u.* Teilmenge von E sein soll, folgt aus F8(ii) sofort $E \subseteq \mathrm{Lin}\, M$, also $\mathrm{Lin}\, E = \mathrm{Lin}\, M$. Aus der Voraussetzung $V = \mathrm{Lin}\, E$ folgt dann in der Tat $V = \mathrm{Lin}\, M$.

(iii) $\Rightarrow$ (i): Gelte also $V = \mathrm{Lin}\, M$, und sei M *l.u.* Im Hinblick auf Bem. 1 zu Def. 6 haben wir noch zu zeigen, daß M die *zweite Eigenschaft einer Basis* besitzt. Für $x, y \in K^{(M)}$ gelte also

$$\sum_{u \in M} x(u)\, u = \sum_{u \in M} y(u)\, u. \tag{59}$$

Es folgt daraus

$$\sum_{u \in M} (x(u) - y(u)) = 0. \tag{60}$$

Wegen der linearen Unabhängigkeit von M folgt aus (60) aber nach F7' sofort $x(u) - y(u) = 0$ für alle $u \in M$, also wie verlangt

$$x(u) = y(u) \quad \text{für alle } u \in M. \tag{61}$$

(i) $\Rightarrow$ (vii): Wir definieren eine Funktion $f : K^{(M)} \to V$ durch

$$f(x) = \sum_{u \in M} x(u)\, u. \tag{62}$$

Dann ist f surjektiv (aufgrund der *ersten Eigenschaft einer Basis*) und injektiv (aufgrund der *zweiten Eigenschaft einer Basis*). Ferner genügt f offensichtlich der Bedingung (a), vgl. auch (26) und (27). Außerdem gilt nach Definition für jedes $v \in M$

$$f(e_v) = \sum_{u \in M} e_v(u)\, u = v,$$

also ist auch Bedingung (b) erfüllt.

Im übrigen kann es nur eine einzige Abbildung $f: K^{(M)} \to V$ mit den Eigenschaften (a) und (b) geben; für eine solche muß nämlich notwendig (62) gelten.

(vii) $\Rightarrow$ (i): Gelte also (vii), und sei $v \in V$ beliebig. Wegen der Surjektivität von f gibt es ein $x \in K^{(M)}$ mit $f(x) = v$. Wendet man f auf (51) unter Beachtung von (a) und (b) an, so ergibt sich (62), und damit erhält man

$$v = \sum_{u \in M} x(u)\, u \tag{63}$$

als Element von Lin M. Somit ist für M die erste Eigenschaft einer Basis erfüllt. Aus der Injektivität von f folgt, daß M auch die zweite Eigenschaft einer Basis besitzt. $\square$

Satz 1 ('Existenz einer Basis'):
Jeder Vektorraum V besitzt eine Basis.
Zum Beweis von Satz 1 hat man aufgrund von (iv) in F9 nur sicherzustellen, daß es in V eine **maximale** *l.u.* Teilmenge gibt. Die Existenz einer solchen Teilmenge von V beruht auf einem Axiom der Mengenlehre. Wir wollen darauf hier nicht weiter eingehen. Für endlich erzeugte Vektorräume aber (siehe Def. 7) können wir uns leicht von der Richtigkeit des folgenden Satzes überzeugen:

Satz 2 ('Existenz einer endlichen Basis in endlich erzeugten Vektorräumen'):
Jeder endlich erzeugte Vektorraum V besitzt eine endliche Basis. [*]
Genauer: *Jedes endliche Erzeugendensystem von V enthält eine Basis von V.*

Beweis: Nach Voraussetzung besitzt V endliche Erzeugendensysteme. Sei E ein solches. Wegen der Endlichkeit von E enthält E sicherlich eine maximale *l.u.* Teilmenge M von E. Nach F9(vi) ist die endliche Menge M eine Basis von V.

---

[*] d.h. eine Basis, die nur aus endlich vielen Elementen besteht.

Mann kann genausogut auch folgendermaßen argumentieren: Ein endliches Erzeugendensystem E von V enthält offenbar ein minimales Erzeugendensystem von V; ein solches ist aber nach F9(ii) eine Basis von V.

§5 Der Rang eines endlichen Systems von Vektoren; Rangbestimmung mittels elementarer Umformungen

Im weiteren wollen wir uns fast ausschließlich mit endlich erzeugten Vektorräumen beschäftigen.

Selbstverständliche Grundlage dabei ist Satz 2, zu dem wir im vorigen Abschnitt übrigens auf ziemlich direktem Wege gelangt sind; der Begriff der linearen Abhängigkeit bzw. Unabhängigkeit hat sich dabei wie von selbst eingestellt. (Lediglich in F9 bei der Charakterisierung einer Basis haben wir einmal etwas mehr als das unbedingt Notwendige gesagt.)

Es sei jetzt ein System $u_1, \ldots, u_m$ von endlich vielen Vektoren eines Vektorraumes V gegeben. Unter dem *Rang von* $u_1, \ldots, u_m$ wollen wir die Maximalzahl linear unabhängiger Vektoren unter den $u_1, \ldots, u_m$ verstehen:

Definition 9 ('Rang eines Vektorsystems'):
Wir sagen also, das m-gliedrige System $u_1, \ldots, u_m$ von Vektoren eines Vektorraumes V habe den *Rang r*, und schreiben:

$$\mathrm{Rang}(u_1, \ldots, u_m) = r,$$

falls gilt:

(i) Es gibt eine *l.u.* Teilmenge von $\{u_1, \ldots, u_m\}$, welche aus genau r Vektoren besteht.

(ii) Jede Teilmenge von $\{u_1, \ldots, u_m\}$, welche aus $r + 1$ Vektoren besteht, ist *l.a.*

Bemerkungen: (1) Wenn wir hier und im weiteren von dem System $u_1, \ldots, u_m$ von Vektoren aus V sprechen, ist damit immer das m-Tupel $(u_1, \ldots, u_m)$ von Elementen aus V gemeint; dieses ist von der Menge $\{u_1, \ldots, u_m\}$ wohl zu unterscheiden. Bei dem m-Tupel $(u_1, \ldots, u_m)$ nämlich kommt es wesentlich auch auf die Reihenfolge der Vektoren $u_1, \ldots, u_m$ an; ferner wird nicht vorausgesetzt, daß die Vektoren $u_1, \ldots, u_m$ paarweise verschieden sind.

(2) Es gilt offenbar

$$\mathrm{Rang}(u_1, \ldots, u_m, u_{m+1}) \geq \mathrm{Rang}(u_1, \ldots, u_m),$$

d.h. durch 'Hinzufügen' eines Vektors kann sich der Rang eines Vektorsystems nicht erniedrigen.

(3) Offenbar ist stets

$$\mathrm{Rang}(u_1, \ldots, u_m) \leq m,$$

und das Gleichheitszeichen steht dabei genau dann, wenn die Menge $\{u_1, \ldots, u_m\}$ *l.u.* ist und aus m verschiedenen Vektoren besteht. Genau dann also ist $\mathrm{Rang}(u_1, \ldots, u_m) = m$, wenn 0 keine nicht-triviale Linearkombination von $u_1, \ldots, u_m$ ist (vgl. Def. 5 und die daran angefügte Fußnote). In diesem Fall nennen wir das *System* $(u_1, \ldots, u_m)$ *linear unabhängig.*

Für ein System $(u_1, \ldots, u_m)$ von Vektoren eines K-Vektorraumes V sind also folgende Aussagen äquivalent:

(i) *Das System* $(u_1, \ldots, u_m)$ *ist linear unabhängig*
(ii) *Es gilt* $\mathrm{Rang}(u_1, \ldots, u_m) = m$
(iii) $\{u_1, \ldots, u_m\}$ *ist eine m-elementige, l.u. Menge*
(iv) *Gilt* $a_1 u_1 + \cdots + a_m u_m = 0$ *mit Elementen* a_i *aus* K, *so ist notwendig* $a_1 = a_2 = \cdots = a_m = 0$.

(4) Es gilt $\mathrm{Rang}(u_1, \ldots, u_m, 0) = \mathrm{Rang}(u_1, \ldots, u_m)$, d.h. durch Hinzufügen des Nullvektors ändert sich der Rang eines Vektorsystems nicht. (Eine Verallgemeinerung hiervon ist die gleich anschließende Feststellung.)

F10: *Es sei* $u_1, \ldots, u_m$ *ein System von Vektoren des Vektorraumes* V, *und sei* u *eine Linearkombination von* $u_1, \ldots, u_m$. *Dann gilt*

$$\mathrm{Rang}(u_1, \ldots, u_m, u) = \mathrm{Rang}(u_1, \ldots, u_m). \tag{64}$$

Beweis: Wir setzen

$$r = \mathrm{Rang}(u_1, \ldots, u_m). \tag{65}$$

Im Hinblick auf Def. 9 haben wir zu zeigen, daß die Menge $\{u_1, \ldots, u_m, u\}$ keine $(r + 1)$-elementige *l.u.* Teilmenge enthält.* Wir nehmen an, es gebe doch eine solche Teilmenge T von $\{u_1, \ldots, u_m, u\}$. Wegen (65) muß dann erstens $u \in T$ gelten und zweitens die Menge $M := T \setminus \{u\}$ eine maximale *l.u.* Teilmenge von $\{u_1, \ldots, u_m\}$ sein. Aus F8(ii) folgt daher

$$\mathrm{Lin}\, M = \mathrm{Lin}\, \{u_1, \ldots, u_m\}.$$

Aufgrund der Voraussetzung ist aber nun $u \in \mathrm{Lin}\, M$, und daher ist $M \cup \{u\} = T$ nach F6 linear abhängig, im Widerspruch zu unserer Annahme. $\square$

Wir wenden uns nun der Frage zu, den Rang eines vorgelegten endlichen Systems $u_1, \ldots, u_m$ von Vektoren eines K-Vektorraumes V zu bestimmen. Indem wir V gegebenenfalls durch den von $\{u_1, \ldots, u_m\}$

---

* Vgl. auch die Bemerkung 3 zu F7', von der wir stets stillschweigend Gebrauch machen.

erzeugten Teilraum von V ersetzen, können und wollen wir im folgenden stets voraussetzen, daß

$$V \text{ ein endlich erzeugter } K\text{-Vektorraum} \tag{66}$$

ist. Nach Satz 2 besitzt dann V eine endliche Basis. Sei die n-elementige Menge

$$M = \{b_1, \ldots, b_n\} \tag{67}$$

eine Basis von V. Jeder Vektor u von V läßt sich dann in der Gestalt

$$u = \sum_{i=1}^{n} a_i b_i = a_1 b_1 + a_2 b_2 + \cdots + a_n b_n \tag{68}$$

mit eindeutig bestimmten Zahlen $a_i \in K$ darstellen. Das n-Tupel $(a_1, \ldots, a_n) \in K^n$ hängt dabei – außer von u – nicht nur von der Menge M in (67) ab, sondern auch von der gewählten Numerierung ihrer Elemente. Es ist daher zweckmäßig, folgendes zu vereinbaren:

Definition 10 ('geordnete Basis eines Vektorraumes'):
Es sei V ein endlich erzeugter K-Vektorraum. Ein n-Tupel $(b_1, \ldots, b_n)$ von paarweise verschiedenen Elementen $b_1, \ldots, b_n$ aus V, für welches die Menge $\{b_1, \ldots, b_n\}$ eine Basis von V im Sinne der Def. 6 ist, heiße eine *geordnete Basis** von V.

Bemerkungen: (1) Jeder endlich erzeugte Vektorraum V besitzt aufgrund von Satz 2 eine geordnete Basis.

(2) Bei unseren weiteren Betrachtungen werden wir in der Regel geordnete Basen eines endlich erzeugten Vektorraumes heranziehen. Um unsere Ausdrucksweise nun nicht unnötig schwerfällig zu machen, werden wir künftig eine geordnete Basis auch einfach eine Basis nennen. Aus dem Zusammenhang soll dabei stets hervorgehen, ob der Begriff Basis sich auf eine Menge oder ein geordnetes System bezieht. Wenn wir künftig von der *kanonischen Basis* des K^n sprechen, ist dabei in der Regel das System $e_1, \ldots, e_n$ der kanonischen Einheitsvektoren (47) des K^n gemeint. $\square$

Wie oben sei V ein endlich erzeugter K-Vektorraum, und es sei $b_1, \ldots, b_n$ eine (geordnete) Basis von V. Jeder Vektor u von V besitzt dann eine eindeutige Darstellung der Gestalt (68); man nennt hierbei die a_i die *Koordinaten* von u in bezug auf die Basis $b_1, \ldots, b_n$. Das n-Tupel $(a_1, \ldots, a_n) \in K^n$ heißt der *Koordinatenvektor von u in bezug auf die Basis $b_1, \ldots, b_n$.*
Wir beschreiben nun ein

---

* Vgl. aber die nachstehende Bem. 2.

Verfahren zur Rangbestimmung eines vorgelegten Vektorsystems:
In Anlehnung an Kap. I verabreden wir zuerst

Definition 11 ('Elementare Umformungen eines Vektorsystems'):
Unter einer *elementaren Umformung eines Vektorsystems* $(u_1, \ldots, u_m)$
versteht man eine der folgenden Operationen, welche das gegebene
System wieder in ein m-gliedriges Vektorsystem überführen:

I *Ersetzung von einem u_i in $(u_1, \ldots, u_m)$ durch $u_i + au_j$, wobei*
$j \neq i$ *und* $a \in K$
II *Platzvertauschung zweier Vektoren des Systems*
III *Ersetzung von einem u_i in $(u_1, \ldots, u_m)$ durch au_i, wobei a eine*
Zahl $\neq 0$ aus K ist. $\square$

Bei der Rangbestimmung eines vorgelegten Vektorsystems darf man
auf dieses beliebige elementare Umformungen anwenden; es gilt nämlich

F11 ('Invarianz des Ranges bei elementaren Umformungen'):
Durch eine elementare Umformung wird der Rang eines Vektor-
systems nicht geändert.

Beweis: Für eine elementare Umformung des Typs II ist dies
offensichtlich. Gehe nun das Vektorsystem $u_1', \ldots, u_m'$ durch eine
elementare Umformung vom Typ I oder III aus dem Vektorsystem
$u_1, \ldots, u_m$ hervor. Es gibt dann ein i, so daß $u_k' = u_k$ für alle $k \neq i$ gilt;
ferner ist u_i' jedenfalls eine Linearkombination von $u_1, \ldots, u_m$. Aus F10
(sowie Bem. 2 zu Def. 9) folgt dann

$$\text{Rang}(u_1, \ldots, u_m) = \text{Rang}(u_1, \ldots, u_m, u_i') \geq \text{Rang}(u_1', \ldots, u_m').$$

Da nun aber auch umgekehrt $u_1, \ldots, u_m$ durch eine elementare
Umformung vom Typ I oder III aus $u_1', \ldots, u_m'$ hervorgeht, gilt
umgekehrt auch $\text{Rang}(u_1', \ldots, u_m') \geq \text{Rang}(u_1, \ldots, u_m)$ und somit
insgesamt $\text{Rang}(u_1', \ldots, u_m') = \text{Rang}(u_1, \ldots, u_m)$, wie behauptet. $\square$

Bemerkung: Geht das System $u_1', \ldots, u_n'$ durch eine elementare
Umformung aus einer Basis $u_1, \ldots, u_n$ von V hervor, so ist es ebenfalls
eine Basis von V. Denn einerseits gilt offenbar $\text{Lin}\{u_1', \ldots, u_n'\} =$
$\text{Lin}\{u_1, \ldots, u_n\} = V$; nach F11 ist andererseits $\text{Rang}(u_1', \ldots, u_n') =$
$\text{Rang}(u_1, \ldots, u_n) = n$, und folglich ist die Menge $\{u_1', \ldots, u_n'\}$ auch linear
unabhängig. $\square$

Vorgelegt sei nun das System $u_1, \ldots, u_m$ von Vektoren des endlich
erzeugten K-Vektorraumes V. Es sei $b_1, \ldots, b_n$ eine (geordnete) Basis
von V. Dann besitzt jeder Vektor u_i des vorgelegten Systems eine
eindeutige Darstellung als Linearkombination der Basisvektoren $b_1, \ldots,$
b_n:

$$u_i = \sum_{j=1}^{n} a_{ij} b_j \quad (i = 1, 2, \ldots, m) \tag{69}$$

Die hierdurch bestimmte $m \times n$-Matrix

$$A := \begin{pmatrix} a_{11} & a_{12} & \ldots & a_{1n} \\ a_{21} & a_{22} & \ldots & a_{2n} \\ \vdots & & & \vdots \\ a_{m1} & a_{m2} & \ldots & a_{mn} \end{pmatrix} \tag{70}$$

über K wollen wir die <u>*Koordinatenmatrix*</u> *von* $u_1, \ldots, u_m$ *in bezug auf die Basis* $b_1, \ldots, b_n$ nennen. Die Zeilen dieser Matrix sind nach Definition* gerade die Koordinatenvektoren der $u_1, \ldots, u_m$ in bezug auf die Basis $b_1, \ldots, b_n$.

Eine elementare Umformung unseres Systems $u_1, \ldots, u_m$ entspricht nun gerade einer analogen elementaren Zeilenumformung der Koordinatenmatrix (70) von $u_1, \ldots, u_m$. Elementare Zeilenumformungen einer Matrix aber haben wir schon in Kap. I betrachtet. Dort haben wir gezeigt, wie man jede Matrix durch Anwendung elementarer Zeilenumformungen sowie geeigneter Spaltenvertauschungen schrittweise z.B. in die in Bem. 3 zu Satz 1 genannte Gestalt transformieren kann, vgl. (36) in Kap. I. Hierbei sind wie gesagt gegebenenfalls auch Spaltenvertauschungen erforderlich; eine Spaltenvertauschung bei der Koordinatenmatrix läuft aber lediglich auf eine Umnumerierung der Elemente $b_1, \ldots, b_n$ der zugrundegelegten Basis hinaus. Für die Berechnung von $\mathrm{Rang}(u_1, \ldots, u_m)$ ist dies jedoch unerheblich. Wir gelangen so zu dem folgenden

Satz 3 ('Rangbestimmung endlicher Vektorsysteme'):
Es sei V ein endlich erzeugter Vektorraum über K, und es sei $b_1, \ldots, b_n$ eine Basis von V. Durch wiederholte Anwendung elementarer Umformungen läßt sich ein beliebiges System von Vektoren aus V stets in ein solches Vektorsystem überführen, welches in bezug auf eine Basis, die sich von der gegebenen Basis $b_1, \ldots, b_n$ höchstens durch Umnumerierung der b_i unterscheidet, eine Koordinatenmatrix der folgenden Gestalt besitzt:

$$\begin{pmatrix} \overset{\longleftarrow r \longrightarrow}{} & & & & \\ 1 & 0 & 0 & \ldots & 0 & \\ 0 & 1 & 0 & & \vdots & \\ 0 & 0 & 1 & & \vdots & * \\ \vdots & & & \ddots & & \\ \vdots & & & & 0 & \\ 0 & \ldots & \ldots & 0 & 1 & \\ \hline & & 0 & & & 0 \end{pmatrix} \tag{71}$$

Hierbei steht in dem linken oberen Teil die $r \times r$-Einheitsmatrix, und r ist dabei eine gewisse ganze Zahl mit $0 \le r \le m, n$. Es gilt dann

$$\text{Rang}(u_1, \ldots, u_m) = r. \tag{72}$$

Beweis: Nur die letzte Aussage ist noch zu begründen. Da sich der Rang eines Vektorsystems bei einer elementaren Umformung nach F11 nicht ändert, haben wir zum Beweis der Behauptung lediglich folgendes zu zeigen: Besitzt ein Vektorsystem $u_1, \ldots, u_m$ von Vektoren aus V in bezug auf eine Basis $b_1, \ldots, b_n$ von V die Matrix (71) als Koordinatenmatrix, so gilt (72). Nach Voraussetzung ist nun insbesondere $u_i = 0$ für $r + 1 \le i \le m$, also gilt zunächst $\text{Rang}(u_1, \ldots, u_m) = \text{Rang}(u_1, \ldots, u_r, 0, \ldots, 0) = \text{Rang}(u_1, \ldots, u_r) \le r$. Es bleibt also $\text{Rang}(u_1, \ldots, u_r) = r$ zu zeigen. Für $1 \le i \le r$ gilt nach Voraussetzung

$$u_i = b_i + u_i^* \quad \text{mit } u_i^* \in \text{Lin}\{b_{r+1}, \ldots, b_n\}. \tag{73}$$

Nun ist aber 0 keine nicht-triviale Linearkombination von $b_1, \ldots, b_n$; wie man aus (73) sofort erkennt, kann daher 0 auch keine nicht-triviale Linearkombination von $u_1, \ldots, u_r$ sein. Also gilt in der Tat $\text{Rang}(u_1, \ldots, u_r) = r$ (vgl. Bem. 3 zu Def. 9).

§6 Dimension von Vektorräumen; der Basisergänzungssatz

Ehe wir noch weiter auf den Zusammenhang zwischen der Rangbestimmung von Vektorsystemen und elementaren Umformungen von Matrizen eingehen, wollen wir aus Satz 3 eine Reihe wichtiger Folgerungen ziehen. Zunächst vereinbaren wir noch:

Definition 12: Ein Vektorraum V heißt *n-dimensional*, wenn er eine Basis besitzt, die aus genau n Vektoren von V besteht.

Wir haben gesehen (vgl. Satz 2), daß jeder endlich erzeugte Vektorraum n-dimensional für geeignetes n ist. Wir können aber nicht von vornherein ausschließen, daß ein n-dimensionaler Vektorraum V zugleich auch m-dimensional mit $m \ne n$ ist. Daß dies in Wahrheit aber doch nicht vorkommt, besagt der spätere Satz 5, der darum auch der '*Satz von der Invarianz der Dimension*' (bei endlich erzeugten Vektorräumen) genannt wird. Er beruht auf dem folgenden grundlegenden

Satz 4: *Jedes Vektorsystem $u_1, \ldots, u_m$ in einem n-dimensionalen Vektorraum hat einen Rang $\le n$.*

Beweis: Dies folgt unmittelbar aus Satz 3.

---

* Vgl. Seite 48.

Übungsaufgabe 6: Man leite Satz 4 auch direkt aus Kap. I, F5 her, wonach ein homogenes lineares Gleichungssystem mit mehr Unbekannten als Gleichungen stets eine nicht-triviale Lösung besitzt.

Als leichte Folgerung von Satz 4 wollen wir festhalten:

F12: *Jede l.u. Teilmenge eines n-dimensionalen Vektorraumes besteht aus höchstens n Vektoren.*[*]

Beweis: Sei M eine *l.u.* Teilmenge des n-dimensionalen Vektorraumes V. Im Gegensatz zur Behauptung nehmen wir an, daß M wenigstens $n + 1$ verschiedene Vektoren $u_1, \ldots, u_{n+1}$ enthält. Mit M ist auch die $(n + 1)$-elementige Teilmenge $\{u_1, \ldots, u_{n+1}\}$ von M linear unabhängig; also gilt $\mathrm{Rang}(u_1, \ldots, u_{n+1}) = n + 1$. Andererseits muß nach Satz 4 aber $\mathrm{Rang}(u_1, \ldots, u_{n+1}) \leq n$ sein. Widerspruch!

Satz 5 ('Satz von der Invarianz der Dimension'):

Alle Basen eines endlich erzeugten Vektorraumes bestehen aus gleichviel Vektoren. Mit anderen Worten: *Jede Basis eines n-dimensionalen Vektorraumes besteht aus genau n Vektoren.*

Beweis: Es sei M eine beliebige Basis des n-dimensionalen Vektorraumes V. Nun ist M insbesondere *l.u.*, also kann M nach F12 nicht mehr als n Elemente enthalten. Es sei m die Elementeanzahl von M. Dann ist also $m \leq n$.

Andererseits ist M eine Basis von V, die aus m Vektoren besteht; folglich ist V auch m-dimensional. Wendet man nun F12 auf eine aus n Vektoren bestehende Basis des m-dimensionalen Vektorraumes V an, so folgt $n \leq m$. Insgesamt ist daher $m = n$ und somit Satz 5 bewiesen.

Definition 13 ('Dimension von Vektorräumen'):

Sei V ein endlich erzeugter Vektorraum über dem Körper K. Aufgrund von Satz 2 gibt es zu V eine ganze Zahl $n \geq 0$, so daß V eine genau aus n Elementen bestehende Basis besitzt; nach Satz 5 besitzt jede weitere Basis von V ebenfalls genau n Elemente. Die auf diese Weise einem endlich erzeugten K-Vektorraum V zugeordnete Zahl n nennt man die *Dimension* von V und verwendet für sie die Bezeichnung

$$\dim V := n. \tag{74}$$

Bemerkungen: (1) Ist V ein Nullraum, so ist $\dim V = 0$ (im Einklang mit Bem. 6 zu Def. 6).

---

[*] Insbesondere kann es in einem n-dimensionalen Vektorraum keine unendliche *l.u.* Teilmenge geben.

(2) Ist der K-Vektorraum V nicht endlich erzeugt, so sagen wir auch, V sei *unendlich-dimensional*, und schreiben

$$\dim V = \infty. \tag{75}$$

Einen endlich erzeugten K-Vektorraum wollen wir auch einen *endlich-dimensionalen Vektorraum* nennen.

Auch unendlichen Mengen kann man eine *Kardinalität* als Verallgemeinerung der Elementeanzahl endlicher Mengen zusprechen. Den Satz 5 kann man nun auch dahingehend verallgemeinern, daß je zwei Basen eines beliebigen Vektorraumes die g l e i c h e Kardinalität besitzen. Wir wollen hierauf aber nicht näher eingehen und verzichten deshalb darauf, die 'grobe' Angabe (75) in angemessener Weise zu verfeinern.

(3) Erscheint es zweckmäßig, den Grundkörper K besonders hervorzuheben, so bezeichnen wir die Dimension eines endlich-dimensionalen K-Vektorraumes V auch mit

$$\dim_K V \tag{76}$$

anstelle von dim V.

Satz 6 ('Rangkriterium für eine Basis'):

Ein System $u_1, \ldots, u_m$ von Vektoren eines Vektorraumes V der Dimension n bildet genau dann eine Basis von V, wenn

$$\mathrm{Rang}(u_1, \ldots, u_m) = n \quad und \quad m = n \tag{77}$$

gilt.

Beweis: Ist $u_1, \ldots, u_m$ eine Basis von V, so ist insbesondere $\mathrm{Rang}(u_1, \ldots, u_m) = m$; nach Satz 5 muß andererseits $m = n$ gelten.

Sei umgekehrt $u_1, \ldots, u_n$ ein System von Vektoren des n-dimensionalen Vektorraumes V mit $\mathrm{Rang}(u_1, \ldots, u_n) = n$. Dann ist $M := \{u_1, \ldots, u_n\}$ eine n-elementige, linear unabhängige Teilmenge von V. Wegen F12 muß M dann eine maximale *l.u.* Teilmenge von V sein. Nach F9(iv) ist M folglich eine Basis von V. $\square$

Durch die vorangegangenen Betrachtungen haben wir uns einige Klarheit grundsätzlicher Art über die Verhältnisse in endlich-dimensionalen Vektorräumen über einem Körper K verschafft, und jedermann wird nunmehr in der Lage sein und vielleicht auch Gefallen daran finden, weitere richtige Feststellungen über lineare Abhängigkeit und Unabhängigkeit, lineare Erzeugendensysteme und Basen in endlich-dimensionalen Vektorräumen zu formulieren. Wir können und wollen aber hier nicht alles und jedes ableiten. Auf jeden Fall wollen wir jedoch noch die folgenden Tatsachen besonders herausstellen (man versuche, sie selbständig zu beweisen):

Satz 7 ('Basisergänzungssatz'):
Jede l.u. Teilmenge eines n-dimensionalen Vektorraumes V läßt sich zu einer Basis von V ergänzen.

Beweis: Es sei N eine beliebige *l.u.* Menge von Vektoren aus V, und B sei eine Basis von V. Nach F12 besitzt N höchstens n Elemente. Die Menge

$$E = B \cup N$$

ist dann jedenfalls ein endliches Erzeugendensystem von V, welches die gegebene *l.u.* Menge N als Teilmenge enthält. Weil E eine endliche Menge ist, gibt es sicherlich eine N enthaltende, maximale *l.u.* Teilmenge M von E. Nach F9(vi) ist dann M eine Basis von V. Sie enthält N. Wir haben somit die *l.u.* Teilmenge N von V zu einer Basis M von V ergänzt.

Satz 8: *Jeder Teilraum U eines endlich-dimensionalen Vektorraumes V ist ebenfalls endlich-dimensional. Genauer gilt:*

$$\dim U \le \dim V. \tag{78}$$

Aus $\dim U = \dim V$ *folgt dabei* $U = V$.*

Beweis: Wir betrachten die *l.u.* Teilmengen des Teilraumes U. Jede von ihnen hat nach F12 höchstens n Elemente, wobei $n = \dim V$ die Dimension von V bezeichne. Es sei nun m die größte Zahl, welche als Elementeanzahl einer *l.u.* Teilmenge von U auftritt, und es sei M eine *l.u.* Teilmenge von U, welche aus m Elementen besteht. Nach Definition von m ist dann M eine maximale *l.u.* Teilmenge von U. Also ist M eine Basis von U, vgl. F9(iv). Damit ist nachgewiesen, daß U endlich-dimensional ist, und zwar ist die Dimension von U gleich der Elementeanzahl m von M. Wegen $m \le n$ gilt daher (78). Ist $\dim U = \dim V$, so ist M wegen Satz 6 auch eine Basis von V. Folglich ist $U = V$.

Satz 9 ('Existenz von Komplementärräumen'):
Zu jedem Teilraum U eines endlich-dimensionalen Vektorraumes V gibt es einen Teilraum W von V, der folgende Eigenschaften besitzt:

   (i) $U \cap W = \{0\}$;

   (ii) $U + W = V$.

Beweis: Wir gehen von einer Basis M von U aus. Diese können wir nach Satz 7, dem Basisergänzungssatz zu einer Basis B von V ergänzen. Es

---

* Keine der drei Aussagen von Satz 8 kann von vornherein als 'trivial' angesehen werden. In Zukunft werden wir jedoch von ihnen selbstverständlichen Gebrauch machen (ohne Satz 8 jedesmal zu zitieren).

sei $M' := B \backslash M$. Dann erfüllt $W := \text{Lin } M'$ die gestellten Bedingungen (i) und (ii), wie man ohne weiteres erkennt. $\square$

'Wie man ohne weiteres erkennt', 'offenbar', 'offensichtlich' und ähnlichen Formulierungen begegnet man in der mathematischen Literatur ziemlich häufig; sie sind oft auch durchaus notwendig, um Schwerfälligkeit und Unübersichtlichkeit bei Begründungen mathematischer Sachverhalte zu vermeiden und das Wesentliche besser herausstellen zu können. Manchmal – wie z.B. auch hier – wird damit auch die Erwartung ausgesprochen, daß der Leser (nunmehr) imstande sein sollte, die genauere Ausführung selbst besorgen zu können. Andererseits – und das soll hier nicht verschwiegen werden – ist derartigen Formulierungen auch mit einem gewissen Mißtrauen zu begegnen; es kommt nämlich gar nicht so selten vor, daß ein Autor sich die Sache selbst doch nicht so genau überlegt und eine Schwierigkeit übersehen hat oder ihm gar ein Fehler unterlaufen ist.

Bemerkung: Es kann keine Rede davon sein, daß es i.a. zu einem Unterraum U eines endlich-dimensionalen Vektorraumes nur einen Teilraum W mit den Eigenschaften (i) und (ii) gibt. $\square$

Der Satz 9 gibt Anlaß zu der folgenden

Definition 14 ('Transversalität', 'Komplementärraum'):
Es sei U ein Teilraum des K-Vektorraumes V. Ein Teilraum W von V, welcher in bezug auf U die Eigenschaft (i) besitzt, heißt ein zu U *transversaler** Teilraum von V. Gilt außerdem noch (ii), so heißt W ein *Komplementärraum zu U in V*.

Bemerkung 1: Satz 9 besagt also, daß zu jedem Teilraum U eines endlich-dimensionalen Vektorraumes V ein Komplementärraum zu U in V existiert. Im allgemeinen wird es viele solcher Komplementärräume zu U in V geben. Beispiel: Sei U der von $u := (1, 0)$ in $\mathbb{R}^2$ erzeugte Teilraum. Dann ist jeder von einem Vektor der Gestalt $v := (a, b) \in \mathbb{R}^2$ mit $b \neq 0$ erzeugte Teilraum von $\mathbb{R}^2$ ein Komplementärraum zu U in $\mathbb{R}^2$.

Bemerkung 2: Genau dann ist W ein Komplementärraum zu U in V, wenn sich jeder Vektor v aus V eindeutig in der Gestalt

$$v = u + w \quad mit \; u \in U, w \in W \tag{79}$$

darstellen läßt.

Beweis: Sei W ein Komplementärraum zu U in V. Wegen (ii) besitzt dann jedes v aus V eine Darstellung der Gestalt (79). Gilt daneben auch

$$v = u' + w' \quad \text{mit } u' \in U, w' \in W,$$

---

* Von lateinisch: transversarius – querliegend.

so folgt $u - u' = w' - w \in U \cap W$; wegen (i) ergibt sich daraus $u' = u$ und $v' = v$, also ist eine Darstellung der Form (79) nur auf eine Weise möglich. Besitze nun umgekehrt jedes v aus V genau eine Darstellung der Gestalt (79). Dann ist zunächst (ii) erfüllt. Sei $v \in U \cap W$. Dann ist sowohl $v = v + 0$ als auch $v = 0 + v$ eine Darstellung der Gestalt (79). Aus der Eindeutigkeit folgt somit $v = 0$, also ist auch Bedingung (i) erfüllt.

Bemerkung 3: Sei U ein Teilraum von V, und sei W ein Komplementärraum zu U in V. Nach Bem. 2 ist dann jeder Vektor v von V eindeutig in der Gestalt (79) darstellbar. Wir sagen dann auch, der Vektorraum V sei die *direkte Summe der Unterräume U und W* und schreiben

$$V = U \oplus W. \tag{80}$$

Satz 10 ('Dimensionsformel für Teilräume'):
Es seien U, U' Teilräume eines endlich-dimensionalen K-Vektorraumes V. Dann gilt die Formel:

$$\boxed{\dim(U + U') = \dim U + \dim U' - \dim(U \cap U')} \tag{81}$$

Beweis: Es sei $m = \dim(U \cap U')$, und $a_1, \ldots, a_m$ sei eine Basis von $U \cap U'$. Wir ergänzen $a_1, \ldots, a_m$ einerseits zu einer

$$\text{Basis } a_1, \ldots, a_m, b_1, \ldots, b_r \text{ von } U \tag{82}$$

und andererseits zu einer

$$\text{Basis } a_1, \ldots, a_m, c_1, \ldots, c_s \text{ von } U'. \tag{83}$$

Wir behaupten, daß dann

$$a_1, \ldots, a_m, b_1, \ldots, b_r, c_1, \ldots, c_s \text{ eine Basis von } U + U' \tag{84}$$

darstellt. Ist dies erst einmal bewiesen, so folgt in der Tat $\dim(U + U') = m + r + s = (m + r) + (m + s) - m = \dim U + \dim U' - \dim(U \cap U')$. Zunächst ist klar, daß $a_1, \ldots, a_m, b_1, \ldots, b_r, c_1, \ldots, c_s$ jedenfalls ein lineares Erzeugendensystem von $U + U'$ bildet. Es bleibt somit noch $\text{Rang}(a_1, \ldots, a_m, b_1, \ldots, b_r, c_1, \ldots, c_s) = m + r + s$ zu zeigen. Sei nun 0 eine Linearkombination von $a_1, \ldots, a_m, b_1, \ldots, b_r, c_1, \ldots, c_s$, gelte also

$$0 = \sum_{i=1}^{m} \lambda_i a_i + \sum_{i=1}^{r} \mu_i b_i + \sum_{i=1}^{s} \nu_i c_i \tag{85}$$

mit Koeffizienten $\lambda_i, \mu_i, \nu_i \in K$. Es ist zu zeigen, daß alle diese Koeffizienten gleich Null sein müssen. Wir bezeichnen die in (85) auftretenden Teilsummen der Reihe nach mit a, b, c. Es ist $a \in U \cap U'$, b

$\in U$, $c \in U'$. Aus (85) folgt dann $b = -a - c \in U' \cap U$. Aufgrund der Wahl von $b_1, \ldots, b_r$ – vgl. (82) – ergibt sich daraus, daß alle μ_l gleich 0 sein müssen. Analog sind auch alle ν_l gleich 0. Aus $b = c = 0$ folgt $a = 0$, also sind schließlich auch alle λ_l gleich 0. $\quad\Box$

Bemerkungen: (1) Mit dem eben geführten Beweis haben wir gezeigt, daß (etwas allgemeiner als Satz 10) gilt: *Sind U, U' endlich-dimensionale Teilräume eines beliebigen Vektorraumes, so ist auch $U + U'$ endlich-dimensional, und es gilt die Dimensionsformel (81).*

(2) Über die Aussage von Satz 10 hinaus ergibt sich aus unserem Beweis von Satz 10 ferner, wie man prinzipiell – von einer Basis des Durchschnitts $U \cap U'$ zweier endlich-dimensionaler Teilräume U, U' eines Vektorraumes ausgehend – sich eine Basis von $U + U'$ verschaffen kann. Die hieraus sich ergebende Ergänzung von Satz 10, daß nämlich (82) und (83) die Gültigkeit von (84) implizieren, ist manchmal ganz nützlich.

(3) U und U' seien 2-dimensionale Teilräume des $\mathbb{R}^3$. Nach Satz 10 können U und U' dann nicht nur den Nullvektor gemeinsam haben; vielmehr gilt: Sind U und U' überhaupt verschieden, so ist ihr Durchschnitt notwendig ein eindimensionaler Teilraum von $\mathbb{R}^3$.

In dieser Aussage findet die folgende – anschaulich evidente – Tatsache ihren Ausdruck: Zwei verschiedene, durch den Nullpunkt gehende Ebenen im $\mathbb{R}^3$ schneiden sich stets in einer durch den Nullpunkt verlaufenden Geraden.

Allgemein legt Satz 10 den möglichen Konstellationen für die gegenseitige Lage zweier Teilräume eines endlich-dimensionalen Vektorraumes gewisse Beschänkungen auf. Beispielsweise muß der Durchschnitt zweier 7-dimensionaler Teilräume eines 11-dimensionalen Vektorraumes mindestens die Dimension 3 besitzen (Übungsaufgabe 7). $\quad\Box$

Als Folgerung aus Satz 10 wollen wir noch gesondert hervorheben:

F13: *Es seien U, U' Teilräume eines endlich-dimensionalen Vektorraumes V. Genau dann ist U' <u>transversal zu</u> U, wenn*

$$\dim(U + U') = \dim U + \dim U' \tag{86}$$

gilt. U' ist genau dann ein <u>Komplementärraum zu</u> U <u>in</u> V, wenn

$$\dim V = \dim(U + U') = \dim U + \dim U' \tag{87}$$

gilt; anders ausgedrückt: *Die Bedingung (87) ist gleichwertig damit, daß $V = U \oplus U'$ die <u>direkte Summe von</u> U <u>und</u> U' ist.*

Beweis: (a) Im Hinblick auf Satz 10 ist (86) äquivalent mit $\dim(U \cap U') = 0$; letzteres aber ist (aufgrund von Satz 8) gleichwertig mit $U \cap U' = \{0\}$, d.h. der Transversalität von U und U'.

3*

(b) Nach Satz 8 ist dim $V = \dim(U + U')$ gleichwertig mit $U + U' = V$. Hieraus folgt im Hinblick auf den schon bewiesenen ersten Teil sofort auch der zweite Teil von F13.　□

Wir beschließen diesen Abschnitt mit der folgenden, eigentlich selbstverständlichen Feststellung, die zu artikulieren* wir dennoch nicht unterlassen wollen:

F14 ('Rang und Dimension'):

Es sei $u_1, \ldots, u_m$ ein System von Vektoren eines beliebigen Vektorraumes V. Dann ist die Dimension des von $\{u_1, \ldots, u_m\}$ erzeugten Teilraumes gleich dem Rang von $u_1, \ldots, u_m$:

$$\dim \operatorname{Lin}\{u_1, \ldots, u_m\} = \operatorname{Rang}(u_1, \ldots, u_m).$$

Für $u \in V$ folgt daher aus $\operatorname{Rang}(u_1, \ldots, u_m, u) = \operatorname{Rang}(u_1, \ldots, u_m)$, daß u eine Linearkombination von $u_1, \ldots, u_m$ ist.

Beweis: Wir setzen zur Abkürzung

$$U := \operatorname{Lin}\{u_1, \ldots, u_m\}, \quad r := \operatorname{Rang}(u_1, \ldots, u_m), \quad k := \dim U.$$

Nach Satz 2 enthält das Erzeugendensystem $\{u_1, \ldots, u_m\}$ von U eine Basis von U. Indem wir gegebenenfalls umnumerieren, können wir o.E. annehmen, daß $\{u_1, \ldots, u_k\}$ eine Basis von U ist. Es gilt dann $k = \operatorname{Rang}(u_1, \ldots, u_k) \leq \operatorname{Rang}(u_1, \ldots, u_k, \ldots, u_m) = r$, also ist $k \leq r$. Nach Satz 4 – angewandt auf das System $u_1, \ldots, u_m$ von Vektoren des k-dimensionalen Vektorraumes U – ist andererseits $r \leq k$. Insgesamt erhalten wir $k = r$.

Ist klar, wie sich die zweite Behauptung von F14 aus der ersten ergibt? Also: Aus der vorausgesetzten Ranggleichheit folgt nach der schon bewiesenen ersten Aussage von F14 die Dimensionsgleichheit $\dim \operatorname{Lin}\{u_1, \ldots, u_m\} = \dim \operatorname{Lin}\{u_1, \ldots, u_m, u\}$; weil aber $\operatorname{Lin}\{u_1, \ldots, u_m\}$ ein Teilraum von $\operatorname{Lin}\{u_1, \ldots, u_m, u\}$ ist, ergibt sich aus der Dimensionsgleichheit nach Satz 8 sofort $\operatorname{Lin}\{u_1, \ldots, u_m, u\} = \operatorname{Lin}\{u_1, \ldots, u_m\}$, also insbesondere $u \in \operatorname{Lin}\{u_1, \ldots, u_m\}$.　□

§7 Elementare Umformungen und der Rang von Matrizen (Lösung von Problem 1 aus Kap. I)

Wir wollen jetzt noch genauer auf den Zusammenhang zwischen der Rangbestimmung von Vektorsystemen und elementaren Umformungen von Matrizen eingehen.

---

* Lateinisch 'articulare' bedeutet: (nach Silben) gegliedert, bestimmt und deutlich aussprechen.

Unsere Darstellung wird dabei stellenweise ziemlich ausführlich sein; hierdurch lasse sich der Leser aber nicht irreführen (oder gar irritieren); alles ist ganz einfach, nur soll der Leser die ersten Schritte der Linearen Algebra auch noch weiterhin ganz 'wohlbehütet' tun dürfen. Und an dieser Stelle sei ihm auch gesagt, daß Klarheit und Einfachheit eines mathematischen Beweises nicht – wie manchmal ganz ernsthaft behauptet wird – einfach bedeuten, daß dieser Beweis z.B. 'in einer Zeile geführt' oder 'in 50 sec. vorgetragen werden kann'.

Definition 15 ('Rang einer Matrix'):
   Es sei

$$A = \begin{pmatrix} a_{11} & a_{12} & \cdots & a_{1n} \\ a_{21} & a_{22} & \cdots & a_{2n} \\ \vdots & & & \vdots \\ a_{m1} & a_{m2} & \cdots & a_{mn} \end{pmatrix} \tag{89}$$

eine beliebige $m \times n$-Matrix mit Koeffizienten a_{ij} aus dem Körper K. Mit $u_1, u_2, \ldots, u_m$ bezeichnen wir (der Reihe nach) die Zeilen von A (aufgefaßt als Vektoren des Vektorraumes K^n). Die Zahl Rang $(u_1, \ldots, u_m)$ nennen wir den *Zeilenrang der Matrix A*. Entsprechend ist der *Spaltenrang* von A definiert. $\square$

Bemerkungen: (1) Beispielsweise hat jede $m \times n$-Matrix der speziellen Gestalt

$$\begin{pmatrix} \begin{array}{cccccc} 1 & 0 & 0 & \cdots & \cdots & 0 \\ 0 & 1 & 0 & & & \vdots \\ 0 & 0 & 1 & & & \vdots \\ \vdots & & & & & \vdots \\ 0 & \cdots & \cdots & \cdots & 0 & 1 \end{array} & * \\ \mathbf{0} & \mathbf{0} \end{pmatrix} = \begin{pmatrix} E_r & * \\ O & O \end{pmatrix} \tag{90}$$

offenbar den Spaltenrang r. Denn ihre ersten r Spalten sind gerade die ersten r Einheitsvektoren $e_1, \ldots, e_r$ der kanonischen Basis von K^n, und die übrigen $n - r$ Spalten von (90) sind offensichtlich Linearkombinationen von $e_1, \ldots, e_r$. Aber auch der Zeilenrang von (90) ist gleich r; dies überlegt man sich ebenso leicht: Die letzten $n - r$ Zeilen von (90) sind sowieso Null, und offenbar ist $\mathbf{0}$ keine nicht-triviale Linearkombination der ersten r Zeilen von (90).

   (2) Wir werden weiter unten beweisen (vgl. Satz 12), daß der Spaltenrang einer beliebigen Matrix A über dem Körper K mit ihrem Zeilenrang übereinstimmt. Wenn wir dies einmal gezeigt haben werden,

werden wir fortan einfach vom *Rang der Matrix A* sprechen und diesen mit

Rang A

bezeichnen.

(3) Nach F11 gilt: Durch eine elementare Zeilenumformung wird der Zeilenrang einer Matrix nicht geändert. Entsprechend bleibt der Spaltenrang einer Matrix bei einer elementaren Spaltenumformung invariant.

(4) Durch die Definition des Zeilenranges einer Matrix hat das durch Kap. I aufgeworfene Problem auf Seite 21 nun eine einfache Lösung gefunden, denn aufgrund der vorangegangenen Bemerkungen 3 und 1 hat der Zeilenrang einer Matrix in der Tat die in Problem 1 genannten Eigenschaften.

Das jetzt gelöste Problem 1 von Kap. I stellt ein einfaches, aber typisches Beispiel für eine Art mathematischer Fragestellungen dar, die häufig auftreten und uns auch in der Linearen Algebra wieder begegnen werden. Es zeigt im übrigen ganz deutlich, daß es in der Mathematik auch wesentlich darauf ankommt, die 'richtigen' Begriffe und Definitionen zu bilden. Sind die erst einmal gefunden, wird oft alles ganz einfach. $\square$

Es sei $u_1, u_2, \ldots, u_m$ ein System von Vektoren eines endlich-dimensionalen K-Vektorraumes V, und $b_1, \ldots, b_n$ sei eine Basis von V. Für jeden Vektor $u \in V$ bezeichnen wir mit $u^\sim$ den Koordinatenvektor von u bezüglich der Basis $b_1, \ldots, b_n$. (Diese Bezeichnung bringt allerdings die Abhängigkeit von der gewählten Basis $b_1, \ldots, b_n$ nicht zum Ausdruck, doch sei diese für unsere Betrachtung jetzt festgehalten.) Genau dann ist 0 eine nicht-triviale Linearkombination von $u_1, \ldots, u_m$, wenn 0 eine nicht-triviale Linearkombination von $u_1^\sim, \ldots, u_m^\sim$ ist; denn für beliebige $\lambda_1, \ldots, \lambda_m$ aus K ist ja offenbar $(\sum_i \lambda_i u_i)^\sim = \sum_i \lambda_i u_i^\sim$ (und $v^\sim = 0$ ist gleichbedeutend mit $v = 0$). Allgemeiner gilt daher auch

$$\text{Rang}(u_1, \ldots, u_m) = \text{Rang}(u_1^\sim, \ldots, u_m^\sim). \tag{91}$$

Sei A die Koordinatenmatrix von $u_1, \ldots, u_m$ bezüglich der Basis $b_1, \ldots, b_n$. Nach ihrer Definition besitzt A der Reihe nach die Zeilen $u_1^\sim$, $u_2^\sim, \ldots, u_m^\sim \in K^n$. Es gilt also:

F15: *Es sei $u_1, \ldots, u_m$ ein System von Vektoren eines endlich-dimensionalen K-Vektorraumes V. Der Rang von $u_1, \ldots, u_m$ ist dann gleich dem Zeilenrang der Koordinatenmatrix von $u_1, \ldots, u_m$ in bezug auf eine beliebige Basis von V.*

Die Richtigkeit von F15 kann man (etwas zu 'sophistisch' vielleicht) auch durch Hinweis auf Satz 3 sowie Bem. 1 und 3 zu Def. 14 sofort einsehen.

In Bem. 3 zu Def. 15 hatten wir festgestellt, daß sich der Zeilenrang einer Matrix bei Anwendung von elementaren Zeilenumformungen nicht ändert. Wie wir gleich zeigen werden, bleibt er aber auch unter elementaren Spaltenumformungen invariant. Es gilt also insgesamt:

F16: *Der Zeilenrang einer Matrix wird bei Anwendung elementarer Zeilen- wie Spaltenumformungen nicht geändert. Entsprechend bleibt der Spaltenrang einer Matrix sowohl unter elementaren Spalten- als auch Zeilenumformungen invariant.*

Beweis: Vorbemerkend sei zunächst allgemein $u_1, \ldots, u_m$ ein System von Vektoren eines n-dimensionalen K-Vektorraumes V. Es sei $A = (a_{ij})$ die Koordinatenmatrix von $u_1, \ldots, u_m$ in bezug auf eine Basis $b_1, \ldots, b_n$ von V; für $1 \le i \le m$ gelte also

$$u_i = \sum_{j=1}^{n} a_{ij} b_j.$$

Wenden wir nun eine elementare Umformung auf die B a s i s $b_1, \ldots, b_n$ an, so erhalten wir (nach der Bemerkung zu F11) wieder eine Basis $b_1', \ldots, b_n'$ von V. Es sei nun $A' = (a_{ij}')$ die Koordinatenmatrix des vorgelegten Systems $u_1, \ldots, u_m$ in bezug auf $b_1', \ldots, b_n'$, also

$$u_i = \sum_{j=1}^{n} a_{ij}' b_j'.$$

Nun entstand $b_1', \ldots, b_m'$ durch eine elementare Umformung aus $b_1, \ldots, b_n$; wie man sich sofort klar macht, geht dann die Matrix A' aus der Matrix A durch eine elementare S p a l t e n u m f o r m u n g hervor (und zwar eine elementare Spaltenumformung, welche der vorgelegten elementaren Basisumformung auf ganz bestimmte Weise entspricht). Da es für die Bestimmung von Rang$(u_1, \ldots, u_m)$ gleichgültig ist, auf welche Basis man sich bezieht, gilt jedenfalls

$$\text{Zeilenrang von } A' = \text{Zeilenrang von } A, \tag{92}$$

denn beide Seiten von (92) sind nach F15 gleich Rang$(u_1, \ldots, u_m)$.

Sei jetzt A wie in Def. 14 eine beliebige $m \times n$-Matrix mit Koeffizienten in K, und seien $u_1, \ldots, u_m \in K^n$ wie dort die Zeilen von A. In bezug auf die kanonische Basis

$$e_1 = (1, 0, \ldots, 0), \quad e_2 = (0, 1, 0, \ldots, 0), \ldots, e_n = (0, \ldots, 0, 1)$$

von K^n besitzt dann das System $u_1, \ldots, u_m$ natürlich die Ausgangsmatrix A als Koordinatenmatrix. Sei nun A' eine Matrix, die aus A durch Anwendung einer elementaren Spaltenumformung hervorgeht. Dann ist A' aber die Koordinatenmatrix von $u_1, \ldots, u_m$ bezüglich einer Basis

$e'_1, \ldots, e'_n$ (welche aus $e_1, \ldots, e_n$ durch eine gewisse elementare Umformung entsteht). Folglich hat A' den gleichen Zeilenrang wie A. Also wird der Zeilenrang einer Matrix bei einer elementaren Spaltenumformung nicht geändert. Daß der Zeilenrang unter elementaren Zeilenumformungen invariant ist, war schon vorher klar. Damit ist die den Zeilenrang von Matrizen betreffende Aussage von F16 bewiesen. Wegen der grundsätzlichen Gleichberechtigung von Zeilen und Spalten gilt die analoge Aussage dann auch für den Spaltenrang. $\square$

Von der Untersuchung linearer Gleichungssysteme ausgehend, haben wir in Kap. I elementaren Zeilenumformungen einer Matrix gegenüber Spaltenumformungen ganz den Vorrang eingeräumt; dies ist von unserem jetzigen Standpunkt aus natürlich nicht länger gerechtfertigt, und wir wollen daher auch die Bemerkung 3 zu Satz 1 in Kap. I folgendermaßen ergänzen:

Satz 11: *Es sei K ein Körper. Dann läßt sich jede beliebige $m \times n$-Matrix mit Koeffizienten aus K durch mehrfache Anwendung elementarer Zeilen- und Spaltenumformungen in eine Matrix der Gestalt*

$$\left(\begin{array}{c|c} \begin{matrix} 1 & 0 & \cdots & 0 \\ 0 & 1 & & \vdots \\ \vdots & & \ddots & 0 \\ \vdots & & & \ddots \\ 0 & \cdots & 0 & 1 \end{matrix} & \mathbf{0} \\ \hline \mathbf{0} & \mathbf{0} \end{array} \right) = \begin{pmatrix} E_r & O \\ O & O \end{pmatrix} \tag{93}$$

überführen.

Beweis: Durch elementare Zeilenumformungen sowie Spaltenvertauschungen läßt sich eine gegebene Matrix (nach Bem. 3 zu Satz 1 in Kap. I) zunächst in eine Matrix der Gestalt (90) transformieren. Durch anschließende elementare Spaltenumformungen (vom Typ I) lassen sich aber offensichtlich die durch $*$ angedeuteten Koeffizienten noch beseitigen.

Satz 12 ('Zeilenrang gleich Spaltenrang'):
Für eine beliebige Matrix A mit Koeffizienten in einem Körper K stimmt der Spaltenrang von A mit dem Zeilenrang von A überein.

Beweis: Durch beliebige Zeilen- und Spaltenumformungen wird nach F16 sowohl der Zeilenrang als auch der Spaltenrang einer Matrix nicht geändert. Nun kann man eine beliebige Matrix A über K durch geeignete elementare Zeilen- und Spaltenumformungen in eine Matrix der speziellen Gestalt (93) überführen (Satz 11); die in (93) genannte Matrix hat aber offensichtlich sowohl den Zeilen- wie auch den Spaltenrang r. $\square$

In anderem Zusammenhang werden wir später noch einen weiteren, ganz verschiedenartigen Beweis für Satz 12 geben. Im übrigen ist es auch möglich, die Richtigkeit von Satz 12 ziemlich direkt zu verifizieren (vgl. Aufgabe 14); doch der hier von uns gegebene Beweis hat demgegenüber den Vorzug, auch eine Einsicht in die Gründe für die Gültigkeit des in Rede stehenden Satzes zu vermitteln. Überhaupt wird man mathematische Beweise, die nur dazu zwingen, zuzugeben, d a ß etwas so ist, und nichts darüber sagen, w a r u m es so ist, als nicht sehr befriedigend empfinden.

Im übrigen stellt der Satz 12 durchaus ein interessantes und bemerkenswertes Resultat der bisherigen Überlegungen dar. Über die 'Qualität' mathematischer Sätze läßt sich zwar sicherlich nicht präzise sprechen, aber um einen gänzlich unsinnigen und leeren Begriff handelt es sich dabei vielleicht doch nicht. Ein mathematischer Satz kann zum Beispiel interessant sein, weil er einen sehr überraschenden mathematischen Sachverhalt ausspricht (zu dieser Kategorie gehört Satz 12 sicherlich nicht); er kann aber auch Beachtung beanspruchen, wenn er eine eigentlich erwartete Tatsache konstatiert, deren Beweis jedoch gar nicht auf der Hand liegt. Schließlich wird man ihm eine gewisse Bedeutung zusprechen, wenn in ihm mannigfache Information konzentriert ist. Was Satz 12 in letzterer Hinsicht betrifft, siehe z.B. die folgende

Übungsaufgabe 8: Man zeige, daß sich aus Satz 12 (im Hinblick auf F 15) sofort der Satz von der Invarianz der Dimension (Satz 5) ergibt.

Wir wollen an dieser Stelle die Grundeigenschaften, die der eingeführte Begriff des Ranges einer Matrix besitzt, nochmals übersichtlich zusammenstellen:

Regel 1: *Der Rang einer Matrix A ist gleich der Maximalzahl linear unabhängiger Zeilen von A; er ist auch gleich der Maximalzahl linear unabhängiger Spalten von A.*

Regel 2: *Ist A die Koeffizientenmatrix eines Systems $u_1, u_2, ..., u_m$ von Vektoren eines Vektorraumes V in bezug auf eine beliebige Basis von V, so ist*

$$\operatorname{Rang} A = \operatorname{Rang}(u_1, ..., u_m). \tag{94}$$

Regel 3: *Der Rang einer Matrix bleibt unter beliebigen elementaren Zeilen- und Spaltenumformungen invariant.*

Regel 4: *Jede beliebige Matrix A über einem Körper läßt sich durch*

Anwendung von geeigneten elementaren Zeilen- und Spaltenumformungen in eine Matrix der Gestalt

$$\begin{pmatrix} E_r & O \\ O & O \end{pmatrix} \tag{95}$$

überführen; es ist dann r der Rang von A.

Als Anwendung (und zur Wiederholung) unserer Kenntnisse beschreiben wir am Schluß dieses Paragraphen ein

Rechenverfahren zur Aufstellung einer Basis eines Teilraumes:

Vorgegeben sei ein K-Vektorraum V der Dimension n sowie eine Basis $e_1, \ldots, e_n$ von V. Es sei ferner ein Teilraum U von V gegeben, und zwar als Erzeugnis

$$U = \mathrm{Lin}\{u_1, \ldots, u_m\}$$

von endlich vielen Vektoren $u_1, \ldots, u_m$ aus V. Dann ist U durch die Koordinatenmatrix $A = (a_{ij})$ von $u_1, \ldots, u_m$ in bezug auf die Basis $e_1, \ldots, e_n$ bestimmt

$$u_i = \sum_{j=1}^{n} a_{ij} e_j \quad (i = 1, 2, \ldots, m).$$

Es gilt dann:

Die Dimension von U ist gleich dem Rang der Matrix A, also

$$\dim U = \mathrm{Rang}\, A.$$

Dies folgt sofort aus F14 und (94). Den Rang der Matrix A bestimmt man (nach dem Gauß'schen Verfahren, siehe Kap. I), indem man A geeigneten elementaren Zeilenumformungen und Spaltenvertauschungen unterzieht. Hierdurch kann man A schließlich in eine Matrix der Gestalt

$$C = \begin{pmatrix} E_r & B \\ O & O \end{pmatrix} \tag{96}$$

transformieren, und es ist dann $r = \mathrm{Rang}(A) = \dim U$.

In (96) bezeichnet B eine gewisse $r \times (n - r)$-Matrix über K (wobei man in den Fällen $r = m$ und $r = n$ (96) natürlich wieder sinngemäß aufzufassen hat). Zur Rangbestimmung von A genügt es übrigens, A lediglich in eine Matrix der in Satz 1, Kap. I genannten Gestalt zu transformieren, denn bereits hieraus kann man sofort ablesen, daß A den Rang r besitzt. Außerdem sind hierbei nur elementare Zeilenumformungen vom Typ I und II sowie Spaltenvertauschungen erforderlich. Daß man sogar ganz ohne die letzteren auskommen kann, zeigt

Bem. 1 zu Satz 1 in Kap. I, denn ersichtlich hat die dort in (34) genannte Matrix den Rang r.

Die Dimension des vorgelegten Teilraumes U haben wir somit schon berechnet. Aber wir haben gleichzeitig sogar eine Basis von U gefunden: Bezeichnen wir nämlich mit $b'_1, \ldots, b'_r$ die Vektoren von V, deren Koordinatenvektoren (der Reihe nach) gerade die ersten r Zeilen von C in (96) sind, so hat das System $b'_1, \ldots, b'_r$ den Rang r. Machen wir nun die zur Herstellung von (96) durchgeführten Spaltenvertauschungen wieder rückgängig, so erhält man ein System $b_1, \ldots, b_r$ von Vektoren <u>aus dem Teilraum</u> U, welches den Rang $r = \dim U$ besitzt und somit eine Basis von U darstellt.*

Ist $W = \mathrm{Lin}\{w_1, \ldots, w_l\}$ ein weiterer Teilraum von V, so ist $U + W = \mathrm{Lin}\{u_1, \ldots, u_m; w_1, \ldots, w_l\}$. Wendet man dann das obige Verfahren auf dieses Erzeugendensystem von $U + W$ an, so erhält man eine Basis von $U + W$. Auch die Dimension von $U + W$ ist dann bekannt. Im Hinblick auf Satz 10 haben wir somit ein Verfahren zur Bestimmung der <u>Dimension</u> von $U \cap W$:

$$\dim(U \cap W) = \dim U + \dim W - \dim(U + W).$$

Eine <u>Basis</u> von $U \cap W$ allerdings erhalten wir auf diese Weise noch nicht.

§8 Anwendungen auf lineare Gleichungssysteme (Lösung von Problem 2 aus Kap. I)

Am Schluß dieses Kapitels wollen wir noch einmal auf lineare Gleichungssysteme zurückkommen. Nachdem wir in Kap. I ein einfaches Entscheidungs- und Rechenverfahren für lineare Gleichungssysteme, das *Gauß'sche Verfahren*, kennengelernt haben, könnten wir uns eigentlich damit zufrieden geben. Doch muß man auf der anderen Seite auch zugeben, daß durch die in diesem Kapitel erfolgte Erweiterung des begrifflichen Rahmens unsere theoretische Einsicht und Übersicht in bezug auf diesen Gegenstand gewachsen sind.

F17 ('Lösbarkeitskriterium für lineare Gleichungssysteme'):

Ein (inhomogenes) lineares Gleichungssystem ist genau dann lösbar, wenn der Rang seiner erweiterten Koeffizientenmatrix C gleich dem Rang seiner einfachen Koeffizientenmatrix A ist.

Beweis: Benutzen wir das in Kap. I über lineare Gleichungssysteme schon Gesagte, so haben wir im Hinblick auf die Invarianz des Ranges

---

* Daß es sich bei $b_1, \ldots, b_r$ wirklich um ein System von Vektoren <u>aus U</u> handelt, liegt daran, daß die den elementaren Zeilenumformungen der Koordinatenmatrix entsprechenden elementaren Umformungen eines Systems von Vektoren in U ja nicht aus U herausführen.

einer Matrix bei elementaren Umformungen die Behauptung nur für Gleichungssysteme der speziellen in Satz 2 von Kap. I genannten Gestalt (38) zu überprüfen. Hier ist sie aber offensichtlich (vgl. auch die an (50) in Kap. I anschließende Feststellung).

Ohne etwas mehr über lineare Gleichungssysteme zu wissen, können wir zum Beweis von F17 folgendermaßen schließen: Die Spalten der erweiterten Koeffizientenmatrix C des vorgelegten linearen Gleichungssystems über dem Körper K seien (der Reihe nach) mit $v_1, \ldots, v_n, b$ bezeichnet; unser Gleichungssystem ist also genau dann lösbar, wenn es Zahlen $x_1, \ldots, x_n$ aus K gibt, so daß

$$x_1 v_1 + \cdots + x_n v_n = b$$

gilt (vgl. Seite 5 in Kap. I). Sei das vorgelegte Gleichungssystem lösbar. Dann ist also $b = x_1 v_1 + \cdots + x_n v_n$ eine Linearkombination der Spalten $v_1, \ldots, v_n$ der einfachen Koeffizientenmatrix A; nach F10 gilt folglich $\mathrm{Rang}(v_1, \ldots, v_n, b) = \mathrm{Rang}(v_1, \ldots, v_n)$, d.h. $\mathrm{Rang}(C) = \mathrm{Spaltenrang}(C) = \mathrm{Spaltenrang}(A) = \mathrm{Rang}(A)$. Sei jetzt umgekehrt $\mathrm{Rang}(v_1, \ldots, v_n, b) = \mathrm{Rang}(v_1, \ldots, v_n)$ vorausgesetzt. Dann ergibt sich aus F14 sofort, daß b eine Linearkombination von $v_1, \ldots, v_n$ sein muß und somit das vorgelegte Gleichungssystem lösbar ist. $\square$

Wir wollen jetzt auch noch das Problem 2 beantworten, welches wir uns am Ende von Kap. I gestellt haben:

F18: *Es sei K ein Körper, und U sei ein Teilvektorraum von K^n. Dann gibt es ein homogenes lineares Gleichungssystem, dessen Lösungsmenge gleich U ist.*

Beweis: Wir haben uns angewöhnt, die Lösungen eines linearen Gleichungssystems stets als Spalten-n-Tupel zu notieren. (Der Grund dafür wird erst später ersichtlich.) Demgemäß betrachten wir auch hier K^n als K-Vektorraum der Spalten-n-Tupel von Zahlen aus K. Der Koordinatenvektor (bezüglich der kanonischen Basis) eines Elementes

$$x = \begin{pmatrix} x_1 \\ \vdots \\ x_n \end{pmatrix} \tag{97}$$

von K^n – wie oben als Zeile geschrieben – ist dann durch

$${}^t x := (x_1, \ldots, x_n) \tag{98}$$

gegeben. Wir vereinbaren nun: Ist

$$A = \begin{pmatrix} a_{11} & a_{12} & \cdots & a_{1n} \\ a_{21} & a_{22} & \cdots & a_{2n} \\ \vdots & & & \vdots \\ a_{m1} & a_{m2} & \cdots & a_{mn} \end{pmatrix} \tag{99}$$

eine $m \times n$-Matrix über K, so sei

$$
{}^{t}A := \begin{pmatrix} a_{11} & a_{21} & \ldots & a_{m1} \\ a_{12} & a_{22} & \ldots & a_{m2} \\ \vdots & & & \vdots \\ a_{1n} & a_{2n} & \ldots & a_{mn} \end{pmatrix} \tag{100}
$$

die $n \times m$-Matrix, die aus A 'durch Spiegelung an der Diagonalen entsteht'. Man nennt ${}^{t}A$ die zu A transponierte Matrix. Hat A (der Reihe nach) die Spalten $v_1, \ldots, v_m$, so hat die transponierte Matrix ${}^{t}A$ (der Reihe nach) die Zeilen ${}^{t}v_1, \ldots, {}^{t}v_n$. Entsprechend: Ist $u_1, \ldots, u_m$ das System der Zeilen von A, so ist ${}^{t}u_1, \ldots, {}^{t}u_m$ das System der Spalten von ${}^{t}A$.

Nach dieser bezeichnungstechnischen Vorbemerkung nun zur Begründung von F18: Nach Satz 8 besitzt U ein endliches Erzeugendensystem $u_1, \ldots, u_m$. Durch elementare Zeilenumformungen und Spaltenvertauschungen kann die Koordinatenmatrix von $u_1, \ldots, u_m$ auf die Gestalt

$$
C := \begin{pmatrix} E_s & B \\ O & O \end{pmatrix} \quad \text{mit } 0 \leq s \leq m, n
$$

gebracht werden, wobei B eine gewisse $s \times (n - s)$-Matrix ist. Wir betrachten nun das System der Spalten der Matrix

$$
\begin{pmatrix} E_s \\ {}^{t}B \end{pmatrix} \tag{101}
$$

Aus ihm erhält man durch Rückgängigmachen der eventuell vorgenommenen Spaltenvertauschungen eine Basis des vorgelegten Teilraumes U von K^n. Man ersieht daraus, daß man zum Beweis von F18 o.E. annehmen darf, daß der vorgelegte Teilraum U von den Spalten einer Matrix der Gestalt (101) erzeugt wird. Wir betrachten nun das homogene lineare Gleichungssystem, dessen Koeffizientenmatrix die Matrix

$$
(-{}^{t}B, E_{n-s})
$$

ist. Die Spalten der Matrix (101) bilden dann gerade eine Basis seines Lösungsraumes (nach geeigneter Vertauschung der Unbekannten folgt dies unmittelbar aus F7 von Kap. I). Also ist dieser Lösungsraum gleich U. $\square$

Bemerkungen: (1) Ist der vorgelegte Teilraum U von K^n als Erzeugnis eines Systems von Vektoren $u_1, \ldots, u_m$ aus K^n gegeben, so liefert der obige Beweis von F18 gleichzeitig ein Rechenverfahren zur Konstruktion eines homogenen linearen Gleichungssystems, welches U als Lösungsraum besitzt.

(2) Später werden wir noch einen weiteren, rein begrifflichen Beweis von F18 geben. $\square$

Übungsaufgabe 9: Es sei A eine $m \times n$-Matrix über dem Körper K; sie besitze den Rang r. Man zeige, daß der Lösungsraum des homogenen Gleichungssystems mit der Koeffizientenmatrix A die Dimension $n - r$ besitzt.

Übungsaufgabe 10: Man gebe ein homogenes lineares Gleichungssystem an, dessen Lösungsmenge der von den Vektoren

$$\begin{pmatrix} -15 \\ 21 \\ 1 \\ 0 \\ 0 \end{pmatrix}, \quad \begin{pmatrix} 1 \\ -11 \\ 0 \\ 17 \\ 0 \end{pmatrix}, \quad \begin{pmatrix} -1 \\ 5 \\ 0 \\ 0 \\ 3 \end{pmatrix} \in \mathbb{R}^5$$

erzeugte Teilraum von $\mathbb{R}^5$ ist.

Kapitel III

Lineare Abbildungen

§1 Der Begriff einer linearen Abbildung; Homomorphismus und Isomorphismus von Vektorräumen

Linearen Abbildungen sind wir in den beiden vorangegangenen Kapiteln schon des öfteren begegnet, ohne daß dies ausdrücklich hervorgehoben worden wäre. Urform einer linearen Abbildung ist die durch

$$l: x \mapsto ax \tag{1}$$

definierte Funktion eines Körpers K in sich, zum Beispiel für den Körper $K = \mathbb{R}$ der reellen Zahlen; a ist dabei eine feste Zahl aus K.

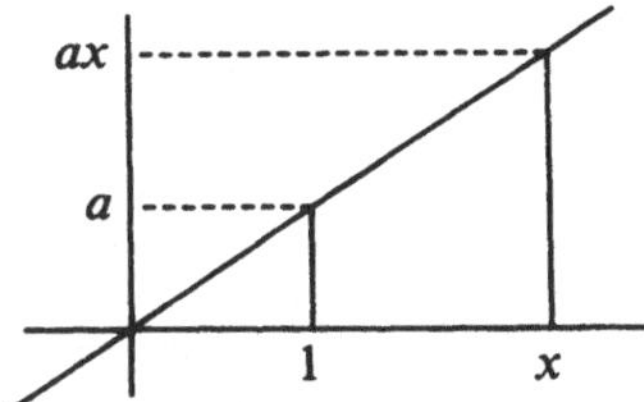

Die Abbildung l besitzt die folgenden Linearitätseigenschaften:

$$l(x + y) = l(x) + l(y), \quad l(cx) = cl(x). \tag{2}$$

Formal genau entsprechende Eigenschaften hat zum Beispiel auch jede Abbildung der Gestalt

$$f: \begin{pmatrix} x_1 \\ x_2 \end{pmatrix} \mapsto \begin{pmatrix} a_{11}\,x_1 + a_{12}\,x_2 \\ a_{21}\,x_1 + a_{22}\,x_2 \end{pmatrix} \tag{3}$$

von K^2 nach K^2, wobei a_{11}, a_{12}, a_{21}, a_{22} beliebige, feste Zahlen aus K bezeichnen; man rechnet sofort nach, daß für alle

$$x = \begin{pmatrix} x_1 \\ x_2 \end{pmatrix}, \quad y = \begin{pmatrix} y_1 \\ y_2 \end{pmatrix} \in K^2 \quad \text{und} \quad c \in K$$

die Beziehungen

$$f(x + y) = f(x) + f(y), \quad f(cx) = cf(x) \tag{4}$$

gelten. Man bemerkt, daß die Abbildung (3) in gewisser Weise aus Abbildungen der Gestalt (1) zusammengesetzt ist.

Abbildungen, die sich in der durch (4) ausgedrückten Weise linear verhalten, treten mehr oder weniger in allen mathematischen Bereichen in Erscheinung, es handelt sich bei der Linearität um ein mathematisches Grundkonzept. In der Analysis zum Beispiel ist der Übergang

$$D(f) = f' \tag{5}$$

von einer Funktion zu ihrer Ableitung linear, denn es gelten die Differentiationsregeln $D(f + g) = D(f) + D(g)$, $D(cf) = cD(f)$.

Damit kein Mißverständnis entsteht: Bei der Behandlung mathematischer Probleme hat man es bei den Abbildungen, die die Abhängigkeiten der für das Problem relevanten mathematischen Größen zum Ausdruck bringen, natürlich so gut wie nie mit linearen Abbildungen zu tun. Man versucht aber in aller Regel, auf irgendeine Weise wesentliche Verbindungen zu linearen Verhaltensweisen herzustellen. Man denke zum Beispiel nur daran, daß man beim Begriff der Differenzierbarkeit einer Funktion f in einem Punkt p die Funktion f in ganz bestimmter Weise durch eine lineare Funktion f zu approximieren versucht:

$$f(p + x) = f(p) + ax + \rho(x)\,x \quad \text{mit } \lim_{x \to x_0} \rho(x) = 0.$$

In der *Linearen Algebra* bilden nun die linearen Abbildungen selber einen Hauptgegenstand der Untersuchungen. Die *Lineare Algebra* stellt also eine Grunddisziplin der Mathematik dar. Als solche zeichnet sie sich zwar nicht gerade durch einen Reichtum an besonders interessanten Einzelproblemen aus, doch andererseits ist die Anwendung ihrer Methoden in anderen Gebieten der Mathematik fruchtbar und ganz unerläßlich. Abgesehen davon, kann das Studium einer mathematischen Disziplin, deren Denkweise in besonderer Weise die Mathematik durchdringt, sicherlich auch für sich genommen nicht ganz reizlos sein.

Definition 1 ('Lineare Abbildung'):
  Es seien V und W Vektorräume über einem Körper K. Eine Abbildung $f: V \to W$ von V in W heißt <u>*linear*</u>, wenn gilt

$$f(x + y) = f(x) + f(y) \tag{6}$$

$$f(cx) = cf(x) \tag{7}$$

für alle $x, y \in V$ und alle $c \in K$.

Bemerkungen und Beispiele: (1) Die Struktur eines Vektorraumes besteht in der Vorgabe zweier ('Addition' und 'skalare Multiplikation' genannter) Verknüpfungen (die bestimmten Gesetzen genügen). Informell gesprochen, kommt somit durch (6) und (7) zum Ausdruck, daß eine lineare Abbildung $f: V \to W$ mit den in V und W gegebenen Vektorraumstrukturen 'verträglich' ist. Eine lineare Abbildung wird daher auch ein <u>*Homomorphismus von Vektorräumen*</u> genannt. Man beachte, daß für beliebige K-Vektorräume V, W nach Def. 1

insbesondere auch die *Nullabbildung*, welche jedem Element aus V den Nullvektor von W zuordnet, eine lineare Abbildung von V nach W ist.

In Def. 1 haben wir für die in V und W gegebenen Verknüpfungen jeweils die gleiche Bezeichnung verwendet. Solche 'Inkorrektheit', der Klarheit und Übersichtlichkeit halber Verschiedenes dennoch gleich zu bezeichnen, wenn keine Mißverständnisse zu befürchten sind, ist in der Mathematik üblich und geboten. Wollte man es konsequent vermeiden, wäre 'mathematische Kommunikation' auch über sehr einfache Dinge bald kaum mehr möglich.

(2) Eine einfache, aber grundlegende Klasse von Beispielen für lineare Abbildungen erhalten wir folgendermaßen: Sei V ein K-Vektorraum, und sei a ein Element aus K. Wir betrachten dann die durch

$$h(x) = ax \tag{8}$$

definierte Abbildung $h: V \to V$ von V in sich. Offenbar ist h linear (denn die Linearität von h bedeutet ja nichts anderes als die Gültigkeit der Gesetze (SM3) und (SM1) für die skalare Multiplikation eines Vektorraumes V, vgl. Def. 2 in Kap. II). Man nennt h die durch $a \in K$ vermittelte *Homothetie von V*; um die Abhängigkeit von a anzudeuten, verwenden wir auch die Bezeichnung h_a. Für $a = 1$ erhalten wir die *identische Abbildung*

$$\begin{aligned} \mathrm{id}_V: V &\to V \\ x &\mapsto x \end{aligned} \tag{9}$$

von V.

Sei $V = \mathbb{R}^n$. Geometrisch gesprochen, bewirkt h_a eine '*Streckung*' jedes Vektors $x \in \mathbb{R}^n$ mit dem '*Ähnlichkeitsfaktor*' a. Hierbei ist der Begriff 'Streckung' für $a < 0$ bzw. $|a| \leq 1$ cum grano salis zu verstehen.

(3) Eine lineare Abbildung $f: V \to V$, bei welcher der K-Vektorraum V in sich abgebildet wird, nennt man einen *Endomorphismus von V*. Speziell ist jede Homothetie eines Vektorraumes V ein Endomorphismus von V.

(4) Sei V ein beliebiger K-Vektorraum, und $u_1, \ldots, u_n$ sei ein System von Vektoren aus V. Dann ist die Abbildung

$$\begin{aligned} \iota: K^n &\to V \\ \begin{pmatrix} x_1 \\ \vdots \\ x_n \end{pmatrix} &\mapsto x_1 u_1 + \cdots + x_n u_n \end{aligned} \tag{10}$$

offenbar eine lineare Abbildung von K^n in V. Bei dieser werden die Vektoren der kanonischen Basis von K^n der Reihe nach auf die Vektoren des vorgelegten Systems abgebildet:

$$i(e_k) = u_k \text{ für } k = 1, 2, \ldots, n \tag{11}$$

Falls es nötig ist, die Abhängigkeit von dem vorgelegten Vektorsystem $(u_1, \ldots, u_n)$ besonders herauszustellen, verwenden wir für die lineare Abbildung i in (10) auch die Bezeichnung

$$i_{(u_1, \ldots, u_n)} \tag{12}$$

Offenbar ist $i_{(u_1, \ldots, u_n)}$ genau dann injektiv, wenn $(u_1, \ldots, u_n)$ linear unabhängig ist.

(5) Es seien V und W Vektorräume über dem Körper K, und $f: V \to W$ sei eine Abbildung von V in W. *Genau dann ist f linear, wenn für alle $x, y \in V$ und alle $a, b \in K$*

$$f(ax + by) = af(x) + bf(y) \tag{13}$$

gilt. Dies zu verifizieren, sei dem Leser als (triviale) *Übungsaufgabe* 1 überlassen.

F1: *Es seien V, V', V'' Vektorräume über K und $f: V \to V'$, $g: V' \to V''$ lineare Abbildungen. Dann ist auch die Hintereinanderausführung $g \circ f: V \to V''$ von f und g eine lineare Abbildung.*

Beweis: Die Abbildung $g \circ f: V \to V''$ ist durch

$$(g \circ f)(x) = g(f(x)) \quad (x \in V)$$

definiert. Aufgrund der Linearität von f und g gilt daher für alle x, y aus V und alle $a, b \in K$ in der Tat

$$\begin{aligned}
(g \circ f)(ax + by) &= g(f(ax + by)) = g(af(x) + bf(y)) \\
&= ag(f(x)) + bg(f(y)) \\
&= a(g \circ f)(x) + b(g \circ f)(x);
\end{aligned}$$

also ist $g \circ f$ linear. $\square$

Ehe wir gleich auf weitere einfache formale Eigenschaften linearer Abbildungen eingehen werden, wollen wir zunächst hervorheben, daß der Begriff einer linearen Abbildung geeignet ist auszudrücken, wann man zwei Vektorräume als 'strukturgleich' anzusehen hat:

Definition 2 ('Isomorphismus von Vektorräumen', 'Isomorphie'):
Es seien V und W Vektorräume über dem Körper K. Eine lineare Abbildung $f: V \to W$ von V nach W heißt ein *Isomorphismus (von Vektorräumen)*, wenn f bijektiv ist.

Gibt es für K-Vektorräume V und W einen Isomorphismus $f: V \to W$, so heißt V *isomorph* zu W; wir schreiben dann

$$V \simeq W. \tag{14}$$

Bemerkungen und Beispiele: (1) Daß eine Abbildung $f: V \to W$ bijektiv ist, bedeutet definitionsgemäß, daß es zu jedem $w \in W$ genau ein $v \in V$ mit

$$f(v) = w \tag{15}$$

gibt. Zu f existiert dann die Umkehrabbildung $f^{-1}: W \to V$; diese ordnet jedem $w \in W$ eben jenes, durch (15) eindeutig bestimmte Element $v \in V$ zu:

$$f^{-1}(w) = v \tag{16}$$

Als (triviale) *Übungsaufgabe* 2 verifiziere man: Ist $f: V \to W$ ein Isomorphismus von Vektorräumen, so ist die Umkehrabbildung $f^{-1}: W \to V$ von f ebenfalls eine lineare Abbildung (so daß also auch f^{-1} einen Isomorphismus von Vektorräumen darstellt).

(2) Für jeden K-Vektorraum V stellt speziell die identische Abbildung $\mathrm{id}_V: V \to V$ von V ein Beispiel für einen Isomorphismus von Vektorräumen dar. Allgemeiner ist jede Homothetie h_a von V mit $a \neq 0$ ein Isomorphismus; es gilt $h_a^{-1} = h_{a^{-1}}$.

(3) Sind $f: V \to V'$ und $g: V' \to V''$ Isomorphismen von Vektorräumen, so ist auch deren Hintereinanderausführung $g \circ f: V \to V''$ ein Isomorphismus. Nach F1 ist $g \circ f$ nämlich linear, und offenbar ist die Hintereinanderausführung bijektiver Abbildungen ebenfalls bijektiv.

(4) Aus den vorangegangenen Bemerkungen 2, 1 und 3 ergeben sich der Reihe nach sofort die folgenden formalen Eigenschaften der Isomorphie von Vektorräumen:

(i) $V \simeq V$
(ii) $V \simeq V' \Rightarrow V' \simeq V$
(iii) $V \simeq V', V' \simeq V'' \Rightarrow V \simeq V''$

(5) Sei $f: V \to W$ ein Isomorphismus von K-Vektorräumen. Jeder sich bloß auf die Vektorraumstruktur beziehende Sachverhalt über Objekte von V überträgt sich dann automatisch auch auf die Bilder dieser Objekte bei der Abbildung f. Ist zum Beispiel $b_1, \ldots, b_n$ eine Basis von V, so ist $f(b_1), \ldots, f(b_n)$ eine Basis von W. Eine solche Aussage bedarf eigentlich keines besonderen Beweises, da sie sich gewissermaßen aus dem Wesen des Begriffs Isomorphismus von selbst ergibt. (Zur Übung beweise man sie trotzdem: *Übungsaufgabe* 3.) In Zukunft werden wir auch derartige Aussagen nicht weiter begründen, sondern einfach auf 'Isomorphiegründe' verweisen. 'Aus Isomorphiegründen' gilt zum Beispiel: Ist $u_1, \ldots, u_m$ ein System von Vektoren aus V, so ist

$$\mathrm{Rang}(f(u_1), \ldots, f(u_m)) = \mathrm{Rang}(u_1, \ldots, u_m). \tag{17}$$

(6) Es sei V ein n-dimensionaler K-Vektorraum, und das System

$$B = (b_1, \ldots, b_n) \tag{18}$$

von Vektoren aus V sei eine Basis von V. Dann ist die zu B gehörige lineare Abbildung

$$i_B : K^n \to V \tag{19}$$

$$\begin{pmatrix} x_1 \\ \vdots \\ x_n \end{pmatrix} \mapsto \sum_{j=1}^{n} x_j b_j$$

ein Isomorphismus von K^n auf V. Da nämlich $B = (b_1, \ldots, b_n)$ eine Basis von V ist, besitzt jeder Vektor v aus V genau eine Darstellung der Gestalt

$$v = \sum_{j=1}^{n} x_j b_j \tag{20}$$

mit $x_1, \ldots, x_n \in K$, also ist i_B in der Tat bijektiv. Wir nennen $i_B : K^n \to V$ *den zur Basis B von V gehörigen* <u>*Basisisomorphismus*</u> von V. Die Umkehrabbildung von i_B bezeichnen wir mit

$$c_B : V \to K^n. \tag{21}$$

Der Isomorphismus c_B ordnet dann jedem v aus V dessen *Koordinatenvektor* bezüglich der Basis $B = (b_1, \ldots, b_n)$ zu. Mit v wie in (20) gilt also

$$c_B(v) = \begin{pmatrix} x_1 \\ \vdots \\ x_n \end{pmatrix} \tag{22}$$

Abweichend von unserer früheren Gewohnheit notieren wir hier – und in allem weiteren – Koordinatenvektoren stets als Spalten. Überhaupt wollen wir von nun an die Elemente von K^n immer als Spalten notieren. Die Gründe hierfür werden bald sichtbar.

Die Abbildung c_B heißt die <u>*Koordinatenabbildung*</u> von V zur Basis B. □

Mit der durch Def. 2 eingeführten Terminologie sind wir nun in der Lage, den früher* schon angedeuteten *Fundamentalsatz der Theorie der (endlich erzeugten) Vektorräume* zu formulieren:

Satz 1 ('Fundamentalsatz für endlich erzeugte Vektorräume'):
Jeder endlich erzeugte K-Vektorraum ist isomorph zu einem K^n. Endlich erzeugte K-Vektorräume V und W sind genau dann isomorph, wenn sie die gleiche Dimension besitzen:

$$V \simeq W \Leftrightarrow \dim V = \dim W. \tag{23}$$

---

* Vgl. Kap. II, §2, Beispiel 4 zu Def. 3.

Beweis: Jeder endlich erzeugte K-Vektorraum V besitzt nach Kap. II, Satz 2 eine endliche Basis. Sei $B = (b_1, \ldots, b_n)$ eine (geordnete) Basis von V. Wir behaupten, daß dann

$$V \simeq K^n \qquad (24)$$

gilt. Zum Beweis haben wir zu zeigen, daß ein Vektorraumisomorphismus von V auf K^n existiert. Dies ist aber sicherlich der Fall: Wir haben nur den zu B gehörigen Basisisomorphismus $i_B : K^n \to V$ zu betrachten (vgl. die vorangegangene Bem. 3 zu Def. 2); seine Umkehrabbildung $c_B : V \to K^n$ ist dann in der Tat ein Isomorphismus von V auf K^n. – Wir zeigen nun die Gültigkeit von (23). Isomorphe Vektorräume haben sicherlich die gleiche Dimension (vgl. Bem. 5 zu Def. 2). Gelte nun umgekehrt $\dim V = \dim W =: n$. Aus dem ersten Teil des Beweises ergeben sich dann sofort die Isomorphiebeziehungen $V \simeq K^n$ und $W \simeq K^n$. Also gilt auch $V \simeq W$. $\square$

Bemerkungen: (1) Satz 1 gibt einen vollständigen Überblick über die Struktur endlich-dimensionaler Vektorräume über einem Körper: Jeder n-dimensionale K-Vektorraum V ist danach isomorph zu dem K-Vektorraum K^n. Alle Phänomene, die in n-dimensionalen K-Vektorräumen auftreten, können folglich schon in dem 'konkreten' K-Vektorraum K^n untersucht werden. Von daher gesehen, erscheint die Einführung des abstrakten Vektorraumbegriffs vielleicht als überflüssig. Dem ist aber nicht so: Zunächst sei darauf verwiesen, daß endlich-dimensionale K-Vektorräume in ihrer natürlichen Gestalt oftmals nicht von vornherein als ein K^n in Erscheinung treten. Man denke etwa an die Lösungsräume homogener linearer Gleichungssysteme; daß es sich dabei überhaupt um endlich erzeugte Vektorräume handelt, war a priori auch gar nicht klar. Die wesentlichen Betrachtungen von Kap. II sind jedenfalls nicht entbehrlich; bei ihnen hätte es uns auch kaum geholfen, hätten wir sie nur in Vektorräumen der Gestalt K^n durchgeführt, ja, es wäre sogar eher hinderlich gewesen. Vor allem aber geht es in der Linearen Algebra gar nicht allein um die Struktur endlich-dimensionaler K-Vektorräume (hierüber gibt Satz 1 in der Tat eine vollständig befriedigende Auskunft), sondern es geht in erster Linie um die mannigfachen gegenseitigen Beziehungen zwischen endlich-dimensionalen Vektorräumen. Weniger vage gesprochen, bildet eben gerade die Untersuchung linearer Abbildungen einen Hauptgegenstand der Linearen Algebra.

(2) Satz 1 läßt sich auch auf beliebige (nicht notwendig als endlich-dimensional vorausgesetzte) Vektorräume übertragen. Sei V ein beliebiger K-Vektorraum. Wir benutzen Satz 1 von Kap. II; danach besitzt V eine Basis. Ist aber M eine Basis von V, so erkennt man im Hinblick auf F9(vii), daß

$$V \simeq K^{(M)}$$

gilt. Hat man den Dimensionsbegriff auch auf unendlich-dimensionale Vektorräume erweitert, so sieht man sofort, daß die Aussage (23) von Satz 1 auch für unendlich-dimensionale Vektorräume gilt.

Die folgende, grundlegende Feststellung gibt eine im Prinzip vollständige Übersicht über alle möglichen linearen Abbildungen eines

n-dimensionalen K-Vektorraumes V in einen beliebigen K-Vektorraum W:

F2: *Es sei V ein endlich-dimensionaler Vektorraum über dem Körper K, und $b_1, \ldots, b_n$ sei eine Basis von V. Sei W ein beliebiger K-Vektorraum. Zu jedem n-Tupel $a_1, \ldots, a_n$ von Vektoren aus W gibt es dann genau eine lineare Abbildung $f: V \to W$ mit*

$$f(b_i) = a_i \quad \text{für } i = 1, 2, \ldots, n. \tag{25}$$

Beweis: (a) Wir beweisen zweckmäßigerweise zuerst die Eindeutigkeitsaussage von F2. Sei also $f: V \to W$ eine lineare Abbildung, für welche (25) gilt. Ein beliebiger Vektor v aus V besitzt eine Darstellung der Gestalt

$$v = \sum_{i=1}^{n} x_i b_i \quad \text{mit } x_i \in K. \tag{26}$$

Weil f linear ist, gilt

$$f(v) = f\left(\sum_{i=1}^{n} x_i b_i \right) = \sum_{i=1}^{n} f(x_i b_i) = \sum_{i=1}^{n} x_i f(b_i);$$

wegen der Voraussetzung (25) folgt also aus (26) notwendig

$$f(v) = \sum_{i=1}^{n} x_i a_i. \tag{27}$$

Folglich ist f eindeutig bestimmt.

(b) Um die Existenz einer linearen Abbildung $f: V \to W$ mit der Eigenschaft (25) zu zeigen, haben wir nach Teil (a) des Beweises nur eine Wahl: Für v wie in (26) haben wir $f(v)$ durch die rechte Seite von (27) zu definieren. Entscheidend dabei ist nun, daß $f(v)$ hierdurch wirklich wohldefiniert ist; weil $b_1, \ldots, b_n$ nämlich eine Basis von V ist, besitzt v nur eine Darstellung der Gestalt (26). Die so definierte Abbildung $f: V \to W$ erfüllt offenbar die Bedingung (25). Außerdem prüft man leicht nach, daß f linear ist. $\square$

Bemerkungen: (1) Die Existenzaussage von F2 liefert eine Fülle von Beispielen für lineare Abbildungen: *Den Vektoren einer Basis von V dürfen <u>beliebige</u> Vektoren aus W als Bildvektoren einer linearen Abbildung <u>vorgeschrieben</u> werden.* – Die Eindeutigkeitsaussage von F2 legt den möglichen linearen Abbildungen von V in W andererseits gewisse Einschränkungen auf: *Eine lineare Abbildung $f: V \to W$ ist durch Angabe ihrer Werte auf den Vektoren einer Basis von V schon vollständig festgelegt.*

(2) Wie im Beweis von F2 schon hervorgehoben, ist es für die Gültigkeit von F2 wesentlich, daß es sich bei dem System $b_1, \ldots, b_n$ von Vektoren des endlich-dimensionalen Vektorraumes V wirklich um eine *Basis* von V handelt. Bildet $b_1, \ldots, b_n$ zum Beispiel nur ein Erzeugendensystem, aber keine Basis von V, so gilt die Eindeutigkeitsaussage von F2 zwar nach wie vor, aber die Existenzaussage von F2 ist nicht länger richtig. Gilt hingegen $n = \text{Rang}(b_1, \ldots, b_n) < \dim V$, so bleibt die Existenzaussage von F2 auch für diesen Fall richtig, während jetzt die Eindeutigkeitsaussage nicht mehr gültig ist (Beweis als *Übungsaufgabe* 4).

(3) Ohne Mühe läßt sich F2 auf den Fall eines unendlich-dimensionalen Vektorraumes V übertragen. $\square$

Beispiele: (1) Es gibt keine lineare Abbildung $f \colon \mathbb{R}^3 \to \mathbb{R}^3$, welche auf den Vektoren

$$u_1 := \begin{pmatrix} 1 \\ 5 \\ 7 \end{pmatrix}, \quad u_2 := \begin{pmatrix} 2 \\ 8 \\ 3 \end{pmatrix}, \quad u_3 := \begin{pmatrix} 1 \\ 1 \\ -15 \end{pmatrix}$$

die Werte $f(u_1) = u_1, f(u_2) = f(u_3) = 0$ annimmt. Man bestätigt nämlich durch eine kleine Rechnung sofort, daß $\text{Rang}(u_1, u_2, u_3) = 2$ gilt. Es gibt daher eine Relation

$$\lambda_1 u_1 + \lambda_2 u_2 + \lambda_3 u_3 = 0 \quad \text{mit } \lambda_1 \neq 0.$$

Anwendung von f würde dann sofort den Widerspruch $\lambda_1 u_1 = 0$ liefern.

(2) Sei $A = (a_{ij})$ eine beliebige $m \times n$-Matrix über K; mit $v_1, v_2, \ldots, v_n$ bezeichnen wir die Spalten von A. Nach F2 gibt es genau eine lineare Abbildung $f \colon K^n \to K^m$, die auf den Vektoren $e_1, e_2, \ldots, e_n$ der kanonischen Basis von K^n die Werte

$$fe_i = v_i = \begin{pmatrix} a_{1i} \\ \vdots \\ a_{mi} \end{pmatrix}, \quad 1 \le i \le n$$

annimmt. Einem beliebigen Vektor

$$x = \sum_{i=1}^{n} x_i e_i = \begin{pmatrix} x_1 \\ \vdots \\ x_n \end{pmatrix}$$

aus K^n ordnet f dann den Vektor

$$f(x) = \sum_{i=1}^{n} x_i v_i = \begin{pmatrix} a_{11} x_1 + a_{12} x_2 + \cdots + a_{1n} x_n \\ a_{21} x_1 + a_{22} x_2 + \cdots + a_{2n} x_n \\ \vdots \qquad\qquad\qquad\qquad \vdots \\ a_{m1} x_1 + a_{m2} x_2 + \cdots + a_{mn} x_n \end{pmatrix} \tag{28}$$

aus K^m zu.

§2 Die Dimensionsformel für lineare Abbildungen

Es seien V und W Vektorräume über demselben Körper K, und $f: V \to W$ sei linear. Für beliebige Vektoren $u_1, \ldots, u_m$ aus V und beliebige Zahlen $c_1, \ldots, c_m$ aus K gilt dann

$$f\left(\sum_{i=1}^{m} c_i u_i \right) = \sum_{i=1}^{m} c_i f(u_i). \tag{29}$$

Insbesondere haben wir also

$$f(u - v) = f(u) - f(v) \quad \text{für alle } u, v \in V. \tag{30}$$

Für $u = v$ erhalten wir aus (30) speziell

$$f(0) = 0. \tag{31}$$

Durch (30) wird eine grundlegende Eigenschaft einer linearen Abbildung ausgedrückt: Der Vergleich der Bilder zweier Vektoren u, v von V unter f läuft auf die Betrachtung des Bildes ihrer Differenz $u - v$ unter f hinaus; speziell gilt

$$f(u) = f(v) \Leftrightarrow f(u - v) = 0. \tag{32}$$

Die letzte Aussage gibt Anlaß zu der folgenden

Definition 3 ('Kern und Bild einer linearen Abbildung'):
Für eine lineare Abbildung $f: V \to W$ setzen wir

(i) $\operatorname{Kern} f := \{v \in V \mid f(v) = 0\}$
(ii) $\operatorname{Bild} f := \{w \in W \mid \text{es gibt } v \in V \text{ mit } f(v) = w\}$.

Wir nennen $\operatorname{Kern} f$ den *Kern von f*, $\operatorname{Bild} f$ das *Bild von f*.

Außer der Definition des Kernes einer linearen Abbildung $f: V \to W$ haben wir in Def. 3 mit $\operatorname{Bild} f$ lediglich noch eine andere Bezeichnung für die sonst mit $f(V)$ bezeichnete Menge eingeführt:

$$\operatorname{Bild} f = f(V). \tag{33}$$

F3: *Kern und Bild einer linearen Abbildung $f: V \to W$ sind Teilräume von V bzw. W. Es gilt:*

(i) f injektiv $\Leftrightarrow \operatorname{Kern} f = 0$ *
(ii) f surjektiv $\Leftrightarrow \operatorname{Bild} f = W$

Beweis: Wegen (31) sind $\operatorname{Kern} f$ und $\operatorname{Bild} f$ zunächst nicht leer. Seien x, $y \in \operatorname{Kern} f$ und $c \in K$. Dann gilt $f(x + y) = f(x) + f(y) = 0 + 0 = 0$;

---

* Konvention: Anstatt $\{0\}$ schreibt man oft auch einfach 0.

ferner $f(cx) = cf(x) = 0$. Also ist Kern f ein Teilraum von V (vgl. Kap. II, F3). Analog zeigt man, daß auch Bild f ein Teilraum von W ist.

Definitionsgemäß ist f genau dann injektiv, wenn für alle $u, v \in V$ gilt: Aus $f(u) = f(v)$ folgt $u = v$. Nach (32) gilt aber

$$f(u) = f(v) \Leftrightarrow u - v \in \text{Kern } f. \tag{34}$$

Ist also Kern $f = \{0\}$, so ist f injektiv. Sei umgekehrt f als injektiv vorausgesetzt. Aus $u \in$ Kern f folgt dann $f(u) = 0 = f(0)$, also $u = 0$. Folglich besteht Kern f nur aus dem Nullvektor von V. Damit ist (i) bewiesen. Aussage (ii) ist nichts weiter als die Definition der Surjektivität. $\square$

Sei $f: V \to W$. Für jeden Teilraum U von V ist dann $f(U)$ ein Teilraum von W. Dies ist klar; es folgt auch sofort aus F3, indem man F3 auf die *Einschränkung*

$$f|_U : U \to W \tag{35}$$

von f auf U anwendet, denn $f|_U$ ist natürlich ebenfalls linear.

F3′: *Es sei $f: V \to W$ linear. V habe die Dimension n, und $b_1, \ldots, b_n$ sei eine Basis von V. Setzt man dann*

$$a_i := f(b_i) \quad \text{für } i = 1, 2, \ldots, n,$$

so gilt

$$\dim(\text{Bild } f) = \text{Rang}(a_1, \ldots, a_n). \tag{36}$$

Beweis: Nach (29) ist Bild $f = \text{Lin}\{a_1, \ldots, a_n\}$. Also folgt (36) aus F14 von Kap. II.

Definition 4 ('Rang einer linearen Abbildung'):

Der *Rang einer linearen Abbildung* $f: V \to W$ wird durch

$$\text{Rang } f := \dim(\text{Bild } f) \tag{37}$$

definiert.

Bemerkungen: (1) In Def. 4 haben wir zugelassen, daß auch Rang $f = \infty$ sein kann (vgl. Kap. II, Bem. 2 zu Def. 13).

(2) Mit den Bezeichnungen von Def. 4 gilt stets

$$\text{Rang } f \leq \dim W, \quad \text{Rang } f \leq \dim V \tag{38}$$

Die erste Ungleichung ist klar (vgl. Satz 8 von Kap. II), die zweite ergibt sich sofort aus F3′. (Vgl. auch den nachstehenden Satz 2.) Ist W endlich-dimensional, so gilt

$$\text{Rang } f = \dim W \Leftrightarrow f \text{ surjektiv} \tag{39}$$

Ist V endlich-dimensional, so ergibt sich aus F3′ leicht (*Übungsaufgabe* 5), daß gilt:

$$\text{Rang } f = \dim V \Leftrightarrow f \text{ injektiv.} \tag{40}$$

Diese Feststellung stellt gewiß eine bemerkenswerte Aussage über lineare Abbildungen dar; die allgemeine Klärung der hier vorliegenden Verhältnisse leistet der gleich anschließende Satz 2, aus dem man dann auch (40) sofort ablesen kann.

(3) Wir werden später sehen, daß zwischen dem durch (37) definierten Rang von linearen Abbildungen und dem früher schon eingeführten Rang von Matrizen ein enger Zusammenhang besteht (dies eigentlich erst wird Def. 4 als sinnvoll erscheinen lassen).

Satz 2 ('Dimensionsformel für lineare Abbildungen'):
   Es sei $f\colon V \to W$ linear, und V sei endlich-dimensional. Dann sind auch Bild f und Kern f endlich-dimensional, und es gilt

$$\boxed{\dim(\text{Bild } f) + \dim(\text{Kern } f) = \dim V} \tag{41}$$

Beweis: Zunächst ist Kern f als Teilraum von V endlich-dimensional. Es sei U ein Komplementärraum zu Kern f in V, d.h. es gelte

$$U \cap \text{Kern } f = 0, \quad U + \text{Kern } f = V. \tag{42}$$

(Ein solches U existiert nach Satz 9 von Kap. II.) Es sei $g\colon U \to W$ die *Einschränkung* von f auf U. Für Kern und Bild der linearen Abbildung g gelten aufgrund von (42) nun offenbar:

$$\text{Kern } g = 0, \quad \text{Bild } g = \text{Bild } f. \tag{43}$$

Dies bedeutet, daß die von g vermittelte Abbildung

$$g'\colon U \to \text{Bild } f$$
$$x \mapsto f(x)$$

ein Isomorphismus von Vektorräumen ist. Folglich gilt $\dim(\text{Bild } f) = \dim U$. Andererseits besitzt U als Komplementärraum zu Kern f in V (nach Kap. II, F13) die Dimension $\dim V - \dim(\text{Kern } f)$. Damit ist (41) schon bewiesen.

Nach Möglichkeit wollen wir für besonders wichtige Sätze mehr als nur einen Beweis geben. Also: Sei $w_1, \ldots, w_r$ ein beliebiges *linear unabhängiges* System von Vektoren aus Bild f; es gelte also

$$\text{Rang}(w_1, \ldots, w_r) = r, \quad w_i = f(v_i) \tag{44}$$

mit Vektoren $v_1, \ldots, v_r$ aus V. Es sei $U = \text{Lin}\{v_1, \ldots, v_r\}$ der von $v_1, \ldots, v_r$ aufgespannte Teilraum von V. Sei nun

$$v = \sum_{i=1}^{r} c_i v_i \qquad (45)$$

ein beliebiges Element aus U. Dann gilt

$$f(v) = \sum_{i=1}^{r} c_i w_i. \qquad (46)$$

Aus $f(v) = 0$ folgt dann im Hinblick auf die lineare Unabhängigkeit von $w_1, \ldots, w_r$ sofort, daß alle Koeffizienten c_i in (45) gleich Null sein müssen. Somit gilt

$$U \cap \text{Kern } f = 0. \qquad (47)$$

Außerdem ergibt sich (durch Anwendung auf $v = 0$), daß das System $v_1, \ldots, v_r$ linear unabhängig ist und folglich

$$\dim U = r \qquad (48)$$

gilt. Wegen (47) ist dann also

$$r + \dim(\text{Kern } f) = \dim U + \dim \text{Kern } f \leq \dim V.$$

Somit kommen für r nur Zahlen $\leq \dim V - \dim(\text{Kern } f)$ in Frage, insbesondere ist Bild f endlich-dimensional. Wir können nun auch $r = \dim(\text{Bild } f)$ setzen. Zeigen wir dann, daß neben (47) auch noch

$$U + \text{Kern } f = V \qquad (49)$$

gilt, so ist (41) auf's neue bewiesen. Sei also $v \in V$ beliebig. Nun ist $w_1, \ldots, w_r$ eine Basis von Bild f, also gilt

$$f(v) = \sum_{i=1}^{r} c_i w_i = \sum_{i=1}^{r} c_i f(v_i) = f\left(\sum_{i=1}^{r} c_i v_i \right)$$

mit gewissen $c_1, \ldots, c_r$ aus K. Es folgt

$$v - \sum_{i=1}^{r} c_i v_i \in \text{Kern } f,$$

und somit $v \in U + \text{Kern } f$.

Bemerkungen: (1) Wenn wir den Begriff des Ranges einer linearen Abbildung verwenden, können wir die Dimensionsformel für lineare Abbildungen auch in der folgenden Gestalt schreiben:

$$\text{Rang } f = \dim V - \dim(\text{Kern } f) \qquad (50)$$

Mann nennt $\dim(\text{Kern } f)$ auch den *Defekt* der linearen Abbildung f.

(2) In dem ersten Beweis zu Satz 2 haben wir gezeigt, daß über die Formel (41) hinaus gilt: *Jeder Komplementärraum zu Kern f in V wird bei f isomorph auf Bild f abgebildet.*

Aus dem zweiten Beweis zu Satz 2 ergibt sich: *Ist $b_1, \ldots, b_k$ eine beliebige Basis von Kern f und $w_1 = f(v_1), \ldots, w_r = f(v_r)$ eine beliebige Basis von Bild f, so ist $v_1, \ldots, v_r, b_1, \ldots, b_k$ eine Basis von V.*

Beispiele: (1) Es sei $f: \mathbb{R}^3 \to \mathbb{R}^3$ diejenige lineare Abbildung, welche den kanonischen Einheitsvektoren e_1, e_2, e_3 von $\mathbb{R}^3$ der Reihe nach die Vektoren

$$a_1 := \begin{pmatrix} 1 \\ 5 \\ 7 \end{pmatrix}, \quad a_2 := \begin{pmatrix} 2 \\ 8 \\ 3 \end{pmatrix}, \quad a_3 := \begin{pmatrix} 1 \\ 1 \\ -15 \end{pmatrix}$$

zuordnet. Es gilt dann $\dim(\text{Bild } f) = \text{Rang}(a_1, a_2, a_3) = 2$, also dim Kern $f = 1$. Durch Rechnung bestätigt man im übrigen sofort, daß Kern f durch den Vektor

$$b := \begin{pmatrix} 3 \\ -2 \\ 1 \end{pmatrix}$$

erzeugt wird.

(2) Es sei K ein Körper. Für $n \in \mathbb{N}$ betrachten wir die durch

$$f: \begin{pmatrix} x_1 \\ \vdots \\ x_n \end{pmatrix} \mapsto x_1 + x_2 + \cdots + x_n$$

definierte lineare Abbildung $f: K^n \to K$. Wegen $f \neq 0$ ist dim Bild $f = 1$, also hat Kern f die Dimension $n - 1$. Man gebe eine Basis von Kern f an.

Als einfache, aber wichtige Folgerung aus der Dimensionsformel für lineare Abbildungen erhält man

F4: *V und V' seien endlich-dimensionale Vektorräume gleicher Dimension. Für eine lineare Abbildung $f: V \to V'$ sind dann folgende Aussagen äquivalent:*

(i) f ist ein Isomorphismus
(ii) f ist injektiv
(iii) f ist surjektiv

Beweis: Wir haben die Äquivalenz von (ii) und (iii) zu zeigen. Gelte (ii). Nach F3 folgt dann Kern $f = 0$, also ergibt sich aus der Dimensionsformel (41) sofort $\dim(\text{Bild } f) = \dim V$, wegen $\dim V = \dim V'$ also $\dim(\text{Bild } f) = \dim V'$. Hieraus aber folgt Bild $f = V'$ und somit die Surjektivität von f. Sei nun (iii) erfüllt. Dann ist $\dim(\text{Bild } f) = \dim V' = \dim V$, also folgt aus der Dimensionsformel sofort $\dim(\text{Kern } f) = 0$. Folglich ist Kern $f = 0$. Nach F3 ist f daher injektiv. $\quad\square$

So einfach der durch F4 ausgesprochene Sachverhalt (samt seines Beweises) auch ist, so kann er doch häufig und bisweilen mit ziemlich schlagendem Erfolg angewandt werden.

Bemerkungen: (1) Die Voraussetzung $\dim V = \dim V' < \infty$ in F4 ist insbesondere erfüllt, wenn es sich bei f um einen *Endomorphismus* eines endlich-dimensionalen Vektorraumes V handelt, also um eine lineare Abbildung $f: V \to V$ von V in sich.

(2) Auf die Voraussetzung der Endlichdimensionalität kann man in F4 nicht verzichten. Man betrachte zum Beispiel den durch

$$f: (x_1, x_2, x_3, \ldots) \mapsto (0, x_1, x_2, x_3, \ldots)$$

definierten Endomorphismus f von $K^{(N)}$; er ist injektiv, aber nicht surjektiv.

Übungsaufgabe 6: Man gebe auch ein Beispiel für einen surjektiven, aber nicht injektiven Endomorphismus eines Vektorraumes an.

§3 Vektorräume linearer Abbildungen

Ehe wir uns nun gleich dem für die *Lineare Algebra* bedeutungsvollen Zusammenhang zuwenden, der zwischen linearen Abbildungen und Matrizen besteht, stellen wir in diesem Abschnitt noch einige Betrachtungen allgemeiner Art an, bei denen *lineare Abbildungen* selber *als Elemente von Vektorräumen* auftreten. Wegen einer gewissen Abstraktheit der hier zu behandelnden Betrachtungsweise wird der Anfänger zunächst vielleicht etwas Mühe aufzuwenden haben, sich diese Betrachtungsweise wirklich zu eigen zu machen; es sei aber angemerkt, daß dies im weiteren für ein wirkliches Verständnis der *Linearen Algebra* unerläßlich ist.

Wir beginnen mit der nachstehenden

Definition 5: Sind V und W Vektorräume über dem Körper K, so bezeichnen wir mit

$$\mathrm{Hom}_K(V, W) \tag{51}$$

die Menge* aller linearen Abbildungen von V nach W. $\square$

Auf natürliche Weise kann man in $\mathrm{Hom}_K(V, W)$ eine Addition erklären: Sind f_1 und f_2 Elemente aus $\mathrm{Hom}_K(V, W)$, so definiert man die Summe $f_1 + f_2$ von f_1 und f_2 durch

$$(f_1 + f_2)(x) = f_1(x) + f_2(x) \quad (x \in V) \tag{52}$$

Man verifiziert sofort, daß die durch (52) definierte Abbildung von V nach W *linear* ist, also $f_1 + f_2$ wirklich ein Element von $\mathrm{Hom}_K(V, W)$ ist. Ganz entsprechend kann man auch eine skalare Multiplikation erklären: Für $a \in K$ und $f \in \mathrm{Hom}_K(V, W)$ sei af die durch

---

* Wie wir gleich anschließend feststellen werden, kann man $\mathrm{Hom}_K(V, W)$ auf natürliche Weise mit einer Vektorraumstruktur versehen.

$$(af)(x) = af(x) \tag{53}$$

definierte Abbildung von V in W. Wiederum überzeugt man sich sofort davon, daß sie linear ist, also wirklich $af \in \mathrm{Hom}_K(V, W)$ gilt.

F5: *Sind V und W Vektorräume über K, so ist auch die Menge $\mathrm{Hom}_K(V, W)$ aller linearen Abbildungen von V in W mit der oben (auf natürliche Weise) erklärten Addition und Skalarmultiplikation ein Vektorraum über K.*

Beweis: Daß für die zu $\mathrm{Hom}_K(V, W)$ eingeführte Addition und skalare Multiplikation die Vektorraumgesetze erfüllt sind, überprüft man sofort (vgl. auch die nachstehende Bem. 1).

Bemerkungen: (1) V und W seien K-Vektorräume. Dann ist $\mathrm{Hom}_K(V, W)$ als Menge offenbar eine Teilmenge der Menge W^V aller Abbildungen von V in W. Indem man für W^V eine Addition und Skalarmultiplikation gemäß (52) und (53) definiert, wird W^V zu einem K-Vektorraum (vgl. auch Kap. II, Beisp. 4 zu Def. 2). $\mathrm{Hom}_K(V, W)$ ist dann ein *Teilraum* von W^V.

(2) Der durch F5 artikulierte einfache Sachverhalt ist grundlegend. Im übrigen wird durch ihn auch die Zweckmäßigkeit der Einführung des abstrakten Vektorraumbegriffs erneut bestätigt (vgl. die Diskussion in Bem. 1 zu Satz 1). Mit *Vektoren*, also den Elementen eines Vektorraumes, stets eine bestimmte, festgelegte Vorstellung zu verbinden, erscheint nicht zweckmäßig: Auch lineare Abbildungen treten im Hinblick auf F5 in natürlicher Weise als Vektoren in Erscheinung.

Wir kommen nun zu dem anderen wesentlichen Punkt, der in diesem kurzen Paragraphen herausgestellt werden soll: V, V', V'' seien Vektorräume über dem Körper. Ist dann $f: V \to V'$ ein Element von $\mathrm{Hom}_K(V, V')$ und ist $g: V' \to V''$ ein Element von $\mathrm{Hom}_K(V', V'')$, so können wir die *Hintereinanderausführung*

$$g \circ f: V \to V'' \tag{54}$$

betrachten. Nach F1 ist $g \circ f$ ebenfalls eine lineare Abbildung, also gilt $g \circ f \in \mathrm{Hom}_K(V, V'')$. Wir erhalten somit eine Abbildung

$$\mathrm{Hom}_K(V, V') \times \mathrm{Hom}_K(V', V'') \to \mathrm{Hom}_K(V, V'') \tag{55}$$

$$(f, g) \mapsto g \circ f$$

Sie ordnet jedem Paar (f, g) mit $f \in \mathrm{Hom}_K(V, V')$ und $g \in \mathrm{Hom}_K(V', V'')$ die Hintereinanderausführung $g \circ f \in \mathrm{Hom}_K(V, V'')$ zu. Man nennt $g \circ f$ auch das *Produkt* von g mit f und schreibt auch einfach gf anstelle von $g \circ f$, wenn keine Mißverständnisse zu befürchten sind:

$$gf = g \circ f. \tag{56}$$

In der Tat gelten für die durch (56) definierte 'Multiplikation' linearer Abbildungen bestimmte Gesetze, welche gewohnten Rechenregeln ganz ähnlich sind. Hierauf wollen wir jetzt genauer eingehen. Zunächst gelten die folgenden *Distributivgesetze*:

$$g \circ (f_1 + f_2) = g \circ f_1 + g \circ f_2 \tag{57}$$

$$(g_1 + g_2) \circ f = g_1 \circ f + g_2 \circ f \tag{58}$$

Hierbei seien $f, f_1, f_2 \in \mathrm{Hom}_K(V, V')$ und $g, g_1, g_2 \in \mathrm{Hom}_K(V', V'')$. Ist ferner $h: V'' \to V'''$ eine beliebige lineare Abbildung von V'' in einen weiteren K-Vektorraum V''', so gilt das *Assoziativgesetz der Multiplikation*:

$$h \circ (g \circ f) = (h \circ g) \circ f \tag{59}$$

Außerdem gilt ein besonderes Gesetz, welches eine gewisse Verträglichkeit zwischen Multiplikation und skalarer Multiplikation bei linearen Abbildungen zum Ausdruck bringt:

$$a(g \circ f) = (ag) \circ f = g \circ (af), \quad a \in K. \tag{60}$$

Für jeden K-Vektorraum V gibt es die identische Abbildung $\mathrm{id}_V: V \to V$. Sie ist linear, also ein Element von $\mathrm{Hom}_K(V, V)$. Für jede (lineare) Abbildung $f: V \to V'$ gilt

$$\mathrm{id}_{V'} \circ f = f \circ \mathrm{id}_V = f. \tag{61}$$

Bei id_V lassen wir den Index V oft fort, wenn aus dem Kontext klar ist, um welchen Vektorraum V es sich handelt; wir schreiben also (61) auch in der Form

$$\mathrm{id} \circ f = f \circ \mathrm{id} = f. \tag{62}$$

Zum Beweis der Regeln (57) bis (61) ist wenig zu sagen: Die Regeln (59) und (61) gelten allgemein für beliebige Abbildungen. Auch sonst wird von der Linearität der in Rede stehenden Abbildungen nur teilweise Gebrauch gemacht. Man verifiziert die Gültigkeit jeder dieser Regeln, indem man beide Seiten der Gleichung jeweils auf ein beliebiges Element x aus V anwendet und feststellt, daß dann auf beiden Seiten stets dieselben Elemente als Bilder herauskommen. Weisen wir zum Beispiel einmal (57) nach:

$$(g \circ (f_1 + f_2))(x) = g((f_1 + f_2)(x)) = g(f_1(x) + f_2(x)) = g(f_1(x)) + g(f_2(x))$$

$$= (g \circ f_1)(x) + (g \circ f_2)(x) = (g \circ f_1 + g \circ f_2)(x).$$

Es sei an dieser Stelle noch einmal ausdrücklich hervorgehoben: *Das Produkt $g \circ f$ zweier (linearer) Abbildungen $f: V \to V'$ und $g: W \to W'$ ist nur dann definiert, wenn $V' = W$ ist.*

Betrachten wir nun aber insbesondere $\mathrm{Hom}_K(V, V)$, so ist das

Produkt $fg = f \circ g$ zweier linearer Abbildungen f und g aus $\mathrm{Hom}_K(V, V)$ stets definiert; außerdem liegt fg selbst auch wieder in $\mathrm{Hom}_K(V, V)$. Wir können also in $\mathrm{Hom}_K(V, V)$ neben der *Addition* + noch eine *Multiplikation* $\circ$ erklären:

$$\circ: \mathrm{Hom}_K(V, V) \times \mathrm{Hom}_K(V, V) \to \mathrm{Hom}_K(V, V) \qquad (63)$$

$$(f, g) \mapsto fg = f \circ g$$

Wegen $(f \circ g)(x) = f(g(x))$ für alle $x \in V$ ist es geboten, das Produkt von f mit g als $f \circ g$ zu definieren; von einem anderen Standpunkt aus erscheint dies jedoch wenig natürlich, denn $f \circ g$ ist ja die Abbildung, bei der man zuerst g und dann f anwendet. Diese Kollision könnte man auflösen, würde man die Anwendung einer Abbildung f auf ein Element x nicht wie üblich mit $f(x)$, sondern etwa mit

$$(x)\,f$$

bezeichnen. Diese Bezeichnung findet sich auch schon in der mathematischen Literatur, aber so vereinzelt, daß wir von der gängigen Bezeichnungsweise lieber doch nicht abweichen wollen.

Für die Addition + und die Multiplikation $\circ$ in $\mathrm{Hom}_K(V, V)$ gelten nach dem oben Gesagten gewisse Rechenregeln; kurz, aber ganz präzis können wir hier zunächst folgendes sagen:

F6: *Für jeden K-Vektorraum V ist $\mathrm{Hom}_K(V, V)$ mit der oben (auf natürliche Weise) eingeführten Addition und Multiplikation ein* <u>*Ring*</u> *(mit Eins).*

Beweis: Wir beziehen uns auf Kap. II, Def. 1 sowie die daran anschließende Bem. 4. Wegen F5 sind zunächst die erforderlichen Regeln (A1) bis (A4) für die Addition in $\mathrm{Hom}_K(V, V)$ erfüllt (vgl. auch Bem. 1 zu Def. 2 in Kap. II). Für die Multiplikation in $\mathrm{Hom}_K(V, V)$ sind nach (59) und (61) die geforderten Gesetze (M1) und (M3) erfüllt. Aufgrund von (57) und (58) gelten schließlich auch noch links- und rechtsseitiges Distributivgesetz.

Definition 5′: Es sei V ein K-Vektorraum. Für den Ring $\mathrm{Hom}_K(V, V)$ aller Endomorphismen von V verwenden wir auch die Bezeichnung

$$\mathrm{End}_K(V) := \mathrm{Hom}_K(V, V).$$

Man nennt $\mathrm{End}_K(V)$ auch den <u>*Endomorphismenring*</u> des K-Vektorraumes V.

Übungsaufgabe 7: Man mache sich (schon an dieser Stelle) klar, daß der Endomorphismenring $\mathrm{End}_K(V)$ eines K-Vektorraumes V i.a. weder kommutativ noch nullteilerfrei ist.

Bei F6 und Def. 5′ haben wir ganz außer acht gelassen, daß für $\mathrm{End}_K(V) = \mathrm{Hom}_K(V, V)$ auch noch eine Skalarmultiplikation erklärt ist, für welche ebenfalls bestimmte Rechenregeln und namentlich das Gesetz (60) erfüllt sind. Man vereinbart:

Definition 6: Es sei K ein Körper. Ein Ring R mit Eins, der gleichzeitig ein K-Vektorraum ist, so daß außerdem noch

$$a(gf) = (ag)f = g(af) \tag{64}$$

für alle $a \in K$, $f \in R$, $g \in R$ gilt, heißt eine *Algebra (mit Eins) über K*, oder kurz: eine *K-Algebra*.

Aufgrund von F6, F5 und (64) können wir also sagen:

F7: *Für jeden K-Vektorraum V ist* $\mathrm{End}_K(V)$ *auf natürliche Weise eine K-Algebra.*

§4 Lineare Abbildungen und Matrizen

Wir kommen nun zu einem zentralen Punkt der *Linearen Algebra*, nämlich der *Matrixbeschreibung linearer Abbildungen*. Wir wollen uns dabei ganz auf endlich-dimensionale Vektorräume beschränken. Es seien V und W also K-Vektorräume endlicher Dimension; es gelte

$$n = \dim V, \quad m = \dim W \tag{65}$$

mit natürlichen Zahlen n und m. Sei nun

$$f: V \to W \tag{66}$$

eine lineare Abbildung von V nach W. Es sei $B = (b_1, \ldots, b_n)$ eine (geordnete) Basis von V, und $C = (c, \ldots, c_m)$ sei eine (geordnete) Basis von W. Die lineare Abbildung f wird durch Angabe der Bilder

$$a_i = f(b_i) \quad i = 1, 2, \ldots, n \tag{67}$$

der Basisvektoren $b_1, \ldots, b_n$ unter f vollständig beschrieben (vgl. F2). Diese Bilder $a_1, \ldots, a_n$ stelle man nun jeweils durch die gewählte Basis $(c_1, \ldots, c_m)$ von W dar; es ist dann

$$\boxed{f(b_i) = a_i = \sum_{j=1}^{m} a_{ji} c_j \ , \quad i = 1, 2, \ldots, n} \tag{68}$$

mit *eindeutig bestimmten* Zahlen a_{ji} aus K. Nach Wahl der Basen $(b_1, \ldots, b_n)$ und $(c_1, \ldots, c_m)$ von V bzw. W ist somit die lineare Abbildung $f: V \to W$ durch Angabe der Matrix

$$A = \begin{pmatrix} a_{11} & a_{12} & \cdots & a_{1n} \\ a_{21} & a_{22} & \cdots & a_{2n} \\ \vdots & & & \vdots \\ a_{m1} & a_{m2} & \cdots & a_{mn} \end{pmatrix} \tag{69}$$

vollständig bestimmt. Es handelt sich bei A um eine $m \times n$-Matrix über dem Körper K; aufgrund von (68) sind die Spalten von A der Reihe nach gerade die *Koordinatenvektoren* von $a_1 = f(b_1)$, $a_2 = f(b_2)$, ..., $a_n = f(b_n)$ in bezug auf die Basis $(c_1, ..., c_m)$ von W.

Definition 7 ('Koordinatenmatrix einer linearen Abbildung'):
Wir übernehmen die obigen Voraussetzungen und Bezeichnungen. Die durch (68) bestimmte $m \times n$-Matrix $A = (a_{kl})$ heißt dann die *Koordinatenmatrix der linearen Abbildung* $f: V \to W$ *in bezug auf die Basen* $B = (b_1, ..., b_n)$ *und* $C = (c_1, ..., c_m)$ von V bzw. W.

Bemerkungen und Beispiele: (1) Also nochmals:
Die Spalten der Koordinatenmatrix von $f: V \to W$ *in bezug auf die Basen* $(b_1, ..., b_n)$ *von* V *und* $(c_1, ..., c_m)$ *von* W *sind die Koordinatenvektoren der Bilder* $f(b_1), ..., f(b_n)$ *der Basisvektoren* b_i *unter* f *bezüglich der Basis* $c_1, ..., c_m$ *von* W.

Da wir Koordinatenvektoren verabredungsgemäß jetzt stets als Spalten notieren, ist es naheliegend, die Matrix A (und nicht – wie früher in Kap. II – deren *Transponierte* $^t\!A$) als Koordinatenmatrix des Systems $a_1, ..., a_n$ in bezug auf die Basis $c_1, ..., c_m$ zu bezeichnen. Mit dieser kleinen Abweichung von früherem Sprachgebrauch können wir also sagen: Die Koordinatenmatrix der linearen Abbildung $f: V \to W$ in bezug auf die Basen B und C von V bzw. W ist die Koordinatenmatrix des Systems der Bildvektoren $f(b_1), ..., f(b_n)$ in bezug auf die Basis C von W.

(2) Wir betrachten die durch

$$x = \begin{pmatrix} x_1 \\ x_2 \\ x_3 \\ x_4 \\ x_5 \end{pmatrix} \mapsto \begin{pmatrix} x_1 + 3x_2 + 5x_3 + 2x_4 \\ 3x_1 + 9x_2 + 10x_3 + x_4 + 2x_5 \\ 2x_2 + 7x_3 + 3x_4 - x_5 \\ 2x_1 + 8x_2 + 12x_3 + 2x_4 + x_5 \end{pmatrix} \tag{70}$$

definierte Abbildung $f: \mathbb{R}^5 \to \mathbb{R}^4$. Offenbar ist f linear. Die Koordinatenmatrix von f in bezug auf die kanonischen Basen in $\mathbb{R}^5$ bzw. $\mathbb{R}^4$ ist dann einfach die Matrix

$$A = \begin{pmatrix} 1 & 3 & 5 & 2 & 0 \\ 3 & 9 & 10 & 1 & 2 \\ 0 & 2 & 7 & 3 & -1 \\ 2 & 8 & 12 & 2 & 1 \end{pmatrix}$$

(Die Zeilen von A werden dabei übrigens von den in den Komponenten von $f(x)$ auftretenden Koeffizienten gebildet.)

(3) Zu eingehende Bezeichnungen sind manchmal von Übel; wir wollen daher auch hier den Nachdruck nicht auf einen besonderen (in diesem Zusammenhang allerdings sehr üblichen) Bezeichnungskult legen. Sollte es gelegentlich erforderlich (oder dem Leser erwünscht)

sein, so wollen wir die Koordinatenmatrix einer linearen Abbildung f mit $c(f)$ bezeichnen; um aber die Abhängigkeit der Koordinatenmatrix von den gewählten Basen B und C besonders herauszustellen, sei dann die genauere Bezeichnung

$$c_C^B(f) \tag{71}$$

verwendet. Wichtiger als solche Bezeichnung ist aber, daß man sich der prinzipiellen Abhängigkeit der Koordinatenmatrix von der Wahl der Basen wirklich bewußt ist.

Wir greifen die in dem obigen Beispiel betrachtete lineare Abbildung f nochmals auf. Es sei B die *kanonische Basis* von $\mathbb{R}^5$; in $\mathbb{R}^4$ betrachten wir die Basis C, welche der Reihe nach aus den Vektoren

$$\begin{pmatrix} 1 \\ 3 \\ 0 \\ 2 \end{pmatrix}, \quad \begin{pmatrix} 0 \\ 0 \\ 1 \\ 1 \end{pmatrix}, \quad \begin{pmatrix} 0 \\ -1 \\ 1 \\ 0 \end{pmatrix}, \quad \begin{pmatrix} 0 \\ 1 \\ 0 \\ 0 \end{pmatrix}$$

besteht. Die Koordinatenmatrix von f in bezug auf die Basen B, C ist dann die Matrix

$$A' = \begin{pmatrix} 1 & 3 & 5 & 2 & 0 \\ 0 & 2 & 2 & -2 & 1 \\ 0 & 0 & 5 & 5 & -2 \\ 0 & 0 & 0 & 0 & 0 \end{pmatrix} \tag{72}$$

Beweis als *Übungsaufgabe* 8 (vgl. auch Kap. I, (37)).

(4) Mit den obigen Bezeichnungen gilt

$$\text{Rang}(f) = \text{Rang}(A), \tag{73}$$

d.h. *der Rang einer linearen Abbildung* $f: V \to W$ *stimmt mit dem Rang ihrer Koordinatenmatrix (in bezug auf beliebige Basen von V bzw. W) überein.* Denn in der Tat gilt $\text{Rang}(f) = \dim(\text{Bild } f) = \text{Rang}(f(b_1), \ldots, f(b_n)) = \text{Rang}(a_1, \ldots, a_n) = \text{Rang}(A)$, wobei wir der Reihe nach von Def. 4, F3' sowie von Kap. II, F15 Gebrauch gemacht haben.

Aufgrund von (73) kann man den Rang einer linearen Abbildung f bestimmen, indem man den Rang einer Koordinatenmatrix A von f nach dem *Gauß'schen Verfahren* (siehe Kap. II) berechnet. Für die in (70) betrachtete lineare Abbildung $f: \mathbb{R}^5 \to \mathbb{R}^4$ findet man beispielsweise leicht, daß $\text{Rang } f = 3$ gilt. (Geht man davon aus, daß die in (72) genannte Matrix die Koordinatenmatrix von f bezüglich geeigneter Basen ist, so kann man daraus $\text{Rang } f = 3$ unmittelbar ablesen.) □

Wie wir gesehen haben, ist jeder linearen Abbildung $f: V \to W$ – mit V und W wie in (65) – nach Wahl von Basen in V und W eine

$m \times n$-Matrix A zugeordnet, durch welche f vollständig beschrieben ist. Um nun den Zusammenhang zwischen linearen Abbildungen und Matrizen prägnant und genau formulieren zu können, sei jetzt ein klein wenig mehr über Matrizen gesagt.

Definition 8: Sei K ein Körper. Sind m und n natürliche Zahlen, so bezeichnen wir mit

$$K^{m,n} \qquad (74)$$

die Menge aller $m \times n$-Matrizen mit Koeffizienten in K.

Bemerkungen: (1) Unter einer $m \times n$-Matrix A mit Koeffizienten in K haben wir bislang ein rechteckiges Schema von Zahlen a_{ij} wie in (69) verstanden. Obwohl hier nun kaum Mißverständnisse zu befürchten sind, wollen wir an dieser Stelle noch eine formale Definition nachliefern: Wir setzen $M = \{1,2,...,m\}$, $N = \{1,2,...,n\}$. Unter einer $m \times n$-*Matrix mit Koeffizienten in* K (kurz: $m \times n$-Matrix über K) versteht man eine Abbildung $A: M \times N \to K$. Jedem Paar (i,j) natürlicher Zahlen mit $1 \leq i \leq m$ und $1 \leq j \leq n$ wird durch A eine Zahl $a_{i,j}$ aus K zugeordnet. Man nennt $a_{i,j}$ auch den *Koeffizienten an der Stelle* (i,j) *von* A (und verwendet – falls keine Mißverständnisse zu befürchten sind – auch die Bezeichnung a_{ij} anstelle von $a_{i,j}$). Die Gesamtheit aller $m \times n$-Matrizen über K ist dann also nichts anderes als die Menge $K^{M \times N}$ aller Abbildungen von $M \times N$ nach K, also

$$K^{m,n} = K^{M \times N}. \qquad (75)$$

(2) Aus (75) geht bereits hervor, daß $K^{m,n}$ in natürlicher Weise als K-Vektorraum angesehen werden kann (vgl. Kap. II, Beispiel 4 zu Def. 2). Addition und skalare Multiplikation sind für $m \times n$-Matrizen über K also *koeffizientenweise* definiert. Deuten wir dies ruhig in der Schreibweise (69) nochmals an:

$$\begin{pmatrix} a_{11} & a_{12} & \cdots \\ a_{21} & a_{22} & \cdots \\ \vdots & \vdots & \\ a_{m1} & a_{m2} & \cdots \end{pmatrix} + \begin{pmatrix} b_{11} & b_{12} & \cdots \\ b_{21} & b_{22} & \cdots \\ \vdots & \vdots & \\ b_{m1} & b_{m2} & \cdots \end{pmatrix} =$$

$$\begin{pmatrix} a_{11}+b_{11} & a_{12}+b_{12} & \cdots \\ a_{21}+b_{21} & a_{22}+b_{22} & \cdots \\ \vdots & \vdots & \\ a_{m1}+b_{m1} & a_{m2}+b_{m2} & \cdots \end{pmatrix} \qquad (76)$$

$$c \begin{pmatrix} a_{11} & a_{12} & \cdots & a_{1n} \\ a_{21} & a_{22} & \cdots & a_{2n} \\ \vdots & & & \vdots \\ a_{m1} & a_{m2} & \cdots & a_{mn} \end{pmatrix} = \begin{pmatrix} ca_{11} & ca_{12} & \cdots & ca_{1n} \\ ca_{21} & ca_{22} & \cdots & ca_{2n} \\ \vdots & & & \vdots \\ ca_{m1} & ca_{m2} & \cdots & ca_{mn} \end{pmatrix} \qquad (77)$$

(3) Indem man jeder Matrix A wie in (69) das mn-Tupel $(a_{11}, \ldots, a_{1n}, a_{21}, \ldots,$ $a_{2n}, \ldots, a_{m1}, \ldots, a_{mn})$ zuordnet, erhält man offenbar einen Isomorphismus $K^{m,n} \to K^{mn}$ von K-Vektorräumen. Es gilt also

$$K^{m,n} \simeq K^{mn}. \tag{78}$$

Insbesondere besitzt also der K-Vektorraum $K^{m,n}$ aller $m \times n$-Matrizen über K die Dimension mn:

$$\dim K^{m,n} = mn. \tag{79}$$

Über den engen Zusammenhang zwischen linearen Abbildungen endlichdimensionaler Vektorräume und Matrizen können wir nun zunächst folgendes sagen:

Satz 3 ('Matrixbeschreibung linearer Abbildungen'):
V und W seien endlich-dimensionale K-Vektorräume der Dimension n bzw. m. Ordnet man jeder linearen Abbildung $f: V \to W$ ihre Koordinatenmatrix in bezug auf festgewählte Basen B und C von V bzw. W zu, so erhält man einen Isomorphismus

$$c: \operatorname{Hom}_K(V, W) \to K^{m,n}$$

des K-Vektorraumes aller linearen Abbildungen von V nach W auf den K-Vektorraum aller $m \times n$-Matrizen über K.

Beweis: Wie schon mehrfach hervorgehoben, ist jede lineare Abbildung $f: V \to W$ durch Angabe ihrer Koordinatenmatrix eindeutig festgelegt; somit ist c injektiv. Die Linearität von c ist offensichtlich. Die Surjektivität von c schließlich folgt sofort aus F2. $\square$

Bemerkung: Es sei nochmals hervorgehoben, daß der obige Isomorphismus c zwischen $\operatorname{Hom}_K(V, W)$ und $K^{m,n}$ von der Wahl der Basen B und C in V bzw. W abhängt; um dies hervorzuheben, schreiben wir auch

$$c_C^B \tag{80}$$

anstelle von c (vgl. Bem. 3 zu Def. 7). $\square$

Als unmittelbare Folgerung aus Satz 3 erhalten wir im Hinblick auf (79)

F8: *Sind V ein K-Vektorraum der Dimension n und W ein K-Vektorraum der Dimension m, so ist $\operatorname{Hom}_K(V, W)$ ein K-Vektorraum der Dimension mn.*
Nach Satz 3 stehen die linearen Abbildungen eines n-dimensionalen K-Vektorraumes V in einen m-dimensionalen K-Vektorraum W in umkehrbar eindeutiger Beziehung mit den $m \times n$-Matrizen über K, und zwar so, daß sich Addition und skalare Multiplikation bei linearen Abbildungen und Matrizen genau entsprechen; kurz gesagt, es gilt

$$\operatorname{Hom}_K(V, W) \simeq K^{m,n}. \tag{81}$$

Es muß aber beachtet werden, daß der Herstellung einer solchen umkehrbar eindeutigen Beziehung zwischen den linearen Abbildungen aus $\operatorname{Hom}_K(V, W)$ und den Matrizen aus $K^{m,n}$ die willkürliche Wahl von Basen in V und W zugrundeliegt. Diese Willkür bei der Basiswahl verbietet es, lineare Abbildungen beliebiger (endlich-dimensionaler) K-Vektorräume mit Matrizen entsprechenden Formats über K einfach zu identifizieren. Anders verhält sich dies aber, wenn wir nur K-Vektorräume der Gestalt K^n betrachten. Jedes K^n besitzt nämlich eine auf natürliche Weise vor allen anderen Basen ausgezeichnete Basis, nämlich seine *kanonische Basis*. Ist daher A eine beliebige Matrix aus $K^{m,n}$, so wollen wir mit demselben Buchstaben A auch die lineare Abbildung von K^n nach K^m bezeichnen, deren Koordinatenmatrix bezüglich der kanonischen Basen von K^n und K^m gerade A ist. Wir wollen also einander entsprechende Elemente von $\operatorname{Hom}_K(K^n, K^m)$ und $K^{m,n}$ miteinander '*identifizieren*':

$$\operatorname{Hom}_K(K^n, K^m) = K^{m,n}. \tag{82}$$

Wir können dann sagen (vgl. Bem. 1 zu Def. 7):

F9: *Die Spalten einer $m \times n$-Matrix A über K sind (der Reihe nach) die Bilder der kanonischen Einheitsvektoren $e_1, e_2, \ldots, e_n$ von K^n bei der linearen Abbildung $A: K^n \to K^m$.*

Bemerkung: Der Rang einer linearen Abbildung $A: K^n \to K^m$ ist gleich dem Rang der $m \times n$-Matrix A über K (vgl. Bem. 4 zu Def. 7). □

Wir können uns jetzt den in Satz 3 formulierten Zusammenhang zwischen linearen Abbildungen (beliebiger endlich-dimensionaler Vektorräume) und Matrizen durch das folgende '*kommutative Diagramm*' verdeutlichen:

$$
\begin{array}{ccc}
V & \xrightarrow{\ f\ } & W \\[2pt]
\Big\uparrow\,\scriptstyle i & & \Big\uparrow\,\scriptstyle i' \\[2pt]
K^n & \xrightarrow{\ A\ } & K^m
\end{array}
\tag{83}
$$

Dabei bedeuten die senkrechten Pfeile die Basisisomorphismen $i = i_B$ und $i' = i_C$ zu den gewählten Basen B von V und C von W. (Ihre jeweiligen Umkehrabbildungen sind dann gerade die Koordinatenabbildungen c_B und c_C, vgl. (19) und (22) in §1.) Daß das Diagramm (83) *kommutativ* ist, besagt, daß es gleichgültig ist, ob man – um von K^n nach W zu gelangen – (83) obenherum oder untenherum durchläuft, d.h. es gilt

$$f \circ i = i' \circ A. \tag{84}$$

Zum Beweis von (84) hat man beide Seiten nur auf einen beliebigen Vektor e_i der kanonischen Basis von K^n anzuwenden; man erhält dann einfach die Gleichung (68).

Aus (83) folgt

$$A = i'^{-1} \circ f \circ i. \tag{85}$$

Umgekehrt erhält man f aus A durch

$$f = i' \circ A \circ i^{-1}. \tag{86}$$

Unter Verwendung der zugehörigen Koordinatenabbildungen schreibt sich (85) in der Form

$$A = c_C \circ f \circ c_B^{-1}$$

oder – wenn man die durch (71) eingeführte Notation benutzen will –

$$c_C^B(f) = c_C \circ f \circ c_B^{-1}. \tag{87}$$

Nun aber kommen wir zu einem neuen, ganz wesentlichen Punkt.* Aufgrund von (82) nämlich ist ein *Produkt von Matrizen* geeigneten Formats definiert: Es seien

$$B \in K^{m,n} \quad \text{und} \quad A \in K^{l,m}$$

Dann ist das *Produkt AB*† von A mit B als Hintereinanderausführung von Abbildungen definiert (vgl. §8):

$$AB = A \circ B.$$

Wir haben dann das folgende *kommutative Diagramm von linearen Abbildungen*:

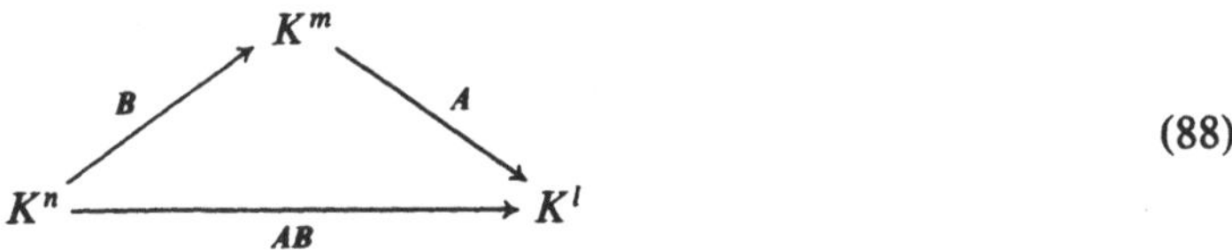

$$\tag{88}$$

Wie drücken sich nun aber die Koeffizienten der Matrix *AB* durch die Koeffizienten der Matrizen *A* und *B* aus? Diese Frage ist nicht schwer zu beantworten; doch wollen wir zuvor noch die folgende (sowieso in diesen Zusammenhang gehörende) Feststellung formulieren:

---

* mit dem wir übrigens auch zum ersten Mal über den von Kap. I gesetzten Rahmen wirklich entscheidend hinausgehen.

† Statt *AB* schreiben wir gegebenenfalls auch $A \cdot B$.

F10: *Vorgelegt sei die $m \times n$-Matrix $A = (a_{ij})$ über K. Die lineare Abbildung $A: K^n \to K^m$ läßt sich dann explizit folgendermaßen beschreiben: Es sei*

$$y = A(x) \text{ mit } x \in K^n \text{ und } y \in K^m. \tag{89}$$

Dann berechnen sich die Komponenten (Koordinaten) von y aus denen von x nach der Formel

$$\boxed{y_i = \sum_{j=1}^{n} a_{ij} x_j} \quad i = 1, 2, \ldots, m \tag{90}$$

Beweis: Es sei $e_1, \ldots, e_n$ die kanonische Basis von K^n. Definitionsgemäß gilt (vgl. F9):

$$A(e_j) = \begin{pmatrix} a_{1j} \\ a_{2j} \\ \vdots \\ a_{mj} \end{pmatrix} \quad j = 1, 2, \ldots, n \tag{91}$$

Wendet man nun die lineare Abbildung A auf das Element

$$x = \sum_{j=1}^{n} x_j e_j \tag{92}$$

an, so erhält man wegen der Linearität von A zunächst

$$y = A(x) = A\left(\sum_{j=1}^{n} x_j e_j \right) = \sum_{j=1}^{n} x_j A(e_j)$$

Setzt man hier (91) ein, so ergibt sich

$$\begin{pmatrix} y_1 \\ y_2 \\ \vdots \\ y_m \end{pmatrix} = \sum_{j=1}^{n} x_j \begin{pmatrix} a_{1j} \\ a_{2j} \\ \vdots \\ a_{mj} \end{pmatrix} = \sum_{j=1}^{n} \begin{pmatrix} a_{1j} x_j \\ a_{2j} x_j \\ \vdots \\ a_{mj} x_j \end{pmatrix}$$

Hieraus kann man die Behauptung (90) unmittelbar ablesen.

Bemerkung: Man vergleiche (90) mit (68).

Wir kommen nun zur Beantwortung der schon gestellten Frage, wie sich die Koeffizienten einer 'Produktmatrix' aus den Koeffizienten der Faktoren berechnen lassen:

Satz 4 ('Formel für das Matrixprodukt'):
Für Matrizen $A \in K^{l,m}$, $A = (a_{pq})$ und $B \in K^{m,n}$, $B = (b_{rs})$ wird das Produkt $C := AB$, $C = (c_{ij}) \in K^{l,n}$ durch

$$\boxed{c_{ij} = \sum_{k=1}^{m} a_{ik} b_{kj}} \qquad 1 \le i \le l,\, 1 \le j \le n \tag{93}$$

gegeben.

Beweis: Es sei $e_1, \ldots, e_n$ die kanonische Basis von K^n. Definitionsgemäß gilt (vgl. F9):

$$C(e_j) = \begin{pmatrix} c_{1j} \\ \vdots \\ c_{lj} \end{pmatrix} \qquad j = 1, 2, \ldots, n \tag{94}$$

Es sind also die Bilder $C(e_j)$ der e_j unter $C = AB$ zu berechnen. Nach Definition des Matrixproduktes gilt

$$C(e_j) = A(B(e_j)). \tag{95}$$

Für $B(e_j)$ haben wir – ganz entsprechend zu (94) –

$$B(e_j) = \begin{pmatrix} b_{1j} \\ \vdots \\ b_{mj} \end{pmatrix} \qquad j = 1, 2, \ldots, n \tag{96}$$

Um nun das Bild $C(e_j)$ des Vektors $B(e_j)$ unter der linearen Abbildung A explizit zu bestimmen, können wir F10 benutzen; aus (96) ergibt sich dann im Hinblick auf (90) tatsächlich

$$c_{ij} = \sum_{k=1}^{m} a_{ik} b_{kj} \quad \text{für } i = 1, 2, \ldots, m.$$

Dies gilt für $j = 1, 2, \ldots, n$, womit (93) bewiesen ist.

Bemerkungen: (1) *Sind A und B Matrizen über K, so ist das Matrixprodukt AB nur definiert, wenn die Spaltenzahl von A gleich der Zeilenzahl von B ist.*
(2) Es sei $A: K^n \to K^m$ eine lineare Abbildung; es gelte

$$y = A(x) \tag{97}$$

mit

$$x = \begin{pmatrix} x_1 \\ \vdots \\ x_n \end{pmatrix} \in K^n, \quad y = \begin{pmatrix} y_1 \\ \vdots \\ y_m \end{pmatrix} \in K^m \tag{98}$$

Nach F10 bestehen dann die m Gleichungen

$$y_i = \sum_{j=1}^{n} a_{ij} x_j \quad i = 1, 2, \ldots, m \tag{99}$$

Nun kann man x und y in (98) als Matrizen spezieller Gestalt auffassen, und zwar x als eine $n \times 1$-Matrix und y als eine $m \times 1$-Matrix; es ist dann das Matrixprodukt Ax der Matrix A mit der Matrix x definiert, und (99) besagt dann im Hinblick auf (93) gerade, daß

$$y = Ax \tag{100}$$

gilt. *Die Anwendung der linearen Abbildung* $A\colon K^n \to K^m$ *auf ein* $x \in K^n$ *läuft somit auf die Bildung des Matrixproduktes der* $m \times n$-*Matrix* A *mit der* $n \times 1$-*Matrix* x *hinaus.*

(3) Ist $f\colon X \to Y$ eine beliebige Abbildung, so wird das Bild eines Elementes $x \in X$ unter f statt mit $f(x)$ auch einfach mit

$$fx \tag{101}$$

bezeichnet. Diese Bezeichnungsweise ist sehr praktisch, und wir werden in Zukunft häufig von ihr Gebrauch machen. Aus Bem. 2 ergibt sich ihre Verträglichkeit mit den von uns schon früher festgelegten Bezeichnungsvereinbarungen in dem Fall, daß $f = A$ eine $m \times n$-Matrix bzw. eine lineare Abbildung $K^n \to K^m$ ist.

(4) Für die Multiplikation von Matrizen gilt nach Satz 4 insbesondere in dem Spezialfall Zeilenvektor mal Spaltenvektor:

$$(a_1, \ldots, a_m) \begin{pmatrix} x_1 \\ \vdots \\ x_m \end{pmatrix} = \sum_{i=1}^{m} a_i x_i = a_1 x_1 + a_2 x_2 + \cdots + a_m x_m. \tag{102}$$

Man kann daher den Inhalt von Satz 4 auch so ausdrücken: *Der Koeffizient* c_{ij} *an der Stelle* (i, j) *der Matrix* AB *ist das Produkt der i-ten Zeile von* A *mit der j-ten Spalte von* B (wobei das Produkt Zeile mal Spalte nach der einfachen Vorschrift (102) gebildet wird).

Diese Formulierung von Satz 4 liefert nun auch eine gut verständliche Gebrauchsanweisung, wie bei der Multiplikation konkret vorgelegter Matrizen zu verfahren ist. Beispielsweise ist

$$\begin{pmatrix} 2 & 6 & 3 \\ 1 & 3 & 5 \end{pmatrix} \begin{pmatrix} 2 \\ 1 \\ 3 \end{pmatrix} = \begin{pmatrix} 2 \cdot 2 + 6 \cdot 1 + 3 \cdot 3 \\ 1 \cdot 2 + 3 \cdot 1 + 5 \cdot 3 \end{pmatrix} = \begin{pmatrix} 19 \\ 20 \end{pmatrix}$$

(5) Es sei $f\colon V \to W$ eine lineare Abbildung des n-dimensionalen K-Vektorraums V in den m-dimensionalen K-Vektorraum W. Wie oben seien $B = (b_1, \ldots, b_n)$ eine Basis von V und $C = (c_1, \ldots, c_m)$ eine Basis von W. Es sei nun

$$x = \sum_{i=1}^{n} x_i \boldsymbol{b}_i$$

ein beliebiger Vektor aus V. Dann besitzt $\boldsymbol{x}$ bezüglich der Basis $\boldsymbol{b}_1, \ldots, \boldsymbol{b}_n$ den Koordinatenvektor

$$\tilde{\boldsymbol{x}} := \begin{pmatrix} x_1 \\ \vdots \\ x_n \end{pmatrix} \tag{103}$$

Es ist also $\tilde{x} = c_B(x) = t_B^{-1}(x)$. Es sei

$$y = fx \tag{104}$$

und

$$\tilde{\boldsymbol{y}} := \begin{pmatrix} y_1 \\ \vdots \\ y_m \end{pmatrix} \tag{105}$$

sei der Koordinatenvektor von y bezüglich der Basis $(c_1, \ldots, c_m)$ von W. Es sei $A = (a_{ij})$ die Koordinatenmatrix von f in bezug auf die Basen B und C. Aufgrund des kommutativen Diagramms (82) gilt dann nach Bem. 2 die Matrixgleichung

$$\tilde{\boldsymbol{y}} = A\tilde{\boldsymbol{x}} \tag{106}$$

oder ausgeschrieben:

$$\begin{pmatrix} y_1 \\ \vdots \\ y_m \end{pmatrix} = \begin{pmatrix} a_{11} & \cdots & a_{1n} \\ \vdots & & \vdots \\ a_{m1} & \cdots & a_{mn} \end{pmatrix} \begin{pmatrix} x_1 \\ \vdots \\ \vdots \\ x_n \end{pmatrix} \tag{107}$$

Für die Koordinaten gelten also die Gleichungen

$$y_i = \sum_{j=1}^{n} a_{ij} x_j \quad i = 1, 2, \ldots, m \tag{108}$$

(6) Aufgrund von F7 können wir feststellen, daß die Gesamtheit

$$K^{n,n} = \mathrm{Hom}_K(K^n, K^n) = \mathrm{End}_K(K^n) \tag{109}$$

aller $n \times n$-Matrizen über einem Körper K eine K-*Algebra* ist. Diese Algebra bezeichnet man auch mit

$$M(n, K) \tag{110}$$

oder auch mit $M_n(K)$. Sie heißt die *Algebra der $n \times n$-Matrizen über K*. Man nennt sie auch den (*vollen*) *Matrixring vom Grad n über K*. Das

Einselement von $M(n, K)$ ist die $n \times n$-Einheitsmatrix E_n. Die Elemente aus $K^{n,n}$ werden auch *quadratische Matrizen* (des Grades n) genannt. Als K-Vektorraum besitzt $K^{n,n}$ die Dimension n^2.

In $M_2(K)$ gilt z.B.

$$\begin{pmatrix} 1 & 0 \\ -1 & 0 \end{pmatrix}\begin{pmatrix} 1 & 1 \\ 1 & 1 \end{pmatrix} = \begin{pmatrix} 1 & 1 \\ -1 & -1 \end{pmatrix}, \quad \begin{pmatrix} 1 & 1 \\ 1 & 1 \end{pmatrix}\begin{pmatrix} 1 & 0 \\ -1 & 0 \end{pmatrix} = \begin{pmatrix} 0 & 0 \\ 0 & 0 \end{pmatrix}$$

Folglich ist der Ring $M_2(K)$ weder kommutativ noch nullteilerfrei.

Selbstverständlich wird $M_1(K)$ mit K identifiziert. $\square$

Wir kehren nun zur Matrixbeschreibung linearer Abbildungen von beliebigen endlich-dimensionalen Vektorräumen zurück. Hinsichtlich der Hintereinanderausführung von Abbildungen gilt dann

F11: *Dem Produkt (d.h. der Hintereinanderausführung) linearer Abbildungen entspricht das Produkt der zugehörigen Koordinatenmatrizen.* Genauer: *Es seien V, V', V'' Vektorräume über K der Dimensionen*

$$n = \dim V, \quad m = \dim V', \quad l = \dim V'', \tag{111}$$

und B bzw. C bzw. D seien Basen von V bzw. V' bzw. V''. Sind dann $f: V \to V'$ und $g: V' \to V''$ lineare Abbildungen, zu denen in bezug auf die gewählten Basen die Koordinatenmatrizen A bzw. B gehören, so ist das Matrixprodukt BA die Koordinatenmatrix von $gf = g \circ f$ bezüglich der Basen B und D von V und V''.

Bemerkungen: (1) Den Zusammenhang zwischen der Hintereinanderausführung linearer Abbildungen (endlich-dimensionaler Vektorräume) und dem Produkt von Matrizen verdeutlicht man sich am besten durch das folgende kommutative Diagramm von linearen Abbildungen:

$$\begin{array}{ccccc}
V & \xrightarrow{\;\;f\;\;} & V' & \xrightarrow{\;\;g\;\;} & V'' \\
\Big\uparrow{\scriptstyle i}\;\simeq & & \Big\uparrow{\scriptstyle i'}\;\simeq & & \Big\uparrow{\scriptstyle i''}\;\simeq \\
K^n & \xrightarrow[\;\;A\;\;]{} & K^m & \xrightarrow[\;\;B\;\;]{} & K^l
\end{array} \tag{112}$$

(Dabei sollen die senkrechten Pfeile die jeweiligen Basisisomorphismen $i = i_B$, $i' = i_C$, $i'' = i_D$ bezeichnen, und durch $\simeq$ haben wir andeuten wollen, daß es sich dabei jedesmal um Isomorphismen handelt.) Um ganz deutlich zu sein: F11 besagt, daß das Diagramm

$$
\begin{array}{ccc}
V & \xrightarrow{\ gf\ } & V'' \\[2pt]
i\ \big\uparrow\ \simeq & & i''\ \big\uparrow\ \simeq \\[2pt]
K^n & \xrightarrow[\ BA\ ]{} & K^l
\end{array}
\qquad\qquad (113)
$$

kommutativ ist, also $(gf)\circ i = i'' \circ (BA)$ gilt. Dies ergibt sich aber mit Blick auf (112) sofort aus der (vorausgesetzten) Kommutativität des linken und rechten Teilrechtecks von (112). Wir wollen uns davon auch durch die nachstehende formale Rechnung überzeugen:

$$
(gf)\circ i = (g\circ f)\circ i = g\circ(f\circ i) = g\circ(i'\circ A) = (g\circ i')\circ A
$$

$$
= (i''\circ B)\circ A = i''\circ(B\circ A) = i''\circ(BA).
$$

(2) Mittels der Koordinatenabbildungen zu den gewählten Basen B, C und D und unter Verwendung der Bezeichnung (71) können wir den Inhalt von F11 auch folgendermaßen formulieren:

$$
c_D^B(gf) = c_D^C(g)\cdot c_C^B(f) \qquad\qquad (114)
$$

Eselsbrücke:

$$
\frac{B}{D} = \frac{C}{D}\cdot\frac{B}{C} \qquad\qquad (115)
$$

(3) Wie Multiplikation von linearen Abbildungen und ihnen zugeordneter Matrizen zusammenhängt, können wir auch durch die Kommutativität des folgenden Diagramms ausdrücken:

$$
\begin{array}{ccc}
\mathrm{Hom}_K(V',V'') \times \mathrm{Hom}_K(V,V') & \xrightarrow[\text{linearen Abbildungen}]{\text{Multiplikation von}} & \mathrm{Hom}_K(V,V'') \\[4pt]
c'\ \big\downarrow\ \simeq \qquad c\ \big\downarrow\ \simeq & & c''\ \big\downarrow\ \simeq \\[4pt]
K^{l,m} \times K^{m,n} & \xrightarrow[\text{von Matrizen}]{\text{Multiplikation}} & K^{l,n}
\end{array}
$$

$$
(116)
$$

Hier bezeichne $c' = c_D^C$, $c = c_C^B$ und $c'' = c_D^B$ jeweils die Abbildung, welche einer linearen Abbildung ihre Koordinatenmatrix bezüglich der gewählten Basen zuordnet. (Man beachte, daß sich c und c' auf dieselbe Basis von V' beziehen.) Die *Kommutativität* von (116) besagt nichts anderes als die Gültigkeit der Regel (114).

(4) Im Hinblick auf (82) übertragen sich nun alle Rechenregeln für lineare Abbildungen auf das Rechnen mit Matrizen. Für Matrizen gelten also insbesondere – vgl. (57), (58), (60) und (59) in §3 – die folgenden Rechenregeln:

$$A(B_1 + B_2) = AB_1 + AB_2 \tag{117}$$

$$(A_1 + A_2)B = A_1 B + A_2 B \tag{118}$$

$$a(AB) = (aA)B = A(aB), \quad a \in K \tag{119}$$

$$A(BC) = (AB)C \tag{120}$$

Vorausgesetzt ist dabei, daß alle vorkommenden Matrizenprodukte definiert sind, d.h. daß nur Matrizen passenden Formats miteinander multipliziert werden.

Natürlich kann man die obigen Regeln der Matrizenrechnung (unter Bezugnahme auf die explizite Gestalt der Addition, skalaren Multiplikation und Multiplikation von Matrizen, vgl. (76), (77) und (93)) auch einfach direkt verifizieren. Die Gesetze (117), (118) und (119) sind dann sofort ersichtlich; auch der Nachweis von (120) ist leicht zu führen, doch etwas umständlich und – wie gesagt – überflüssig.

Die Rolle der identischen Abbildung id_V eines n-dimensionalen K-Vektorraumes V spielt bei den Matrizen die $n \times n$-Einheitsmatrix

$$E_n = \begin{pmatrix} 1 & & & O \\ & 1 & & \\ & & \ddots & \\ O & & & 1 \end{pmatrix}, \quad E_n = \mathrm{id}_{K^n} \tag{121}$$

deren Spalten der Reihe nach die Elemente $e_1, \ldots, e_n$ der kanonischen Basis von K^n sind. Für jedes $A \in K^{m,n}$ gilt

$$E_m A = A E_n = A. \tag{122}$$

Hierbei läßt man den Index m bzw. n zuweilen auch fort, vgl. (62). $\square$

In diesem Zusammenhang wenden wir uns jetzt noch einmal besonders den linearen Selbstabbildungen eines n-dimensionalen K-Vektorraumes V, also den Endomorphismen

$$f : V \to V$$

von V und deren Matrixbeschreibung zu. Wir übernehmen die Bezeichnungen von Satz 3. Dabei ist jetzt $W = V$, und wir werden dann im allgemeinen stets $C = B$ voraussetzen, uns also im Definitionsbereich und Wertebereich von f auf ein und dieselbe Basis $B = (b_1, \ldots, b_n)$ von V beziehen. Die *Koordinatenmatrix $A = (a_{rs})$ des Endomorphismus f in bezug auf die Basis B* ist dann durch

$$fb_i = \sum_{j=1}^{n} a_{ji} b_j \quad i = 1, 2, \ldots, n \tag{123}$$

definiert, vgl. (68). Als lineare Abbildung aufgefaßt ist A derjenige

Endomorphismus A von K^n, für welchen das folgende Diagramm kommutativ ist:

$$
\begin{array}{ccc}
V & \xrightarrow{\ f\ } & V \\
{\scriptstyle c_B}\downarrow{\scriptstyle\simeq} & & {\scriptstyle\simeq}\downarrow{\scriptstyle c_B} \\
K^n & \xrightarrow[\ A\ ]{} & K^n
\end{array}
\tag{124}
$$

Hierbei bezeichne c_B die Koordinatenabbildung bzgl. der Basis B. In der Bezeichnung von (71) gilt

$$A = c_B^B(f). \tag{125}$$

Für die Koordinatenmatrix A des Endomorphismus $f: V \to V$ bezüglich der Basis B von V wollen wir auch die Bezeichnung

$$A = c_B(f) \tag{126}$$

verwenden. Sind f und g Endomorphismen von V, zu denen bezüglich B die Koordinatenmatrizen A bzw. B gehören, so besitzt $fg = f \circ g$ bezüglich derselben Basis B die Koordinatenmatrix AB, d.h. es gilt mit der in (126) eingeführten Bezeichnung

$$c_B(fg) = c_B(f)\, c_B(g). \tag{127}$$

Dies folgt sofort aus F11, vgl. auch (114). Außerdem gilt

$$c_B(\mathrm{id}_V) = E_n. \tag{128}$$

Um die *Matrixbeschreibung von Endomorphismen* geeignet zusammenfassen zu können, vereinbaren wir zunächst:

Definition 9: Es seien R und S Algebren (mit Eins) über K. Eine Abbildung $\varphi: R \to S$ heißt ein *Homomorphismus von K-Algebren*, wenn sie die folgenden Eigenschaften besitzt:

  (i) $\varphi(f + g) = \varphi(f) + \varphi(g)$
  (ii) $\varphi(fg) = \varphi(f)\,\varphi(g)$
  (iii) $\varphi(1) = 1$
  (iv) $\varphi(af) = a\varphi(f)$

(Hierbei seien f, g beliebige Elemente aus R und a ein beliebiges Element aus K.) Ein Homomorphismus φ von K-Algebren heißt ein *Isomorphismus von K-Algebren*, wenn φ bijektiv ist.*

---

*Dann ist die Umkehrabbildung $\varphi^{-1}: S \to R$ natürlich ebenfalls ein Isomorphismus von K-Algebren.

Aufgrund von Satz 3 sowie den Beziehungen (127) und (128) können wir nun feststellen:

F12: *Es sei V ein n-dimensionaler K-Vektorraum, und $B = (b_1, \ldots, b_n)$ sei eine Basis von V. Dann ist die Abbildung*

$$c = c_B \colon \mathrm{End}_K(V) \to M_n(K) = \mathrm{End}_K(K^n), \tag{129}$$

die jedem Endomorphismus f von V seine Koordinatenmatrix bezüglich B zuordnet, ein Isomorphismus von K-Algebren. Insbesondere gilt also

$$\mathrm{End}_K(V) \simeq M_n(K) \quad \text{(Isomorphie von } K\text{-Algebren)}. \tag{130}$$

Ein Beispiel: Es sei V ein zweidimensionaler Vektorraum über dem Körper $\mathbb{R}$ der reellen Zahlen; $B = (b_1, b_2)$ sei eine Basis von V. Dann gibt es (nach F2) genau einen Endomorphismus f von V mit

$$f(b_1) = b_1 + b_2 \quad \text{und} \quad f(b_2) = b_2 - b_1.$$

Die Koordinatenmatrix A von f bezüglich der Basis b_1, b_2 von V hat dann die Gestalt

$$A = \begin{pmatrix} 1 & -1 \\ 1 & 1 \end{pmatrix} \tag{131}$$

Als Endomorphismus von $\mathbb{R}^2$ wird A durch

$$x = \begin{pmatrix} x_1 \\ x_2 \end{pmatrix} \mapsto Ax = \begin{pmatrix} 1 & -1 \\ 1 & 1 \end{pmatrix} \begin{pmatrix} x_1 \\ x_2 \end{pmatrix} = \begin{pmatrix} x_1 - x_2 \\ x_1 + x_2 \end{pmatrix}$$

gegeben. Es ist

$$A^2 = AA = \begin{pmatrix} 1 & -1 \\ 1 & 1 \end{pmatrix} \begin{pmatrix} 1 & -1 \\ 1 & 1 \end{pmatrix} = \begin{pmatrix} 0 & -2 \\ 2 & 0 \end{pmatrix},$$

also haben wir

$$A^2 = 2 \begin{pmatrix} 0 & -1 \\ 1 & 0 \end{pmatrix}.$$

Nun gilt aber

$$\begin{pmatrix} 0 & -1 \\ 1 & 0 \end{pmatrix}^2 = \begin{pmatrix} -1 & 0 \\ 0 & -1 \end{pmatrix} = -E. \tag{132}$$

Folglich haben wir

$$A^8 = (A^2)^4 = 16E.$$

Wegen F12 ist dann auch f^8 die durch die Zahl 16 vermittelte *Homothetie* von V (vgl. Bem. 2 zu Def. 1), also

$$f^8 = 16\,\mathrm{id}_V = h_{16}.$$

Setzt man daher $B := (1/\sqrt{2})A$ und entsprechend $g := (1/\sqrt{2})f$, so gilt

$$B^8 = E \text{ bzw. } g^8 = \mathrm{id}_V.$$

Außerdem ist zum Beispiel

$$B^2 = \begin{pmatrix} 0 & -1 \\ 1 & 0 \end{pmatrix}, \quad B^4 = -E, \quad B^6 = -B^2,$$

und es gilt also

$$B^2 \begin{pmatrix} x_1 \\ x_2 \end{pmatrix} = \begin{pmatrix} -x_2 \\ x_1 \end{pmatrix}, \quad B^4 \begin{pmatrix} x_1 \\ x_2 \end{pmatrix} = -\begin{pmatrix} x_1 \\ x_2 \end{pmatrix} = \begin{pmatrix} -x_1 \\ -x_2 \end{pmatrix}.$$

Übrigens: Geometrisch gesehen bewirkt B im $\mathbb{R}^2$ die Drehung um $45°$ (entgegen dem Uhrzeigersinn und mit dem Nullpunkt als Mittelpunkt); B^2 ist die entsprechende Drehung um $90°$, B^4 die um $180°$.

Zur Übung rechnen wir mit unseren speziellen 2×2-Matrizen noch etwas weiter:

$$(B^3 + B^5)^2 = B^6 + 2B^8 + B^{10} = -B^2 + 2E + B^2.$$

Mit $C := B^3 + B^5$ gilt also $C^2 = 2E$; in der Tat verifiziert man durch direkte Rechnung, daß $C = -\sqrt{2}E$ gilt.

Bemerkung: Es sei V ein K-Vektorraum. Die Abbildung

$$a \mapsto a \,\mathrm{id}_V, \tag{133}$$

welche jedem $a \in K$ die durch a vermittelte Homothetie von V zuordnet, ist ein K-Algebrenhomomorphismus

$$K \to \mathrm{End}_K(V). \tag{134}$$

Da dieser offenbar injektiv ist, können wir K auch als Teilalgebra von $\mathrm{End}_K(V)$ auffassen. Für $V = K^n$ ist (133) die Abbildung

$$a \mapsto aE_n = \begin{pmatrix} a & & & 0 \\ & a & & \\ & & \ddots & \\ 0 & & & a \end{pmatrix} \tag{135}$$

Am Schluß dieses Paragraphen wollen wir noch eine in diesen Zusammenhang passende *Einführung der komplexen Zahlen* geben. Wir betrachten zunächst den Ring $M_2(K)$ aller 2×2-Matrizen über einem beliebigen Körper K und gehen von der oben schon gemachten Beobachtung aus, daß die Matrix

$$I := \begin{pmatrix} 0 & -1 \\ 1 & 0 \end{pmatrix}$$

aus $M_2(K)$ die Gleichung

$$I^2 = -E$$

erfüllt, vgl. (132). Es sei dann $K(I)$ die Menge aller Matrizen

$$aE + bI \quad \text{mit } a, b \in K;$$

das sind also genau die Matrizen der Gestalt

$$\begin{pmatrix} a & -b \\ b & a \end{pmatrix} \quad \text{mit } a, b \in K. \tag{136}$$

Man sieht sofort, daß diese Menge unter Addition und skalarer Multiplikation abgeschlossen ist, also einen Teilvektorraum von $M_2(K)$ bildet. Wegen $(aE + bI)(cE + dI) = acE + (bc + ad)I + bdI^2 = (ac - bd)E + (bc + ad)I$ ist sie auch unter Matrixmultiplikation abgeschlossen. Somit ist $K(I)$ eine K-Teil-algebra von $M_2(K)$. Sie ist offenbar *kommutativ*. Wir untersuchen nun, ob $K(I)$ darüber hinaus sogar ein Körper ist. Nun gilt für beliebige a, b aus K

$$\begin{pmatrix} a & -b \\ b & a \end{pmatrix}\begin{pmatrix} a & b \\ -b & a \end{pmatrix} = \begin{pmatrix} a^2 + b^2 & 0 \\ 0 & a^2 + b^2 \end{pmatrix} = (a^2 + b^2)E. \tag{137}$$

Wir sehen also: Gilt

$$a^2 + b^2 = 0 \text{ nur für } a = b = 0 \text{ in } K,$$

so ist $K(I)$ ein *Körper*; das Inverse eines Elementes $aE + bI \neq 0$ wird dann einfach durch

$$(aE + bI)^{-1} = (a^2 + b^2)^{-1}(aE - bI)$$

gegeben. Insbesondere ist also im Falle $K = \mathbb{R}$ die Algebra $\mathbb{R}(I)$ ein Körper. Wir nennen $\mathbb{R}(I)$ den **Körper der komplexen Zahlen** und bezeichnen diesen auch mit

$$\mathbb{C}. \tag{138}$$

Vermöge (135) können wir $\mathbb{R}$ als Teilkörper von $\mathbb{C}$ auffassen. Wenn wir dann noch das Einselement von $\mathbb{C}$ wie gewöhnlich mit 1 und das Element I von $\mathbb{C}$ wie üblich mit i bezeichnen, so ist jedes Element z von $\mathbb{C}$ eindeutig in der Gestalt

$$z = a + bi \quad \text{mit } a, b \in \mathbb{R} \tag{139}$$

darstellbar.

§5 Isomorphismen von Vektorräumen und Basiswechsel

Die folgende Feststellung versteht sich zwar fast von selbst, ihre Formulierung an dieser Stelle ist aber vielleicht doch nicht ganz überflüssig:

F13: *Es seien V und W beliebige K-Vektorräume. Eine lineare Abbildung $f\colon V \to W$ ist genau dann ein Isomorphismus, wenn gilt: Es gibt eine lineare Abbildung $g\colon W \to V$ mit*

$$g \circ f = \mathrm{id}_V \quad und \quad f \circ g = \mathrm{id}_W. \tag{140}$$

Beweis: Ist $f\colon V \to W$ ein Isomorphismus, so ist f definitionsgemäß bijektiv.

Also existiert die Umkehrabbildung $f^{-1}: W \to V$, und diese ist linear (vgl. §1, Bem. 1 zu Def. 2). Also ist (140) mit der linearen Abbildung $g := f^{-1}$ erfüllt. Ist umgekehrt $g: W \to V$ eine lineare Abbildung, für welche (140) gilt, so ist f offenbar bijektiv (und $g = f^{-1}$ notwendig die Umkehrabbildung von f).   □

Im Falle endlich-dimensionaler Vektorräume gilt:

F14: *Es seien V ein n-dimensionaler und W ein m-dimensionaler Vektorraum über dem Körper K. Für eine lineare Abbildung $f: V \to W$ sind dann die folgenden Eigenschaften äquivalent:*

(i) *f ist ein Isomorphismus.*
(ii) *Es ist $m = n$, und es gilt* $\mathrm{Rang}(f) = n$.
(iii) *Ist A die Koordinatenmatrix von f bzgl. Basen B und C von V bzw. W, so ist die lineare Abbildung $A: K^n \to K^m$ ein Isomorphismus.*[*]

Beweis: (i) $\Rightarrow$ (ii): Ist f ein Isomorphismus, so ist $W = \mathrm{Bild}\, f$, und W ist n-dimensional.

(ii) $\Rightarrow$ (i): Gilt (ii), so ist f offenbar surjektiv. Wegen $m = n$ ist f dann (nach §2, F4) sogar ein Isomorphismus.

(i) $\Rightarrow$ (iii): Es sei A' die Koordinatenmatrix von f^{-1} in bezug auf die Basen B und C von V bzw. W. Aus $f^{-1} \circ f = \mathrm{id}_V$ und $f \circ f^{-1} = \mathrm{id}_W$ folgen dann (nach F11) die Gleichungen $A'A = E_n$ und $AA' = E_m$. Nach F13 ist daher $A: K^n \to K^m$ ein Isomorphismus.

(iii) $\Rightarrow$ (i): Es sei $A^{-1}: K^m \to K^n$ die Umkehrabbildung von $A: K^n \to K^m$. Ferner sei $g: W \to V$ diejenige lineare Abbildung, welche in bezug auf die Basen C und B von W bzw. V die Matrix A^{-1} als Koordinatenmatrix besitzt.

Wegen $A^{-1}A = E_n = \mathrm{id}_{K^n}$ und $AA^{-1} = E_m = \mathrm{id}_{K^m}$ gelten dann (nach F11 in Verbindung mit Satz 3) die entsprechenden Beziehungen $g \circ f = \mathrm{id}_V$ und $f \circ g = \mathrm{id}_W$; also ist f nach F13 ein Isomorphismus. (Außerdem ist A^{-1} die Koordinatenmatrix von f^{-1} in bezug auf die Basen C und B von W bzw. V.)

Bemerkung 1: Nach F14 ist die lineare Abbildung $A: K^n \to K^m$ genau dann ein Isomorphismus, wenn $m = n$ ist und die Matrix A den Rang n besitzt. In diesem Fall existiert dann die mit A^{-1} bezeichnete Umkehrabbildung von A. Darüber aber, wie sich die Koeffizienten der Matrix A^{-1} durch die Koeffizienten von A ausdrücken lassen, können wir an dieser Stelle noch nichts aussagen. Hierzu bedarf es nämlich eines neuen methodischen Ansatzes, mit dem wir uns erst in Kap. IV befassen werden. Eine andere Frage ist die nach einem rechnerischen Verfahren, mit dem man die Matrix A^{-1} aus A schrittweise gewinnen kann. Hier

---

[*] Eine Matrix $A \in K^{n,n}$, für welche die lineare Abbildung $A: K^n \to K^n$ ein Isomorphismus ist, nennt man *invertierbar*.

wird der Leser leicht den Zusammenhang mit Kap. I, also mit linearen Gleichungssystemen erkennen; wir werden auch gleich im nächsten Paragraphen auf ein Rechenverfahren zur Bestimmung von A^{-1} eingehen.

Übungsaufgabe 9: Zeige, daß für eine 2×2-Matrix

$$A = \begin{pmatrix} a & b \\ c & d \end{pmatrix} \in M_2(K) \tag{141}$$

über K die lineare Abbildung $A: K^2 \to K^2$ genau dann ein Isomorphismus ist, wenn $ad - bc \neq 0$ gilt. Zeige ferner, daß dann A^{-1} durch

$$A^{-1} = (ad - bc)^{-1} \begin{pmatrix} d & -b \\ -c & a \end{pmatrix} \tag{142}$$

geliefert wird (vgl. Kap. I, §1).

Bemerkung 2: Wie am Schluß des Beweises von F 14 erwähnt, gilt (unter den üblichen Voraussetzungen und Bezeichnungen): Ist $f: V \to W$ ein Isomorphismus, so ist

$$c_B^C(f^{-1}) = c_C^B(f)^{-1}. \quad \square \tag{143}$$

Wiederholt schon haben wir auf die Abhängigkeit der Koordinatenmatrix einer linearen Abbildung von der Basiswahl hingewiesen; wir wollen hier nun die Art dieser Abhängigkeit genauer studieren.*

Definition 10 ('Übergangsmatrix'):
Es sei V ein n-dimensionaler K-Vektorraum. Sind $B = (b_1, \ldots, b_n)$ und $B' = (b'_1, \ldots, b'_n)$ Basen von V, so gilt

$$b'_i = \sum_{j=1}^{n} s_{ji} b_j \quad i = 1, 2, \ldots, n \tag{144}$$

mit eindeutig bestimmten Zahlen s_{ji} aus K. Die Matrix

$$S = (s_{pq})_{p,q}$$

heißt dann die *Übergangsmatrix von B nach B'*.

Bemerkung 1: Nach Definition der Übergangsmatrix S von B nach B' ist das folgende Diagramm kommutativ (vgl. auch §4, Def. 7 sowie (68)):

---

*Im folgenden kommt es dabei weniger auf die (in diesem Zusammenhang öfters sowieso etwas langweiligen) Beweise an, als auf die prinzipielle Kenntnisnahme der hier vorliegenden Verhältnisse.

$$\begin{array}{ccc} V & \xrightarrow{\;\mathrm{id}_V\;} & V \\[4pt] {\scriptstyle i_{B'}}\Big\uparrow & & \Big\uparrow{\scriptstyle i_B} \\[4pt] K^n & \xrightarrow{\;S\;} & K^n \end{array} \qquad\qquad (145)$$

(Hierbei bezeichnen i_B und $i_{B'}$ die zu B bzw. B' gehörigen Basis-isomorphismen.) *Demnach ist die Übergangsmatrix von B nach B' einfach die Koordinatenmatrix der identischen Abbildung id_V in bezug auf die Basen B' und B,* also

$$S = c_B^{B'}(\mathrm{id}_V) \qquad\qquad (146)$$

(mit der in (71) eingeführten Bezeichnung). Nach F 14 ist S also insbesondere '*invertierbar*', d.h. $S\colon K^n \to K^n$ ist ein Isomorphismus. Für die Koordinatenabbildungen $c_B = i_B^{-1}$ und $c_{B'} = i_{B'}^{-1}$ haben wir mit der Kommutativität von (145) die Kommutativität des folgenden Diagramms:

$$\begin{array}{c} V \\ {\scriptstyle c_{B'}}\swarrow \qquad \searrow{\scriptstyle c_B} \\ K^n \xrightarrow{\;\;S\;\;} K^n \end{array} \qquad\qquad (147)$$

Für jeden Vektor

$$v = \sum_{i=1}^{n} x_i\, b_i = \sum_{i=1}^{n} x_i'\, b_i'$$

aus V ist also $c_B(v) = S c_{B'}(v)$, d.h.

$$\begin{pmatrix} x_1 \\ \vdots \\ x_n \end{pmatrix} = S \begin{pmatrix} x_1' \\ \vdots \\ x_n' \end{pmatrix} \qquad\qquad (148)$$

Somit gelten für die Koordinaten von v bezüglich B bzw. B' die Transformationsgleichungen

$$x_i = \sum_{j=1}^{n} s_{ij}\, x_j' \quad i = 1, 2, \ldots, n \qquad\qquad (149)$$

Bemerkung 2: Ist S die Übergangsmatrix von B nach B', so ist S^{-1} die Übergangsmatrix von B' nach B, vgl. hierzu das kommutative Diagramm (145).

---

* Man beachte jeweils die Reihenfolge, in welcher die Basen von V genannt werden.

Bemerkung 3: Die Voraussetzungen und Bezeichnungen von Def. 10 sollen auch weiterhin gelten. Es gibt dann genau eine lineare Abbildung $f: V \to V$ mit $f(b_i) = b_i'$ für $1 \le i \le n$. Im Hinblick auf (144) ist dann die Übergangsmatrix S von B nach B' auch gleich der Koordinatenmatrix des Endomorphismus f von V bezogen auf die Basis B, also

$$S = c_B(f) = c_B^B(f). \tag{150}$$

Der Isomorphismus $g = f^{-1}: V \to V$, bei welchem nun umgekehrt die Basis B' in die Basis B abgebildet wird, besitzt dann als Endomorphismus von V bezüglich der Basis B von V gerade die zu der Übergangsmatrix S von B' nach B 'inverse Matrix' S^{-1} als Koordinatenmatrix, also

$$S^{-1} = c_B(g) = c_B^B(g). \tag{151}$$

Im übrigen ergeben sich aus den Definitionen unmittelbar die folgenden Beziehungen

$$c_{B'}^B(f) = E = c_B^{B'}(g).$$

Außerdem gilt auch

$$c_{B'}^{B'}(f) = S$$

wie man durch Anwendung von f auf (144) sofort erkennt.

Bemerkung 4: Es sei $S = (s_1, \ldots, s_n)$ eine Basis von K^n. Wir bezeichnen mit S diejenige $n \times n$-Matrix über K, welche der Reihe nach die Spalten $s_1, \ldots, s_n$ besitzt. Dann ist S offenbar die Übergangsmatrix der kanonischen Basis $E = (e_1, \ldots, e_n)$ von K^n zur Basis S von K^n. $\square$

Der folgende Satz beantwortet die oben gestellte grundsätzliche Frage nach dem Verhalten von Koordinatenmatrizen bei Basiswechsel:

Satz 5 ('Transformation der Koordinatenmatrix bei Basiswechsel'):
Es seien V ein n-dimensionaler und W ein m-dimensionaler K-Vektorraum. B und B' seien Basen von V, C und C' seien Basen von W. Besitzt dann die lineare Abbildung $f: V \to W$ bezüglich der Basen B und C die Koordinatenmatrix A, so gehört zu f bezüglich der Basen B' und C' die Koordinatenmatrix

$$T^{-1} A S, \tag{152}$$

wobei S die Übergangsmatrix von B nach B' und T die Übergangsmatrix von C nach C' bezeichnet.

Beweis: Zur Abkürzung setzen wir $A' := T^{-1}AS$. Wir haben dann zu zeigen, daß A' die Koordinatenmatrix von f bezüglich der Basen B' und C' ist. Hierzu betrachten wir das folgende Diagramm von linearen Abbildungen:

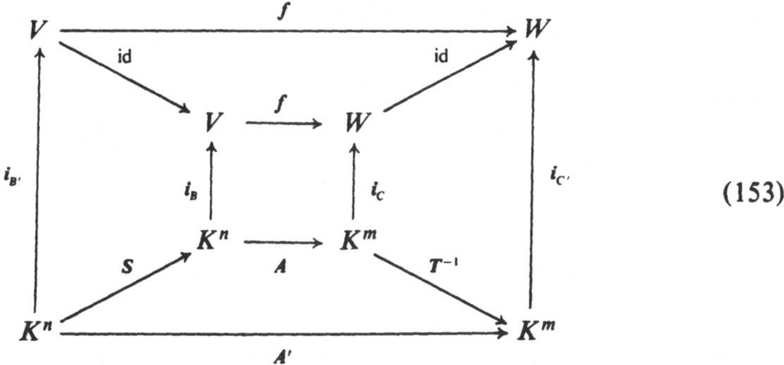

$$(153)$$

Wir behaupten, daß dieses Diagramm kommutativ ist. Nach Definition von A ist zunächst das innere Rechteck kommutativ. Das obere Trapez ist trivialerweise kommutativ. Die lineare Abbildung A' haben wir gerade so festgesetzt, daß auch das untere Trapez kommutativ ist. Das linke und das rechte Trapez schließlich sind kommutativ aufgrund der Definition der jeweiligen Übergangsmatrizen (vgl. (145) in Bem. 1 sowie Bem. 2 zu Def. 10). Aus alledem folgt nun, daß auch das äußere Rechteck kommutativ ist. Dies besagt aber nichts anderes, als daß A' die Koordinatenmatrix von f bezüglich der Basen B' und C' von V bzw. W ist. Damit ist Satz 5 bewiesen.

Bemerkung 1: Notiert man Koordinatenmatrizen in der Schreibweise (71), so läßt sich Satz 5 im Hinblick auf (146) folgendermaßen aussprechen:

$$c_{C'}^{B'}(f) = T^{-1}\, c_C^B(f)\, S \quad \text{mit } S = c_B^{B'}(\mathrm{id}_V), \quad T = c_C^{C'}(\mathrm{id}_W). \qquad (154)$$

Im übrigen hätten wir den Beweis von Satz 5 auch folgendermaßen führen können: Aus $f = \mathrm{id}_W \circ f \circ \mathrm{id}_V$ ergibt sich (durch Anwendung von (114)) sofort

$$c_{C'}^{B'}(f) = c_{C'}^C(\mathrm{id}_W)\cdot c_C^B(f)\cdot c_B^{B'}(\mathrm{id}_V). \qquad (155)$$

Wegen $c_{C'}^C(\mathrm{id}_W) = c_C^{C'}(\mathrm{id}_W)^{-1}$ besagt aber (155) genau dasselbe wie (154).

Bemerkung 2: Es sei $(b_1, \ldots, b_n)$ eine Basis von K^n, und $(c_1, \ldots, c_n)$ sei ein beliebiges System von Vektoren des K^m. Es gibt dann genau eine lineare Abbildung $A: K^n \to K^m$ mit

$$Ab_i = c_i \quad i = 1, 2, \ldots, n. \qquad (156)$$

Wir bezeichnen mit C die $m \times n$-Matrix mit den Spalten $c_1, \ldots, c_n$ und mit B die $n \times n$-Matrix mit den Spalten $b_1, \ldots, b_n$. Aufgrund von (156) gilt dann $c_E^B(A) = C$, wobei E die kanonische Basis von K^m bezeichnet. Mit Bem. 4 zu Def. 10 folgt dann aus Satz 5 bzw. der Formel (154) sofort $A = c_E^E(A) = c_E^B(A)\, B^{-1} = C\,B^{-1}$, also

$$A = C\,B^{-1}. \quad \square \qquad (157)$$

Auf Matrizen als lineare Abbildungen angewandt, führt Satz 5 insbesondere zu der folgenden Feststellung:

F15: *Es sei A eine $m \times n$-Matrix über dem Körper K. Die Koordinatenmatrix der linearen Abbildung $A: K^n \to K^m$ in bezug auf die beliebigen Basen $S = (s_1, \ldots, s_n)$ von K^n und $T = (t_1, \ldots, t_m)$ von K^m hat die Gestalt*

$$T^{-1}AS, \tag{158}$$

wobei S die $n \times n$-Matrix mit den Spalten $s_1, \ldots, s_n$ und T die $m \times m$-Matrix mit den Spalten $t_1, \ldots, t_m$ bedeuten.

Beweis: Bezüglich der kanonischen Basen in K^n bzw. K^m ist A die Koordinatenmatrix der linearen Abbildung $A: K^n \to K^m$.

Die Behauptung von F15 folgt somit unter Berücksichtigung von Bem. 4 zu Def. 10 sofort aus Satz 5.   □

Bemerkung: Es ist naheliegend und natürlich, eine beliebige $m \times n$-Matrix C über K mit dem System $(c_1, \ldots, c_n)$ ihrer Spalten zu identifizieren. Tun wir dies, so können wir F15 auf kurze und suggestive Weise folgendermaßen formulieren: *Eine lineare Abbildung $A: K^n \to K^m$ besitzt bezüglich der beliebigen Basen $S = (s_1, \ldots, s_n)$ und $T = (t_1, \ldots, t_m)$ von K^n bzw. K^m die Koordinatenmatrix $T^{-1}AS$.*   □

Weil von grundlegender Bedeutung, wollen wir jetzt noch einmal gesondert formulieren, was Satz 5 speziell im Fall von Endomorphismen besagt, wobei sich hier die Koordinatenmatrix stets auf ein und dieselbe Basis in Definitions- und Wertebereich beziehen soll.

Satz 5′ ('Koordinatenwechsel bei Endomorphismen'):
Es sei V ein n-dimensionaler K-Vektorraum, $B = (b_1, \ldots, b_n)$ und $B' = (b_1', \ldots, b_n')$ seien Basen von V. Besitzt dann ein Endomorphismus f von V bezüglich der Basis B die Koordinatenmatrix A, so gehört zu f bezüglich der Basis B' die Koordinatenmatrix

$$A' = S^{-1}AS, \tag{159}$$

wobei S die Übergangsmatrix von B nach B' bezeichnet. Für quadratische Matrizen gilt insbesondere:*
Ist A eine $n \times n$-Matrix über K, so hat die Koordinatenmatrix A' des Endomorphismus $A: K^n \to K^n$ bezüglich einer beliebigen Basis $s_1, \ldots, s_n$ von K^n die Gestalt

$$A' = S^{-1}AS, \tag{160}$$

wobei S die $n \times n$-Matrix mit den Spalten $s_1, \ldots, s_n$ ist.

---

* Vgl. Def. 10.

Bemerkungen: (1) In anderer Schreibweise mitgeteilt, gilt somit

$$c_{B'}(f) = S^{-1}\, c_B(f)\, S, \tag{161}$$

wobei $S = (s_{pq})_{p,q}$ durch

$$b_i' = \sum_{j=1}^{n} s_{ji}\, b_j \quad i = 1, 2, \ldots, n$$

gegeben ist. Ist T die Übergangsmatrix von B' nach B, so gilt $T = S^{-1}$, so daß (159) dann auch in der Form

$$A' = TAT^{-1} \tag{162}$$

geschrieben werden kann.

(2) Ist A' die Koordinatenmatrix des Endomorphismus $A \colon K^n \to K^n$ bezüglich einer Basis $S = (s_1, \ldots, s_n)$ von K^n, so ist das folgende Diagramm kommutativ:

$$
\begin{array}{ccc}
K^n & \xrightarrow{\;\;A\;\;} & K^n \\
{\scriptstyle S}\big\uparrow & & \big\uparrow{\scriptstyle S} \\
K^n & \xrightarrow{\;\;A'\;\;} & K^n
\end{array}
\tag{163}
$$

Denn wegen $Se_i = s_i$ für $1 \le i \le n$ ist $S = i_S$ der Basisisomorphismus von $V = K^n$ bezüglich der Basis $S = (s_1, \ldots, s_n)$ von V. Mit der Kommutativität von (163) haben wir die Kommutativität von

$$
\begin{array}{ccc}
K^n & \xrightarrow{\;\;A\;\;} & K^n \\
{\scriptstyle S}\big\uparrow & & \big\downarrow{\scriptstyle S^{-1}} \\
K^n & \xrightarrow{\;\;A'\;\;} & K^n
\end{array}
,$$

d.h. es gilt $A' = S^{-1} AS$. Damit haben wir (159) erneut bewiesen und gleichzeitig den durch (159) ausgesprochenen Sachverhalt auf andere, einprägsame Weise ausgedrückt.

Bemerkung 3: Entsprechend der Bemerkung zu F15 können wir sagen: *Ein Endomorphismus A von K^n besitzt bezüglich der Basis S von K^n die Matrix $S^{-1} AS$ als Koeffizientenmatrix.*   □

Durch die obigen in Satz 5 und Satz 5' ausgesprochenen Transformationseigenschaften bei Basiswechsel werden in die Matrizenrechnung neue, ordnende Gesichtspunkte eingeführt. In Hinsicht auf Satz 5 zum Beispiel wird man Matrizen A und A' aus $K^{m,n}$, zu denen es invertierbare Matrizen $S \in K^{n,n}$ und $T \in K^{m,m}$ mit

$$A' = T^{-1}AS \tag{164}$$

gibt, als in gewisser Hinsicht 'gleichberechtigt' ansehen. Denn wir können dann A und A' nach Satz 5 bzw. F15 als zu ein und derselben linearen Abbildung $f\colon V \to W$ gehörige Koordinatenmatrizen (bezüglich verschiedener Basen von V und W) betrachten. Entsprechend gilt für quadratische Matrizen A und A' aus $K^{n,n}$: Geht A' aus A durch

$$A' = S^{-1}AS \tag{165}$$

mit einer invertierbaren Matrix $S \in K^{n,n}$ hervor, so gibt es (nach Satz 5') einen Endomorphismus $f\colon V \to V$, zu dem A und A' als Koordinatenmatrizen (bezüglich verschiedener Basen von V) gehören. Wir vereinbaren daher:

Definition 11 (Äquivalenz und Ähnlichkeit von Matrizen):
　(a) Seien $A, A' \in K^{m,n}$. Man sagt, A ist <u>*äquivalent*</u> zu A' in $K^{m,n}$, und schreibt

$$A \sim A', \tag{166}$$

wenn es invertierbare Matrizen $S \in K^{n,n}$ und $T \in K^{m,m}$ gibt, so daß (164) gilt.
　(b) Seien A, A' quadratische Matrizen aus $K^{n,n}$. Man sagt, A ist <u>*ähnlich*</u> zu A' in $K^{n,n}$, und schreibt

$$A \approx A', \tag{167}$$

wenn es eine invertierbare Matrix $S \in K^{n,n}$ gibt, so daß (165) gilt. Statt 'ähnlich' verwenden wir auch den Ausdruck '*konjugiert*'.*　□

　Wir wollen nun nochmals ausdrücklich festhalten:

F16: (a) *Für Matrizen A und A' aus $K^{m,n}$ gilt genau dann*

$$A \sim A' \quad (A \text{ äquivalent zu } A' \text{ in } K^{m,n}),$$

wenn es eine lineare Abbildung $f\colon V \to W$ eines n-dimensionalen K-Vektorraumes V in einen m-dimensionalen K-Vektorraum W gibt, so daß sowohl A wie auch A' als Koordinatenmatrix von f bezüglich jeweils geeigneter Basen von V und W auftreten.
　(b) *Für quadratische Matrizen A und A' aus $K^{n,n}$ gilt genau dann*

$$A \approx A' \quad (A \text{ ähnlich zu } A' \text{ in } K^{n,n}),$$

---

* Dem Ausdruck '*konjugiert*' anstelle von '*ähnlich*' würden wir überhaupt den Vorzug geben, wenn der Begriff '*ähnlich*' in der mathematischen Literatur nicht von altersher so verbreitet wäre.

wenn es einen Endomorphismus f eines n-dimensionalen K-Vektorraumes V gibt, so daß sowohl A wie auch A' als Koordinatenmatrix von f bezüglich einer jeweils geeigneten Basis von V auftreten.

Beweis: Gehören A und A' als Koordinatenmatrizen zu einer linearen Abbildung f, so gilt $A \sim A'$ nach Satz 5. Sei umgekehrt $A \sim A'$ vorausgesetzt, gelte also

$$A' = T^{-1}AS \tag{168}$$

mit invertierbaren Matrizen $S \in K^{n,n}$ und $T \in K^{m,m}$. Sei $(s_1, \ldots, s_n)$ das System der Spalten von S und entsprechend $(t_1, \ldots, t_m)$ das System der Spalten von T. Nach F15 besitzt dann die lineare Abbildung $A: K^n \to K^m$ bezüglich der Basen $s_1, \ldots, s_n$ bzw. $t_1, \ldots, t_m$ von K^n bzw. K^m die Koordinatenmatrix A'; dieselbe lineare Abbildung besitzt bezüglich der kanonischen Basen in K^n bzw. K^m die Koordinatenmatrix A. Damit ist (a) bewiesen. Der Beweis von (b) verläuft unter Heranziehung von Satz 5' ganz analog.

Bemerkung: Die in Definition 11 eingeführte Relation $\sim$ ist eine *Äquivalenzrelation* auf der Menge $K^{m,n}$ aller $m \times n$-Matrizen über K, d.h. es gelten für beliebige A, A', A'' aus $K^{m,n}$ die Aussagen

  (i) $A \sim A$ (*'Reflexivität'*)
  (ii) $A \sim A' \Rightarrow A' \sim A$ (*'Symmetrie'*)
  (iii) $A \sim A'$ und $A' \sim A'' \Rightarrow A \sim A''$ (*'Transitivität'*)

Entsprechend ist auch die Ähnlichkeitsbeziehung $\approx$ eine Äquivalenzrelation (auf der Menge $K^{n,n}$ aller quadratischen $n \times n$-Matrizen über K).

Übungsaufgabe 10: (a) Man zeige, daß für $A, B \in K^{m,n}$ genau dann $A \sim B$ gilt, wenn es invertierbare Matrizen $P \in K^{m,m}$ und $Q \in K^{n,n}$ gibt mit $B = PAQ$.

  (b) Unter direkter Bezugnahme auf Def. 11 zeige man, daß $\sim$ bzw. $\approx$ eine Äquivalenzrelation auf der Menge $K^{m,n}$ bzw. $K^{n,n}$ ist.

Kann man leicht entscheiden, wann zwei Matrizen A und B zueinander äquivalent sind? Hierauf gibt bereits die nächste Feststellung einen voll befriedigenden Aufschluß.

F17: *Es sei K ein Körper. Dann gilt:*
  (a) Jede Matrix $A \in K^{m,n}$ ist zu genau einer Matrix der Gestalt

$$\left(\begin{array}{ccccc|c}
\multicolumn{5}{c|}{\longleftarrow \quad r \quad \longrightarrow} & \\
1 & & & O & & \\
 & 1 & & & & \text{\Large 0} \\
 & & \ddots & & & \\
 & O & & & 1 & \\ \hline
\multicolumn{5}{c|}{\text{\Large 0}} & \text{\Large 0}
\end{array} \right) \in K^{m,n} \tag{169}$$

äquivalent. Hierbei ist r eine ganze Zahl mit $0 \le r \le m, n$. Es gilt dann Rang $A = r$.

(b) Die Matrizen A und B aus $K^{m,n}$ sind genau dann äquivalent, wenn Rang $A =$ Rang B *gilt.**

Beweis: (i) Wir betrachten die lineare Abbildung $A\colon K^n \to K^m$; es sei $r := \dim$ Bild A. Nach Bemerkung 2 zu Satz 2 (*Dimensionsformel für lineare Abbildungen*) gibt es eine Basis $(b_1, \ldots, b_r, b_{r+1}, \ldots, b_n)$ von $V = K^n$ sowie eine Basis $(c_1, \ldots, c_r, c_{r+1}, \ldots, c_m)$ von $W = K^m$, so daß gilt

$$A(b_i) = c_i \text{ für } 0 \le i \le r \quad \text{und} \quad A(b_i) = 0 \text{ für } r+1 \le i \le n.$$

Danach hat die zu A bezüglich der obengenannten Basen gehörige Koordinatenmatrix gerade die Gestalt (169). Nach F16(a) gilt also

$$A \sim \begin{pmatrix} E_r & 0 \\ 0 & 0 \end{pmatrix} \tag{170}$$

mit der $r \times r$-Einheitsmatrix E_r über K. Also ist A zu einer Matrix der Gestalt (169) mit $r =$ Rang A äquivalent.

(ii) Aus $A \sim B$ folgt im Hinblick auf F16(a) sofort Rang $A =$ Rang B, denn der Rang einer linearen Abbildung stimmt mit dem Rang jeder ihrer Koordinatenmatrizen überein (vgl. Bem. 4 zu Def. 7). Sei umgekehrt Rang $A =$ Rang $B =: r$. Dann ist nach Teil (i) des Beweises sowohl A als auch B zu der Matrix (169) äquivalent. Also gilt auch $A \sim B$, denn die Relation $\sim$ ist ja (nach der Bem. zu F16) transitiv. Damit ist Aussage (b) von F17 gezeigt. Da die in (169) genannte Matrix den Rang r besitzt, ist jetzt auch die Aussage (a) von F17 in allen Teilen bewiesen. $\square$

Ist K ein Körper, so werden durch F17 alle $m \times n$-Matrizen über K bis auf Äquivalenz genau klassifiziert: *Zwei Matrizen aus $K^{m,n}$ sind genau dann äquivalent, wenn sie den gleichen Rang besitzen.* Mehr noch, in jeder Klasse (aller zu einer gegebenen Matrix) äquivalenter Matrizen gibt es genau eine Matrix der Gestalt (169). Jede Äquivalenzklasse kann also durch Angabe eines (vor allen anderen Elementen dieser Klasse) ausgezeichneten 'Repräsentanten' genau gekennzeichnet werden; eines Repräsentanten überdies, der eine besonders einfache Gestalt besitzt. Die Matrix (169), welche in diesem Sinne die Klasse aller $m \times n$-Matrizen vom Rang r über K vertritt, nennt man auch die zu dieser Klasse gehörige *Normalform*.

Wir haben der hier behandelten Fragestellung und deren Lösung auch deshalb einen so breiten Raum eingeräumt, weil es sich dabei um ein typisches Beispiel für ein *Klassifikationsproblem* handelt, wie es in der Mathematik allerorten anzutreffen ist. Selbstverständlich liegen dabei

---

* Ob zwei Matrizen aus $K^{m,n}$ äquivalent sind oder nicht, läßt sich danach 'effektiv' entscheiden, denn wir haben ein Rechenverfahren zur Rangbestimmung einer Matrix, vgl. Kap. II.

aber keinesfalls immer so einfache Verhältnisse vor wie hier, selbst wenn es für das betreffende Klassifikationsproblem ebenfalls eine so vollständige Lösung wie im vorliegenden Fall geben sollte.

So ist bereits das in unserem Zusammenhange sich gleichfalls stellende Problem der Klassifikation von quadratischen Matrizen hinsichtlich Ähnlichkeit erheblich schwieriger zu lösen. Aber auch hier ist es möglich, die Ähnlichkeitsklassen von Matrizen aus $K^{n,n}$ durch Angabe entsprechender *Normalformen* genau zu kennzeichnen. Dies stellt den Hauptgegenstand eines späteren Kapitels dar. Wir können schon deshalb auf dieses Problem an dieser Stelle noch nicht eingehen, weil es hierzu weiterer Hilfsmittel bedarf, die wir erst bereitstellen müssen.

§6 Die lineare Gruppe GL(V) eines Vektorraumes

1. Wir schicken einige vorbereitende allgemeine Betrachtungen voraus: Es sei R ein Ring mit Einselement 1. Wir sagen, ein Element a aus R ist *invertierbar* (in R), falls ein b aus R existiert mit

$$ab = ba = 1. \tag{172}$$

Die Gesamtheit aller invertierbaren Elemente von R bezeichnen wir mit

$$R^{\times}. \tag{173}$$

Die Elemente von $R^{\times}$ heißen auch die *Einheiten* von R.

Beispiele:

(i) Ist K ein Körper, so ist $K^{\times} = K \setminus \{0\}$.

(ii) Es ist $\mathbb{Z}^{\times} = \{1, -1\}$.

(iii) $\mathbb{F}_m^{\times}$ besteht aus allen $a \in \mathbb{F}_m$, welche teilerfremd zu m sind. Beweis als *Übungsaufgabe* 11; vgl. auch den Beweis zu F2 in Kap. II.

(iv) Die Einheiten des Ringes $\mathbb{Z}[i] := \{a + bi \,|\, a, b \in \mathbb{Z}\} \subseteq \mathbb{C}$ der 'ganzen Gauß'schen Zahlen' sind genau die Elemente $1, -1, i, -i$. Beweis als *Übungsaufgabe* 12.

(v) Es sei $R = K[X]$ der Polynomring in einer Variablen X über dem Körper K. Dann ist $K[X]^{\times} = K^{\times}$. (Polynomringe werden erst später genau definiert werden, doch schadet es trotzdem nicht, die in (v) ausgesprochene Tatsache schon einmal zur Kenntnis zu nehmen; man betrachte z.B. den Fall $K = \mathbb{R}$.)

(vi) Für die uns im Rahmen der *Linearen Algebra* hier in erster Linie interessierenden Beispiele siehe die folgende Feststellung:

F18: *Es sei V ein K-Vektorraum und $f: V \to V$ sei ein Endomorphismus von V. Dann sind die beiden folgenden Aussagen äquivalent:*

(i) *f ist ein Isomorphismus.*

(ii) *f ist eine Einheit des Endomorphismenringes $\mathrm{End}_K(V)$ von V.*

Beweis: Nach F13 ist f genau dann ein Isomorphismus, wenn es einen Endomorphismus $g\colon V \to V$ von V mit $g \circ f = \mathrm{id}_V = f \circ g$ gibt, d.h. also, wenn f in $\mathrm{End}_K(V)$ invertierbar ist. $\square$

Wie oben sei R ein Ring mit Einselement 1, es sei a ein Element von R. Gibt es dann ein Element x aus R mit

$$ax = 1^* \qquad\qquad (174)$$

sowie ein Element y aus R mit

$$ya = 1,\dagger \qquad\qquad (175)$$

so ist a invertierbar in R, und es gilt $x = y$ (Beweis als *Übungsaufgabe* 13). Insbesondere gibt es zu einem invertierbaren Element a eines Ringes R nur ein einziges Element b, für welches (172) gilt. Wir bezeichnen dieses mit

$$a^{-1} \qquad\qquad (176)$$

(keine Bezeichnungskollision im Falle von Abbildungen!) und nennen es das *Inverse* zu a.

Ein Element $c \neq 0$ eines Ringes R heißt ein *Linksnullteiler* in R, wenn es ein $d \neq 0$ aus R gibt mit

$$cd = 0. \qquad\qquad (177)$$

Entsprechend sind *Rechtsnullteiler* definiert. Es gilt:

F19: *Ist c rechtsinvertierbar (bzw. linksinvertierbar), so ist c kein Rechtsnullteiler (bzw. kein Linksnullteiler) in R.*

Beweis: Für Elemente c, d aus R gelte (177). Ist c linksinvertierbar in R, so gibt es ein $y \in R$ mit $yc = 1$. Multipliziert man dann (177) von links mit y, so folgt $0 = y(cd) = (yc)d = 1d = d$. Also ist c kein Linksnullteiler in R. Analog sieht man, daß ein rechtsinvertierbares Element kein Rechtsnullteiler sein kann. $\square$

Die Umkehrung von F19 ist i.a. nicht richtig; man betrachte z.B. den Ring $R = \mathbb{Z}$. Im Falle $R = \mathbb{F}_m$ allerdings sind die Nullteiler von $\mathbb{F}_m$ genau die nicht-invertierbaren Elemente von $\mathbb{F}_m$. Ein weiteres Beispiel:

Wir betrachten den Vektorraum $V = K^{\mathbb{N}}$ aller Folgen $x = (x_1, x_2, \ldots)$ von Elementen aus dem Körper K (d.h. aller Abbildungen $\mathbb{N} \to K$, vgl. Beispiel 4 zu Def. 2 in Kap. II). Im Endomorphismenring $R := \mathrm{End}_K(V)$ betrachten wir das Element $A\colon K^{\mathbb{N}} \to K^{\mathbb{N}}$, welches durch

$$A\colon (x_1, x_2, \ldots) \mapsto (x_2, x_3, \ldots)$$

---

* Existiert ein solches x zu a, so heißt a 'rechtsinvertierbar' in R.

† Existiert ein solches y zu a, so heißt a 'linksinvertierbar' in R.

definiert ist. Ferner betrachten wir den Endomorphismus $B: K^{\mathbb{N}} \to K^{\mathbb{N}}$, definiert durch

$$B: (x_1, x_2, \ldots) \mapsto (0, x_1, x_2, \ldots)$$

Dann gilt $AB = A \circ B = \mathrm{id}_V$, d.h. A ist rechtsinvertierbar. A ist aber nicht linksinvertierbar und damit keine Einheit von R. In der Tat gilt mit dem Endomorphismus

$$C: (x_1, x_2, \ldots) \mapsto (x_1, 0, 0, \ldots)$$

in R die Gleichung $AC = 0$; wegen $A \neq 0$, $C \neq 0$ ist A also ein Linksnullteiler in R und kann daher (nach F19) nicht linksinvertierbar sein.* Für *endlichdimensionale* Vektorräume aber gilt:

F20: *Für jeden Endomorphismus $f \neq 0$ eines n-dimensionalen K-Vektorraumes V sind die folgenden Aussagen gleichwertig:*

(*i*) Rang $f < n$
(*ii*) *f ist ein Rechtsnullteiler in* $\mathrm{End}_K(V)$
(*iii*) *f ist ein Linksnullteiler in* $\mathrm{End}_K(V)$

Beweis: (1) Sei $r := \mathrm{Rang}\, f$ und gelte $r < n$. Es sei $b_1, \ldots, b_r$ eine Basis von Bild f. Diese ergänzen wir zu einer Basis $b_1, \ldots, b_r, b_{r+1}, \ldots, b_n$ von V. Nun gibt es (nach §1, F2) sicherlich eine lineare Abbildung $g: V \to V$ mit

$$g(b_1) = \cdots = g(b_r) = 0, \quad \text{aber } g(b_{r+1}) \neq 0.$$

Es ist dann $g \circ f = 0$, aber $g \neq 0$. Also ist f ein Rechtsnullteiler in $\mathrm{End}_K(V)$. Doch f ist auch ein Linksnullteiler: Aus der Dimensionsformel für lineare Abbildungen folgt nämlich, daß Kern $f \neq \{0\}$ ist; es gibt infolgedessen (wieder nach F2) einen Endomorphismus $h \neq 0$ von V mit Bild $h \subseteq$ Kern f. Für diesen gilt dann $f \circ h = 0$.

(2) Sei jetzt (i) nicht erfüllt, gelte also Rang $f = n$. Dann ist Bild $f = V$, d.h. f ist surjektiv. Also ist $f: V \to V$ ein Isomorphismus, denn V ist endlich-dimensional (vgl. §2, F4). Folglich kann f weder ein Rechts- noch ein Linksnullteiler sein (vgl. F18 sowie F19). $\square$

In den Endomorphismenringen endlich-dimensionaler Vektorräume brauchen wir also aufgrund von F20 zwischen Links- und Rechtsnullteilern nicht zu unterscheiden und werden daher im folgenden einfach von *Nullteilern* sprechen (obgleich es sich i.a. um Elemente eines nichtkommutativen Ringes handelt). Wir wollen jetzt noch einmal zusammenfassen:

---

* Daß A kein Isomorphismus ist, sieht man natürlich auch direkt: Offensichtlich ist A nämlich nicht injektiv (wohl aber surjektiv).

F21: *Es sei V ein n-dimensionaler Vektorraum über K.* * *Für ein $f \in \mathrm{End}_K(V)$ sind dann gleichwertig:*

   (i)   *$f\colon V \to V$ ist ein Isomorphismus*
  (ii)   *f ist invertierbar in $\mathrm{End}_K(V)$*
 (iii)   *Es gibt ein $g \in \mathrm{End}_K(V)$ mit $g \circ f = \mathrm{id}_V$*
 (iv)   *Es gibt ein $h \in \mathrm{End}_K(V)$ mit $f \circ h = \mathrm{id}_V$*
  (v)   *Es ist $f \neq 0$, und f ist kein Nullteiler in $\mathrm{End}_K(V)$*
 (vi)   *Rang $f = n$*
 (vii)   *$f\colon V \to V$ ist surjektiv*
(viii)   *$f\colon V \to V$ ist injektiv*

Beweis: Alles hierzu Nötige haben wir oben schon gezeigt, so daß wir die Begründung von F21 eigentlich dem Leser überlassen könnten; da es aber andererseits auch nichts schadet, die entsprechenden Schlüsse nochmals zu wiederholen, führen wir den Beweis dennoch aus, wobei wir uns zum Beispiel an das folgende logische Schema halten:

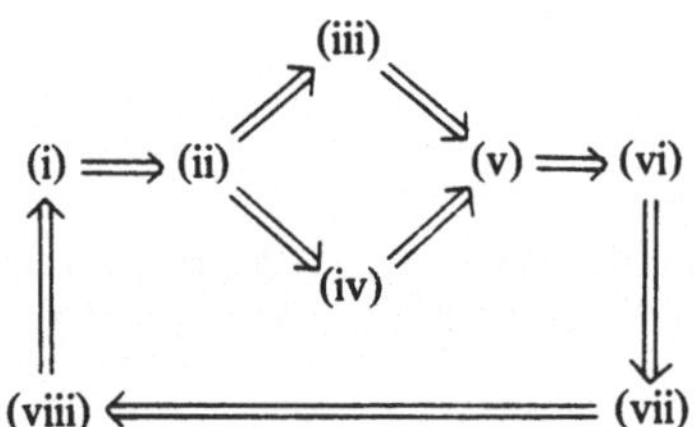

(i) $\Rightarrow$ (ii): F18; (ii) $\Rightarrow$ (iii), (ii) $\Rightarrow$ (iv): trivial, (iii) $\Rightarrow$ (v), (iv) $\Rightarrow$ (v): F19, F20; (v) $\Rightarrow$ (vi): F20; (vi) $\Rightarrow$ (vii): klar; (vii) $\Rightarrow$ (viii) $\Rightarrow$ (i): §2, F4. $\square$

Für *Matrizen* formuliert lautet F21 (in etwas anderer Reihenfolge) folgendermaßen:

F21′: *Für eine $n \times n$-Matrix $A \in M(n, K) = K^{n,n}$ über dem Körper K sind die folgenden Aussagen äquivalent:*

   (i)   *A ist invertierbar in $M(n, K)$*
  (ii)   *A ist kein Nullteiler in $M(n, K)$ und $\neq 0$*
 (iii)   *Rang $A = n$*
 (iv)   *Es gibt ein $B \in M(n, K)$ mit $AB = E$†*
  (v)   *Es gibt ein $C \in M(n, K)$ mit $CA = E$*
 (vi)   *$A\colon K^n \to K^n$ ist ein Isomorphismus*
 (vii)   *$A\colon K^n \to K^n$ ist surjektiv*
(viii)   *$A\colon K^n \to K^n$ ist injektiv*

---

* Es sei $n \geq 1$ vorausgesetzt.

† $E = E_n$ bezeichne die $n \times n$-Einheitsmatrix.

Bemerkung 1: Ist die $n \times n$-Matrix A über K eine Einheit von $M(n, K)$, d.h. invertierbar in $M(n, K)$, so nennt man die Matrix A^{-1} auch die *inverse Matrix zu A* (oder auch kurz: die *Inverse zu A*).* Ist eine Matrix C aus $M(n, K)$ nicht invertierbar, so heißt C auch *singulär*. Eine nicht-singuläre Matrix wird auch *regulär* genannt.

Bemerkung 2: Ist R ein Ring mit Eins, so bildet die Gesamtheit $R^\times$ aller invertierbaren Elemente von R bezüglich der Multiplikation in dem Ring R eine Gruppe. Wir nennen daher $R^\times$ auch die *Gruppe der Einheiten* des Ringes R. Unter einer *Gruppe G* versteht man dabei eine Menge, in welcher eine algebraische Verknüpfung

$$G \times G \to G \tag{178}$$

$$(a, b) \mapsto ab$$

erklärt ist (zumeist *Multiplikation* genannt), so daß folgende Gesetze gelten:

 (i) $a(bc) = (ab)c$ (*Assoziativgesetz*)
 (ii) Es gibt genau ein Element e aus G, für das gilt: $ae = ea = a$ (*Existenz des neutralen Elementes*)
 (iii) Zu jedem a aus G gibt es genau ein Element a^{-1} mit $aa^{-1} = a^{-1}a = e$ (*Existenz inverser Elemente*)

Das in (ii) genannte Element e nennt man das *Einselement* (oder auch: das *neutrale Element*) der Gruppe G; es wird oft auch einfach mit 1 bezeichnet. Das zu jedem a aus G nach (iii) gehörige Element a^{-1} heißt das *a inverse* Element oder kurz: das *Inverse zu a*.

Um zu zeigen, daß die Menge $R^\times$ der Einheiten eines Ringes (mit Einselement 1) wirklich eine Gruppe (bezüglich der von der Ringmultiplikation definierten Verknüpfung) bildet, hat man lediglich zu zeigen, daß mit a und b aus $R^\times$ auch das Produkt ab zu $R^\times$ gehört: Aus $aa^{-1} = a^{-1}a = 1$ und $bb^{-1} = b^{-1}b = 1$ mit den Elementen a^{-1} und b^{-1} aus R folgt nun aber sofort $ab(b^{-1}a^{-1}) = 1 = (b^{-1}a^{-1})ab$, also ist ab in der Tat eine Einheit von R, und außerdem gilt

$$(ab)^{-1} = b^{-1}a^{-1}. \tag{179}$$

Wie der obige Beweis zeigt, ist die Regel (179) in jeder beliebigen Gruppe G gültig.

Eine Gruppe G, in der für alle Elemente a, b aus G stets

$$ab = ba$$

gilt, heißt *kommutativ* oder – was noch gebräuchlicher ist – *abelsch*.†

---

* Vgl. (176) sowie auch die Bem. 1 zu F14.
† Niels Henrik Abel (1802–1829), norwegischer Mathematiker von bahnbrechender Wirkung.

Die Gruppenverknüpfung in einer abelschen Gruppe G wird zumeist als '*Addition*' notiert:

$$G \times G \to G$$

$$(a, b) \mapsto a + b$$

Ist zum Beispiel V ein Vektorraum, so ist V bezüglich seiner Addition eine abelsche Gruppe (vgl. Kap. II, Bem. 1 zu Def. 2). Wir nennen diese Gruppe die *additive Gruppe des Vektorraumes* V. Bei einem *Körper K* haben wir zwischen seiner *additiven Gruppe* $(K, +)$ und seiner *multiplikativen Gruppe* $(K^\times, \cdot)$ zu unterscheiden. Beide sind abelsche Gruppen.

Es sei G eine Menge mit einer multiplikativ notierten Verknüpfung $G \times G \to G$. Diese Verknüpfung sei *assoziativ*, d.h. es gelte $(ab)c = a(bc)$ für alle $a, b, c \in G$; ferner sei $G \neq \emptyset$. Dann ist G genau dann eine Gruppe, wenn gilt: Zu beliebigen Elementen a und b aus G gibt es Elemente x und y aus G mit

$$ax = b \quad \text{und} \quad ya = b.$$

Beweis als *Übungsaufgabe* 14.

Definition 12 ('Die lineare Gruppe'):

Die Gruppe der invertierbaren Elemente im Endomorphismenring $\operatorname{End}_K(V)$ eines K-Vektorraumes V bezeichnen wir auch mit $\operatorname{GL}_K(V)$, also:

$$\operatorname{GL}_K(V) := \operatorname{End}_K(V)^\times. \tag{180}$$

Man nennt diese Gruppe auch die (*volle*) *lineare Gruppe des K-Vektorraumes V*.[*] Entsprechend setzen wir

$$\operatorname{GL}(n, K) := M(n, K)^\times = \operatorname{End}_K(K^n)^\times. \tag{181}$$

Die Gruppe $\operatorname{GL}(n, K)$ heißt die *lineare Gruppe* (*des Grades n*) *über K*.

Ein Element f aus $\operatorname{GL}_K(V)$, also ein Isomorphismus $f: V \to V$ wird auch ein *Automorphismus* von V genannt und $\operatorname{GL}_K(V)$ auch als die *Automorphismengruppe* von V bezeichnet. □

Bemerkung: Ist V ein n-dimensionaler K-Vektorraum, so gilt

$$\operatorname{GL}_K(V) \simeq \operatorname{GL}(n, K) \quad \text{(Isomorphie von Gruppen).} \tag{182}$$

Denn bei einem Isomorphismus $\operatorname{End}_K(V) \to M(n, K)$ von K-Algebren (vgl. §4, F13) entsprechen die Einheiten des einen Ringes natürlich genau den Einheiten des anderen Ringes. □

Es sei V ein (endlich-dimensionaler) Vektorraum über dem Körper K.

---

[*] Englisch: *General Linear Group*.

Zu jedem $a \in K$ betrachte man dann den Endomorphismus $a \, \mathrm{id}_V$ von V, also die durch a vermittelte Homothetie

$$x \mapsto ax$$

von V (vgl. Bem. 2 zu Def. 1). Es sei V nicht der Nullraum; ordnet man nun jedem a aus K die zu a gehörige Homothetie $a \, \mathrm{id}_V$ von V zu, so erhält man einen injektiven K-Algebrenhomomorphismus

$$K \to \mathrm{End}_K(V)^* \tag{183}$$

$$a \mapsto a \, \mathrm{id}_V$$

und mittels Einschränkung auf die von 0 verschiedenen Elemente von K einen injektiven *Gruppenhomomorphismus*

$$K^\times \to \mathrm{GL}_K(V). \tag{184}$$

Im Falle $V = K^n$ ist (183) die Abbildung

$$a \mapsto aE = \begin{pmatrix} a & & & \mathbf{0} \\ & a & & \\ & & \ddots & \\ \mathbf{0} & & & a \end{pmatrix} \in M(n, K),$$

welche jedem $a \in K$ das a-fache der $n \times n$-Einheitsmatrix $E = E_n$ und somit die $n \times n$-Diagonalmatrix mit stets demselben Element a auf der Hauptdiagonalen zuordnet.

Ist G eine Gruppe, so nennt man die Teilmenge

$$\{ f \in G \mid gf = fg \text{ für alle } g \in G \} \tag{185}$$

das *Zentrum* der Gruppe G.† Es gilt

F22: *Das Zentrum der linearen Gruppe* $\mathrm{GL}_K(V)$ *eines endlich-dimensionalen K-Vektorraumes V besteht genau aus den sämtlichen Homothetien $a \, \mathrm{id}_V$, $a \in K^\times$, von V. Entsprechend besteht das Zentrum von $\mathrm{GL}(n, K)$ genau aus den Vielfachen aE, $a \in K^\times$, der Einheitsmatrix $E = E_n$.*

Beweis: Der Leser möge den Beweis von F22 erst selbst versuchen und dann sehen, ob er's so ähnlich angefangen hat wie folgt:

Sei f ein Element im Zentrum von $\mathrm{GL}_K(V)$. Wir nehmen zuerst an, daß ein $v \in V$ mit

$$\mathrm{Rang}(v, fv) = 2 \tag{186}$$

---

* Genau für dim $V = 1$ ist (183) ein Isomorphismus.

† Es handelt sich bei (185) natürlich um eine *Untergruppe* von G (wobei der Begriff Untergruppe einer Gruppe analog wie Unterraum oder Unterkörper bei Körpern etc. definiert wird).

existiert. Wir können dann $v_1 := v$, $v_2 := fv$ zu einer Basis $v_1, v_2, \ldots, v_n$ von V ergänzen. Es gibt nun sicherlich eine lineare Abbildung $g: V \to V$ mit

$$gv_1 = v_1 + v_2 \quad \text{und} \quad g(v_i) = v_i \quad \text{für } 2 \le i \le n.^* \tag{187}$$

Offenbar ist dann $\text{Rang } g = \text{Rang}(g(v_1), \ldots, g(v_n)) = n,^\dagger$ also gehört g zu $\text{GL}_K(V)$. Nach Voraussetzung gilt $gf = fg$, woraus sich durch Anwendung auf v_1 im Hinblick auf (187) sowie wegen $v_2 = fv_1$ sofort $v_2 = gv_2 = gfv_1 = fgv_1 = f(v_1 + v_2) = fv_1 + fv_2 = v_2 + fv_2$, also $fv_2 = 0$ ergibt. Dies steht im Widerspruch zu $f \in \text{GL}(V)$, denn wegen (186) ist $v_2 = fv \ne 0$. Somit ist (186) nicht erfüllbar, d.h. für jedes $v \in V$ gilt

$$fv = a_v\, v \quad \text{mit einem } a_v \in K. \tag{188}$$

Ist $v \ne 0$, so ist a_v in (188) eindeutig bestimmt. Wir haben zu zeigen, daß für beliebige Vektoren $v \ne 0$ und $w \ne 0$ aus V stets $a_v = a_w$ gilt. Ist $w = cv$ mit einem c aus K, so ist das sicherlich richtig. Sei also w kein skalares Viefaches von v. Durch Anwendung von f auf $v + w \ne 0$ erhalten wir nun $a_{v+w}(v + w) = f(v + w) = fv + fw = a_v v + a_w w$; da v, w linear unabhängig sind, können wir Koeffizientenvergleich anstellen und erhalten wie behauptet $a_v = a_w$ $(= a_{v+w})$. $\square$

2. Nach den vorangegangenen, eher einführenden Betrachtungen wollen wir uns nun dem eigentlichen Gegenstand dieses Paragraphen, nämlich dem Studium der linearen Gruppe eines n-dimensionalen K-Vektorraumes V zuwenden. Wegen (182) wollen wir stellvertretend die Gruppe

$$\text{GL}(n, K)$$

betrachten. Wir knüpfen dabei erneut (und nicht zum letzten Male) an Kap. I an:

Es sei A eine $m \times n$-Matrix über K mit den Spalten $v_1, v_2, \ldots, v_n$; es ist $v_i \in K^m$ für $1 \le i \le n$. Wir betrachten elementare Spaltenumformungen vom Typ I; mit $U_{ij}(a)$ wollen wir genauer diejenige elementare Umformung

$$(\ldots, v_i, \ldots, v_j, \ldots) \to (\ldots, v_i, \ldots, v_j + av_i, \ldots) \tag{189}$$

des Vektorsystems $(v_1, \ldots, v_n)$ bezeichnen, bei der v_j in $(v_1, \ldots, v_n)$ durch $v_j + av_i$ ersetzt wird; hierbei ist $i \ne j$ und a ein beliebiges Element von K.‡ Betrachten wir die lineare Abbildung

$$T: K^n \to K^n, \tag{190}$$

definiert durch

$$Te_j = e_j + ae_i; \quad Te_k = e_k \quad \text{für } k \ne j, \tag{191}$$

---

* Vgl. §2, F2.

† Vgl. Kap. II, F11.

‡ Durch (189) soll nicht etwa suggeriert werden, daß $i < j$ ist; es kann genausogut $i > j$ sein.

§ $e_1, \ldots, e_n$ sei die kanonische Basis von K^n.

so gilt für die Hintereinanderausführung (also das Matrixprodukt) AT nach Definition $ATe_j = A(e_j + ae_i) = Ae_j + aAe_i = v_j + av_i$, während $ATe_k = Ae_k = v_k$ für $k \neq j$ ist. Wir haben somit

$$(AT)\,e_j = v_j + av_i; \quad (AT)\,e_k = v_k \quad \text{für } k \neq j. \tag{192}$$

Nun beachte man (vgl. F9): Die Spalten einer $m \times n$-Matrix C über K sind die Bilder der $e_1, \ldots, e_n$ bei der Abbildung $C \colon K^n \to K^m$. Nach (192) wird also die elementare Spaltenumformung $U_{ij}(a)$ gerade durch Multiplikation der Matrix A von rechts mit der $n \times n$-Matrix

$$T = \begin{pmatrix} 1 & & & \vdots & & & \\ & 1 & & \vdots & & & \\ \cdots & \cdots & \cdots & a & \cdots & \cdots & \\ & & & 1 & & & \\ & & & \vdots & \ddots & & \\ & & & \vdots & & \cdot 1 & \end{pmatrix} \cdots i\text{-te Zeile} \tag{193}$$

$$j\text{-te Spalte}$$

bewirkt, in welcher in der Hauptdiagonalen nur Einsen und sonst lauter Nullen stehen mit Ausnahme der Stelle (i, j), wo sich das Element a befindet.

F23 (Deutung elementarer Zeilen- und Spaltenumformungen vom Typ I mittels Matrixmultiplikation):

Es sei A eine $m \times n$-Matrix über K; mit $(v_1, \ldots, v_n)$ werde das System ihrer Spalten und mit $(u_1, \ldots, u_m)$ das System ihrer Zeilen bezeichnet. Eine elementare Spaltenumformung $U_{ij}(a)$ von A – also Ersetzung der j-ten Spalte v_j von A durch $v_j + av_i$ – wird durch Multiplikation der Matrix A von rechts mit der speziellen Matrix $T_{i,j}^{(n)}(a)$ in (193) bewirkt. Entsprechend bewirkt die Multiplikation der Matrix A von links mit $T_{ij}^{(m)}(a)$ gerade die elementare Zeilenumformung $\tilde{U}_{ji}(a)$, d.h. Ersetzung der i-ten Zeile u_i von A durch $u_i + au_j$. *

Beweis: Was die Spaltenumformungen angeht, so haben wir die Behauptung schon oben bewiesen. Die Behauptung für die Zeilenumformungen verifiziere man durch Berechnung des Matrixproduktes $T_{ij}^{(m)}A$. (Wie man dies durch einen 'begrifflichen' Beweis zu ersetzen hat, wird in späterem Zusammenhang deutlich werden; das Stichwort jedenfalls ist 'transponierte Matrix'.)

Matrizen der Gestalt (193) nennt man $n \times n$-*Elementarmatrizen* über K. Aus der Definition (191) ergaben sich unmittelbar die folgenden Rechenregeln:

$$T_{ij}(a)\,T_{ij}(b) = T_{ij}(a + b) \tag{194}$$

$$T_{ij}(0) = E \tag{195}$$

---

* Stets sei $i \neq j$; was übrigens elementare Matrixumformungen vom Typ II oder III betrifft, so siehe F24 weiter unten.

Hierbei ist der obere Index n in (193) fortgelassen; alle hier vorkommenden Matrizen sollen $n \times n$-Matrizen sein. Aus (194) und (195) folgt: Jede Elementarmatrix $T_{ij}(a)$ ist invertierbar, d.h. $T_{ij}(a) \in$ GL(n, K), und es gilt

$$T_{ij}(a)^{-1} = T_{ij}(-a). \tag{196}$$

Aufgrund von (194) ist dann die Abbildung

$$K \to \text{GL}(n, K) \tag{197}$$

$$a \mapsto T_{ij}(a)$$

ein Homomorphismus der additiven Gruppe des Körpers K in die Gruppe GL(n, K). Man nennt die Gesamtheit aller $T_{ij}(a)$, $a \in K$ – für festes i, j – eine *Einparametergruppe* in GL(n, K).

Wendet man – von einer Matrix A ausgehend – wiederholt elementare Spaltenumformungen vom Typ I an, so läuft dies nach F23 auf fortgesetzte Multiplikation von rechts mit Elementarmatrizen T_1, $T_2, \ldots, T_r$ hinaus:

$$((A T_1) T_2 \ldots) T_r = A(T_1 T_2 \ldots T_r) * \tag{198}$$

Entsprechendes gilt für wiederholte Anwendung elementarer Zeilenumformungen:

$$T_r(\ldots T_2(T_1 A)) = (T_r \ldots T_2 T_1) A \tag{199}$$

Um nun wiederholte Anwendungen elementarer Spalten- und Zeilenumformungen vom Typ I unter Verwendung von F23 geeignet beschreiben zu können, vereinbaren wir:

Definition 13 ('Die spezielle lineare Gruppe'):
Die Gesamtheit

$$\text{SL}(n,K) \tag{200}$$

aller möglichen Produkte

$$T_1 T_2 \ldots T_r, \quad r \in \mathbb{N} \tag{201}$$

von $n \times n$-Elementarmatrizen über K heißt die *spezielle lineare Gruppe (des Grades n) über K*.

Bemerkung: Multipliziert man zwei Elemente $T_1 T_2 \ldots T_r$ und $T_1' T_2' \ldots T_{r'}'$ der obigen Art miteinander, so erhält man offensichtlich wieder ein

---

* Jede Matrix T_k in (198) ist also eine Matrix der Gestalt (193), wobei jedes beliebige Indexpaar (i, j) mit $1 \le i, j \le n$ und $i \neq j$ auftreten kann (und jedes a aus K).

Element dieser Art; $SL(n, K)$ ist somit unter Matrizenmultiplikation 'abgeschlossen'. Wegen (195) gehört die Einheitsmatrix $E = E_n$ zu $SL(n, K)$, und wegen (196) ist mit (201) auch die inverse Matrix

$$(T_1 T_2 \ldots T_r)^{-1} = T_r^{-1} \ldots T_2^{-1} T_1^{-1} \tag{202}$$

ein Element von $SL(n, K)$. Also ist $SL(n, K)$ als Untergruppe von $GL(n, K)$ wirklich eine Gruppe.

Gruppentheoretisch gesprochen ist $SL(n, K)$ die von allen $n \times n$-Elementarmatrizen über K erzeugte Untergruppe von $GL(n, K)$, d.i. die kleinste Untergruppe von $GL(n, K)$, welche die Menge aller $n \times n$-Elementarmatrizen über K enthält.

Es kann übrigens keine Rede davon sein, daß ein $S \in SL(n, K)$ etwa nur auf eine Weise als Produkt (201) von Elementarmatrizen darstellbar ist (oder etwa auch nur die Anzahl r der Faktoren in (201) durch S eindeutig festgelegt wäre). In $SL(2, \mathbb{R})$ gilt ja zum Beispiel

$$\begin{pmatrix} 1 & 0 \\ 0 & 1 \end{pmatrix} = \begin{pmatrix} 1 & 1 \\ 0 & 1 \end{pmatrix} \begin{pmatrix} 1 & -1 \\ 0 & 1 \end{pmatrix}.$$

Es sei jetzt $A \in GL(n, K)$ eine invertierbare $n \times n$-Matrix über dem Körper K. Es gilt dann also

$$\text{Rang } A = n. \tag{203}$$

Wir stellen uns nun die Aufgabe, unter Ausnützung von (203) die Matrix

$$A = \begin{pmatrix} a_{11} & a_{12} & \ldots & a_{1n} \\ a_{21} & a_{22} & \ldots & a_{2n} \\ \vdots & & & \vdots \\ a_{n1} & \ldots\ldots\ldots & a_{nn} \end{pmatrix} \tag{204}$$

mittels *alleiniger Verwendung von elementaren Zeilenumformungen vom Typ I* auf eine möglichst einfache Gestalt zu bringen. Wegen Spaltenrang $A = \text{Rang } A = n$ ist die erste Spalte von A verschieden von Null. Es sei $n \geq 2$; durch eine geeignete Zeilenumformung vom Typ I können wir dann erreichen, daß an der zweiten Stelle der ersten Spalte ein von Null verschiedenes Element erscheint. Wir wollen daher gleich annehmen, daß $a_{21} \neq 0$ ist. Indem wir jetzt das $a_{21}^{-1}(1 - a_{11})$-fache der zweiten Zeile zur ersten Zeile addieren, erhalten wir eine Matrix $A' = (a'_{ij})$ mit

$$a'_{11} = 1.$$

Nun können wir durch Addition geeigneter Vielfachen der ersten Zeile zu den übrigen Zeilen erreichen, daß alle Koeffizienten in der ersten Spalte der dann entstehenden Matrix A'' bis auf den ersten gleich 0 werden. Die Matrix A'' hat also die Gestalt

$$A'' = \begin{pmatrix} 1 & * & * & \cdots & * \\ \hline 0 & & & & \\ \vdots & & & C & \\ 0 & & & & \end{pmatrix} \qquad (205)$$

mit einer $(n-1) \times (n-1)$-Matrix C, welche den Rang $n-1$ besitzen muß. Falls $n \geq 3$ ist, können wir daher das oben beschriebene Verfahren nun auf die Matrix C anwenden. Beachten wir dabei, daß die den Zeilenumformungen von C entsprechenden Zeilenumformungen von A'' in (205) an den Nullen in der ersten Spalte von A'' nichts ändern, so erkennen wir, daß wir A schließlich in eine Matrix der folgenden Gestalt überführen können:

$$\begin{pmatrix} 1 & & & & \\ & 1 & & & * \\ & & \ddots & & \\ & & & \ddots & \\ & O & & & 1 \\ & & & & & d \end{pmatrix} \quad \text{mit } d \neq 0 \qquad (206)$$

Hier stehen unterhalb der Hauptdiagonalen nur Nullen und in der Hauptdiagonalen selbst nur Einsen bis auf die mögliche Ausnahme der letzten Stelle, wo eine Zahl d aus K übrigbleibt, von der wir nur wissen, daß sie jedenfalls von Null verschieden sein muß. Natürlich können wir nun auch alles oberhalb der Hauptdiagonalen in (206) noch zu Null machen, und zwar unter alleiniger Verwendung von elementaren Zeilenumformungen des Typs I; wir gelangen also zu guter Letzt zu einer $n \times n$-Diagonalmatrix der folgenden speziellen Gestalt:

$$D_n(d) = \begin{pmatrix} 1 & & & & \\ & 1 & & O & \\ & & \ddots & & \\ & & & \ddots & \\ & O & & & 1 \\ & & & & & d \end{pmatrix} \quad \text{mit } d \neq 0. \qquad (207)$$

Es ist $D_n(d) \in \mathrm{GL}(n, K)$. Wir haben somit gezeigt:

Satz 6: *Ist A eine invertierbare $n \times n$-Matrix über dem Körper K, so läßt sich A unter alleiniger Anwendung elementarer Zeilenumformungen vom Typ I schrittweise in eine Diagonalmatrix der speziellen Gestalt (207) überführen.*

Anders ausgedrückt: *Ist K ein Körper, so besitzt jedes $A \in \mathrm{GL}(n, K)$ eine Darstellung der Form*

$$A = SD_n(d) \qquad (208)$$

mit einem S aus SL(n, K) *und einer Diagonalmatrix der speziellen Gestalt* (207):

Beweis: Den ersten Teil von Satz 6 haben wir zuvor schon bewiesen. Nun läuft wiederholte Anwendung von elementaren Zeilenumformungen vom Typ I nach F23 auf fortgesetzte Multiplikation jeweils von links mit Elementarmatrizen hinaus; es gibt also Elementarmatrizen $T_1, T_2, \ldots, T_r$, so daß

$$T_r \ldots T_2 T_1 A = D_n(d)$$

gilt, mit einer Matrix $D_n(d)$ wie in (207). Für A selbst erhalten wir dann die Produktzerlegung

$$A = T_1^{-1} T_2^{-1} \ldots T_r^{-1} D_n(d),$$

also gilt (208) mit $S := T_1^{-1} T_2^{-1} \ldots T_r^{-1} \in$ SL(n, K).

Bemerkung: Natürlich kann man eine invertierbare $n \times n$-Matrix A über dem Körper K auch durch elementare Spaltenumformungen (anstelle von Zeilenumformungen) vom Typ I schrittweise in eine Matrix der Gestalt (207) überführen. Man erhält hieraus dann analog wie oben eine Darstellung

$$A = D_n(d') S' \qquad (209)$$

von A mit $S' \in$ SL(n, K) und $d' \in K^\times$. $\square$

3. Die Aussage von Satz 6 (die wir übrigens wieder mit den einfachen Methoden von Kap. I gewonnen haben) ist nun gewiß bemerkenswert: Bis auf Faktoren der einfachen Diagonalgestalt (207) machen die Elemente der speziellen linearen Gruppe SL(n, K) schon alle Elemente der vollen linearen Gruppe GL(n, K) aus; so 'speziell' sind die Elemente der speziellen linearen Gruppe also gar nicht, was eben – wie wir gesehen haben – dadurch bedingt sein muß, daß man es hier mit beliebigen P r o d u k t e n von Elementarmatrizen zu tun hat.

Satz 6 wirft nun aber auch wieder eine neue Frage, nämlich die nach der *Eindeutigkeit* der Zerlegung (208) auf. (Außerdem: Gilt in (208) und (209) $d' = d$?) Wenn diese Frage positiv beantwortet werden könnte, könnten wir jeder invertierbaren Matrix A auf nichttriviale Weise eine wohlbestimmte Zahl $d = d(A)$ aus $K^\times$ als 'Invariante' zuordnen. Indem wir uns auf die in Satz 6 zuerst gegebene Formulierung beziehen, können wir die aufgeworfene Fragestellung auch folgendermaßen beschreiben: Wir wissen, daß man jede invertierbare $n \times n$-Matrix A über einem Körper K durch elementare Zeilenumformungen vom Typ I in eine Matrix der Gestalt $D_n(d)$ transformieren kann; es erhebt sich dann zwangsläufig die Frage nach dem Charakter der hierbei auftretenden Zahl $d \in K$. Hängt diese allein von der Ausgangsmatrix A ab? Tritt also jedesmal die gleiche Zahl d auf, wenn man die vorgelegte Matrix A in verschiedener Weise durch elementare Zeilenumformungen vom Typ I in eine Matrix der allgemeinen Gestalt (207) transformiert? Wir formulieren daher als

Problem: Kann man jeder invertierbaren $n \times n$-Matrix A über einem Körper K ein Element $d = d(A)$ von $K^\times$ so zuordnen, daß sich dieses Element bei einer elementaren Zeilenumformung von Typ I nicht ändert und einer (invertierbaren) Matrix der Gestalt $D_n(d)$ gerade das Element d zugeordnet wird?

Auf dies alles gibt nun der folgende Satz eine vollständige Antwort; es gilt in der Tat

Satz 7: *Für jedes A aus* $\mathrm{GL}(n, K)$ *ist eine Zerlegung*

$$A = SD_n(d)$$

von A als Produkt einer Matrix S aus $\mathrm{SL}(n, K)$ *mit einer Diagonalmatrix $D_n(d)$ der Gestalt (207) nur auf eine einzige Weise möglich. Entsprechend ist auch die Zerlegung (209) eindeutig, und in (208) und (209) gilt überdies $d = d'$.*

Die Gültigkeit von Satz 7 wird sich nun allerdings erst aus den Betrachtungen des nächsten Kapitels ergeben.

Bemerkung: Ein 'direkter' Beweis von Satz 7 wäre zwar wünschenswert, doch liegt die Behauptung von Satz 7 eben nicht auf der Hand. Im übrigen ist die Situation hier ganz ähnlich wie die am Schluß von Kap. I, *siehe das Problem 1 auf Seite 21.* Die dort gestellte Frage haben wir erst durch Einführung eines neuen Begriffs, nämlich die Definition des *Ranges einer Matrix* in Kap. II lösen können. Analog werden wir auch jetzt eine geeignete Invariante quadratischer Matrizen zu definieren suchen. Dies wird im folgenden Kap. IV geschehen. Wir werden dort den (allerdings ebenfalls nicht auf der Hand liegenden) Begriff der *Determinante* einer $n \times n$-Matrix einführen;* ist dies einmal getan, wird sich der Beweis von Satz 7 – und damit die Lösung des oben gestellten Problems – wieder von selbst ergeben.

4. Am Schluß dieses Kapitels wollen wir jetzt noch darauf hinweisen, daß sich auch die elementaren Umformungen des Typs II und III einer Matrix als Multiplikation dieser Matrix mit gewissen Matrizen deuten lassen:

F24: *Es sei A eine $m \times n$-Matrix über K. Multiplikation der Matrix A von rechts mit einer Matrix der Gestalt*

---

* Für 2×2-Matrizen sind wir diesem Begriff schon in Kap. I, § 1 begegnet.

$$D_i^{(n)}(a) := \begin{pmatrix} 1 & & & \vdots & & & \\ & \ddots & & \vdots & & & \\ & & 1 & \vdots & & & \\ \cdots\cdots\cdots & a & \cdots\cdots\cdots & & \\ & & \vdots & 1 & & & \\ & & \vdots & & \ddots & & \\ & \cdot & \vdots & & & 1 \end{pmatrix} \cdot\! i\text{-te Zeile} \qquad (210)$$

i-te Spalte

bewirkt die folgende elementare Spaltenumformung vom Typ III: Ersetzung der i-ten Spalte v_i von A durch av_i, $a \in K$. Entsprechend wird die analoge Zeilenumformung von A durch Multiplikation der Matrix A von links mit $D_i^{(m)}(a)$ bewerkstelligt.*

Eine elementare Spalten- bzw. Zeilenumformung von Typ II schließlich – Vertauschen der i-ten Spalte bzw. Zeile mit der j-ten Spalte bzw. Zeile in A, wobei $i < j$ – erhält man durch Multiplikation der Matrix A von rechts bzw. links mit der Matrix

$$\begin{pmatrix} 1 & & & \vdots & & \vdots & & & \\ & \ddots & & \vdots & & \vdots & & & \\ & & 1 & \vdots & & \vdots & & & \\ & & & 0 & \cdots\cdots & 1 & & & \\ & & & \vdots & 1 & \vdots & & & \\ & & & \vdots & & \ddots & \vdots & & \\ & & & \vdots & & & 1 & \vdots & \\ & & & 1 & \cdots\cdots & 0 & & & \\ & & & & & \vdots & 1 & & \\ & & & & & \vdots & & \ddots & \\ & & & & & \vdots & & & 1 \end{pmatrix}^{\dagger} \qquad (211)$$

i-te   j-te
Spalte   Spalte

Beweis: Als *Übungsaufgabe* 15 verifiziere man die Behauptungen von F24 einfach durch Berechnung der entsprechenden Matrixprodukte (dabei sei an die in Bem. 4 zu Satz 4 in §4 ausgesprochene Regel für die Matrixmultiplikation erinnert).

Es ist klar, daß Behauptungen der Art, daß eine beliebige $m \times n$-Matrix über K sich durch gewisse elementare Umformungen auf eine bestimmte Gestalt transformieren läßt, auch so ausgedrückt werden

---

* Auch $a = 0$ sei hier zugelassen; genau für $a \neq 0$ gehört (210) zu GL(n, K). Für $i = n$ ist (210) die früher mit $D_n(a)$ bezeichnete Matrix (207).
† Diese Matrix entsteht aus der $n \times n$-Einheitsmatrix E_n einfach durch Vertauschen der i-ten Spalte e_i mit der j-ten Spalte e_j von E_n; sie ist offenbar invertierbar, gehört also zu GL(n, K).

können, daß man sagt, diese Matrix lasse sich durch wiederholte Multiplikation mit gewissen Matrizen der Form (193), (210) oder (211) von links bzw. rechts in jene Gestalt überführen. Zum Beispiel folgt so aus Satz 11 von Kap. II sofort

Satz 8: *Zu jeder* $m \times n$-*Matrix* A *über einem Körper* K *gibt es invertierbare Matrizen* $P \in \mathrm{GL}(m, K)$ *und* $Q \in \mathrm{GL}(n, K)$, *so daß*

$$PAQ = \begin{pmatrix} E_r & 0 \\ 0 & 0 \end{pmatrix} \tag{212}$$

gilt. Hierbei ist r *der Rang von* A, *und* E_r *bezeichnet die* $r \times r$-*Einheitsmatrix.*

Beweis: A läßt sich durch mehrfache Anwendung elementarer Zeilen- und Spaltenumformungen in eine Matrix der angegebenen Gestalt transformieren (Kap. II, Satz 11), es gibt also invertierbare Matrizen $P_1, \ldots, P_s$ sowie $Q_1, \ldots, Q_t$ der Gestalt (193), (210) oder (211) mit

$$P_s \ldots P_2 P_1 A Q_1 Q_2 \ldots Q_t = \begin{pmatrix} E_r & 0 \\ 0 & 0 \end{pmatrix} \tag{213}$$

Also gilt (212) mit $P = P_s \ldots P_2 P_1$ und $Q = Q_1 Q_2 \ldots Q_t$. Die Behauptung $r = \mathrm{Rang}\, A$ ergibt sich daraus, daß der Rang einer Matrix unter elementaren Zeilen- und Spaltenumformungen invariant ist und die Matrix auf der rechten Seite von (212) offenbar den Rang r besitzt.

Bemerkung: Satz 8 besagt nichts anderes als die frühere Feststellung F17 aus §5, für die wir hier also eine ganz andere Begründung gegeben haben. In dem jetzigen Zusammenhang ist nun darüber hinaus auch noch klar, wie man die durch (212) ausgesprochene Äquivalenz

$$A \sim \begin{pmatrix} E_r & 0 \\ 0 & 0 \end{pmatrix}, \quad r = \mathrm{Rang}\, A \tag{214}$$

von Matrizen aus $K^{m,n}$ effektiv herstellen kann, nämlich durch Anwendung geeigneter elementarer Zeilen- und Spaltenumformungen nach dem Rezept von Kap. I. Kommt bei Anwendung dieses Verfahrens auf eine quadratische Matrix $A \in K^{n,n}$ am Schluß die $n \times n$-Einheitsmatrix E heraus, so ist $\mathrm{Rang}\, A = n$ und somit A invertierbar. Wir können nun auf diese Weise nicht nur feststellen, ob die vorgegebene Matrix A invertierbar ist oder nicht, sondern haben gleichzeitig ein Mittel in der Hand, die Inverse A^{-1} einer invertierbaren Matrix A explizit zu berechnen. Gilt nämlich (213) mit $r = n$, also

$$P_s \ldots P_2 P_1 A Q_1 Q_2 \ldots Q_t = E,$$

so folgt daraus sofort

$$A = P_1^{-1} P_2^{-1} \ldots P_s^{-1} E Q_t^{-1} \ldots Q_2^{-1} Q_1^{-1},$$

so daß sich für A^{-1} die Gleichung

$$A^{-1} = Q_1 Q_2 \ldots Q_t P_s \ldots P_2 P_1 \tag{215}$$

ergibt.* Nun kommt man aber im Falle einer invertierbaren Matrix A nach Satz 6 ganz allein mit elementaren Zeilenumformungen aus; es gilt also

$$P_s \ldots P_2 P_1 A = E, \tag{216}$$

wobei wir genauer noch $P_1, \ldots, P_{s-1}$ als Elementarmatrizen und $P_s = D_n(d^{-1})$ als eine Matrix der Gestalt (207) annehmen dürfen. Dann lautet (215) einfach

$$A^{-1} = P_s \ldots P_2 P_1 E, \tag{217}$$

wobei wir rechts noch die Einheitsmatrix E als Faktor hinzugefügt haben, um die hier vorliegende Symmetrie der Beziehungen (216) und (217) augenscheinlich zu machen. Wir können also sagen:

F25 ('Berechnung der Inversen'):
Es sei A eine $n \times n$-Matrix über dem Körper K. Erhält man aus A durch Hintereinanderanwendung elementarer Zeilenumformungen die Einheitsmatrix E, so ist A invertierbar; die gleichen Zeilenumformungen in genau derselben Reihenfolge auf die Einheitsmatrix E angewandt, liefern dann die Inverse A^{-1} von A.

Rechenbeispiel: Es soll die Inverse der Matrix

$$A = \begin{pmatrix} 1 & 1 & 1 & 1 \\ 1 & 1 & 0 & 0 \\ 1 & 0 & 1 & 0 \\ 1 & 0 & 0 & 1 \end{pmatrix}$$

bestimmt werden. Man schreibe die Matrix A und die Einheitsmatrix E nebeneinander hin und darunter jeweils, was man durch Anwendung gleicher Zeilenumformungen erhält, also

---

* Man beachte, daß in jeder Gruppe die Rechenregel $(ab)^{-1} = b^{-1} a^{-1}$ gilt.

$$
\begin{array}{cccc|cccc}
1 & 1 & 1 & 1 & 1 & 0 & 0 & 0 \\
1 & 1 & 0 & 0 & 0 & 1 & 0 & 0 \\
1 & 0 & 1 & 0 & 0 & 0 & 1 & 0 \\
1 & 0 & 0 & 1 & 0 & 0 & 0 & 1 \\
\hline
1 & 1 & 1 & 1 & 1 & 0 & 0 & 0 \\
0 & 0 & -1 & -1 & -1 & 1 & 0 & 0 \\
0 & -1 & 0 & -1 & -1 & 0 & 1 & 0 \\
0 & -1 & -1 & 0 & -1 & 0 & 0 & 1 \\
\hline
1 & 1 & 1 & 1 & 1 & 0 & 0 & 0 \\
0 & -1 & 0 & -1 & -1 & 0 & 1 & 0 \\
0 & -1 & -1 & 0 & -1 & 0 & 0 & 1 \\
0 & 0 & -1 & -1 & -1 & 1 & 0 & 0 \\
\hline
1 & 1 & 1 & 1 & 1 & 0 & 0 & 0 \\
0 & 1 & 2 & -1 & 1 & 0 & 1 & -2 \\
0 & -1 & -1 & 0 & -1 & 0 & 0 & 1 \\
0 & 0 & -1 & -1 & -1 & 1 & 0 & 0 \\
\hline
1 & 1 & 1 & 1 & 1 & 0 & 0 & 0 \\
0 & 1 & 2 & -1 & 1 & 0 & 1 & -2 \\
0 & 0 & 1 & -1 & 0 & 0 & 1 & -1 \\
0 & 0 & -1 & -1 & -1 & 1 & 0 & 0 \\
\end{array}
$$

$$\cdots\cdots\cdots\qquad\cdots\cdots\cdots$$

So fortfahrend, erhalten wir schließlich (*Übungsaufgabe* 16), daß

$$
A^{-1} = \begin{pmatrix}
-\tfrac{1}{2} & \tfrac{1}{2} & \tfrac{1}{2} & \tfrac{1}{2} \\
\tfrac{1}{2} & \tfrac{1}{2} & -\tfrac{1}{2} & -\tfrac{1}{2} \\
\tfrac{1}{2} & -\tfrac{1}{2} & \tfrac{1}{2} & -\tfrac{1}{2} \\
\tfrac{1}{2} & -\tfrac{1}{2} & -\tfrac{1}{2} & \tfrac{1}{2}
\end{pmatrix}
$$

gilt.

Kapitel IV

Determinanten

§1 Der Begriff einer Determinantenfunktion

Es bezeichne K stets einen Körper.

Die folgenden Betrachtungen haben nur den Zweck, die nachstehende Def. 1 zu motivieren: Bei der Untersuchung der Gruppe $GL(n, K)$ aller invertierbaren $n \times n$-Matrizen über K sind wir beinahe zwangsläufig auf die Frage gestoßen, ob es eine Funktion

$$d: GL(n, K) \to K^{\times} \tag{1}$$

mit den folgenden beiden Eigenschaften gibt:

(i) *Geht $A' \in GL(n, K)$ durch eine elementare Spaltenumformung von Typ I aus $A \in GL(n, K)$ hervor, so gilt*

$$d(A') = d(A).$$

(ii) *Für jede Matrix $D_n(a) \in GL(n, K)$ der Gestalt (207) von Kap. III gilt*

$$d(D_n(a)) = a. \tag{2}$$

Wir behaupten, daß dann auch für jede invertierbare Matrix $D_i(a) = D_i^{(n)}(a)$ der Gestalt (210) aus Kap. III

$$d(D_i(a)) = a \tag{3}$$

gelten muß. Man überlegt sich nämlich leicht (Übungsaufgabe), daß sich $D_i(a)$ durch elementare Spaltenumformungen (nach dem Rezept von §6 in Kap. III) in $D_n(a)$ transformieren läßt, woraus sich wegen (i) und (ii) sofort die Behauptung (3) ergibt. Über (3) hinaus besitzt eine Funktion d mit (i) und (ii) sogar die folgende Eigenschaft:

(ii') *Ersetzt man eine Spalte der Matrix $A \in GL(n, K)$ durch das a-fache dieser Spalte ($a \in K^{\times}$ beliebig) und bezeichnet die so entstehende Matrix mit A', so gilt*

$$d(A') = ad(A). \tag{4}$$

Dies können wir folgendermaßen begründen: Nach Voraussetzung ist $A' = AD_i(a)$ mit einem $1 \leq i \leq n$. Wie wir oben schon benutzt haben, gibt es zunächst ein $S \in SL(n, K)$ mit $D_i(a)\, S = D_n(a)$; es folgt $A'\, S = AD_n(a)$, also ergibt sich nach Eigenschaft (i) sofort

$$d(A') = d(AD_n(a)). \tag{5}$$

Aufgrund der Bemerkung zu Satz 6 aus Kap. III und wieder nach (i) gibt es ein $T \in SL(n, K)$ und ein $b \in K^{\times}$, so daß

$$A = D_n(b)\, T \quad \text{und} \quad b = d(A) \tag{6}$$

gelten. Nun überlegt man sich aber (Übungsaufgabe), daß zu $T \in \mathrm{SL}(n, K)$ ein $T' \in \mathrm{SL}(n, K)$ mit

$$TD_n(a) = D_n(a)\,T' \tag{7}$$

gehört. Aus (5), (6) und (7) ergibt sich dann in der Tat

$$d(A') = d(D_n(b)\,TD_n(a)) = d(D_n(b)\,D_n(a)\,T') = d(D_n(b)\,D_n(a))$$

$$= d(D_n(ba)) = ab = ad(A).$$

Bei der folgenden Definition beziehen wir jetzt auch noch die *singulären* Matrizen in die Betrachtung ein:

Definition 1: Eine Abbildung

$$d: K^{n,n} \to K \tag{8}$$

heißt eine *Determinantenfunktion*, wenn sie folgende drei Eigenschaften besitzt:

(i) *Ersetzt man eine Spalte einer Matrix $A \in K^{n,n}$ durch das a-fache dieser Spalte ($a \in K$ beliebig) und bezeichnet die so entstehende Matrix mit A', so gilt*

$$d(A') = ad(A). \tag{9}$$

(ii) *Für beliebige natürliche Zahlen $1 \le i, j \le n$ mit $i \ne j$ gilt: Ersetzt man in einer Matrix $A \in K^{n,n}$ mit dem Spaltensystem $v_1, \ldots, v_n$ die i-te Spalte v_i durch $v_i + v_j$ und bezeichnet die so entstehende Matrix mit A', so ist*

$$d(A') = d(A). \tag{10}$$

(iii) *Für die Einheitsmatrix $E = E_n$ aus $K^{n,n}$ gilt*

$$d(E) = 1. \tag{11}$$

Bemerkung 1: Identifiziert man jede $n \times n$-Matrix A über K mit dem System $v_1, \ldots, v_n$ ihrer Spalten, so ist eine Determinantenfunktion nichts anderes als eine Abbildung

$$d: (K^n)^n \to K \tag{12}$$

mit den folgenden drei Eigenschaften:

(i) *Für jedes System $v_1, \ldots, v_n$ von Vektoren aus K^n, jedes $a \in K$ und jede natürliche Zahl $1 \le j \le n$ gilt*

$$d(v_1, \ldots, av_j, \ldots, v_n) = ad(v_1, \ldots, v_j, \ldots, v_n)$$
$$\uparrow \tag{13}$$
$$\text{\textit{j}-te Stelle}$$

(ii) *Für jedes System $v_1, \ldots, v_n$ von Vektoren aus K^n und beliebige natürliche Zahlen $1 \le i, j \le n$ mit $i \neq j$ gilt:*

$$d(v_1, \ldots, v_i + v_j, \ldots, v_n) = d(v_1, \ldots, v_i, \ldots, v_n) \tag{14}$$
$$\uparrow$$

i-te Stelle

(iii) *Für die kanonische Basis $e_1, \ldots, e_n$ von K^n (d.h. das Spaltensystem der $n \times n$-Einheitsmatrix über K) gilt*

$$d(e_1, e_2, \ldots, e_n) = 1. \tag{15}$$

Wir wollen eine Determinantenfunktion je nach Bequemlichkeit einmal als Funktion auf allen $n \times n$-Matrizen über K, ein andermal als Funktion auf allen n-Tupeln von Vektoren des K^n auffassen.

Bemerkung 2: Die Bedingungen (i) und (ii) legen das Verhalten einer Determinantenfunktion $d: K^{n,n} \to K$ bei elementaren Spaltenumformungen fest: Wie sich $d(A)$ bei Anwendung einer elementaren Spaltenumformung von Typ III auf A verhält, wird bereits durch Eigenschaft (i) einer Determinantenfunktion ausgedrückt. Aus (i) und (ii) zusammen ergibt sich, daß sich der Wert $d(A)$ bei Anwendung einer elementaren Spaltenumformung vom Typ I auf A überhaupt nicht ändert. In der Tat: Sei $A = (v_1, \ldots, v_n)$ und seien $1 \le i, j \le n$ natürliche Zahlen mit $i \neq j$. Dann gelten für jedes $a \in K$ aufgrund von (13) und (14) die Gleichungen

$$ad(\ldots, v_i, \ldots, v_j, \ldots) = d(\ldots, v_i, \ldots, av_j, \ldots)$$
$$= d(\ldots, v_i + av_j, \ldots, av_j, \ldots)$$
$$= ad(\ldots, v_i + av_j, \ldots, v_j, \ldots);$$

hieraus ergibt sich aber sofort die Behauptung

$$d(\ldots, v_i + av_j, \ldots, v_j, \ldots) = d(\ldots, v_i, \ldots, v_j, \ldots), \tag{16}$$

denn (16) ist für $a = 0$ ja trivialerweise erfüllt.

Wir behaupten schließlich, daß $d(A)$ bei Anwendung einer elementaren Spaltenumformung vom Typ II – Vertauschen zweier Spalten von A – *das Vorzeichen wechselt*:

$$d(\ldots, v_i, \ldots, v_j, \ldots) = -d(\ldots, v_j, \ldots, v_i, \ldots). \tag{17}$$

Man ersetze nämlich zuerst v_i durch $v_i + v_j$, sodann v_j durch $v_j - (v_i + v_j) = -v_i$ und schließlich die i-te Spalte $v_i + v_j$ durch $(v_i + v_j) - v_i = v_j$. Nach (16) hat sich dabei der Wert $d(A)$ nicht geändert, es gilt also

$$d(\ldots, v_i, \ldots, v_j, \ldots) = d(\ldots, v_j, \ldots, -v_i, \ldots).$$

Hieraus folgt (17) durch Anwendung der Eigenschaft (i).

Bemerkung 3: (a) Wie oben sei $d: K^{n,n} \to K$ eine Determinantenfunktion. Ist dann $A \in K^{n,n}$ eine Matrix, die eine Spalte aus lauter Nullen besitzt, so muß nach Eigenschaft (i) notwendig $d(A) = 0d(A) = 0$ gelten. Hieraus folgt dann, daß allgemeiner sogar

$$d(A) = 0 \text{ für jede } \textit{singuläre} \text{ Matrix } A \text{ aus } K^{n,n} \tag{18}$$

gilt. Eine singuläre Matrix $A \in K^{n,n}$ besitzt nämlich wegen $\text{Rang}(A) < n$ eine Spalte, welche eine Linearkombination der übrigen Spalten von A ist. Zieht man nun von dieser Spalte die Summanden dieser Linearkombination nacheinander ab, so erhält man eine Matrix A', welche eine *Nullspalte* besitzt. Also ist $d(A) = d(A') = 0$.

(b) Ist $A \in K^{n,n}$ hingegen *regulär*, d.h. *invertierbar*, so zerlegen wir A gemäß Bemerkung zu Satz 6 aus Kap. III in der Form

$$A = D_n(a)\, S \text{ mit } S \in \text{SL}(n, K) \text{ und } a \in K^\times. \tag{19}$$

Es ist $AS^{-1} = D_n(a)$. Also geht $D_n(a)$ aus der Matrix A durch wiederholte Anwendung von elementaren Spaltenumformungen des Typs I hervor; nach der vorangegangenen Bemerkung 2 bleibt hierbei aber der Wert $d(A)$ ungeändert, also zieht (19) notwendig $d(A) = d(D_n(a)) = ad(E) = a$ nach sich:

$$A = D_n(a)\, S \text{ wie in (19)} \Rightarrow d(A) = a. \tag{20}$$

Bemerkung 4: Aus dem Vorangegangenen ergibt sich bereits, daß es zu gegebenem n und K höchstens e i n e Determinantenfunktion $d: K^{n,n} \to K$ geben kann. Denn für eine singuläre Matrix A aus $K^{n,n}$ gilt nach (18) notwendig $d(A) = 0$, und für eine invertierbare Matrix A aus $K^{n,n}$ ist der Wert $d(A)$ durch (20) festgelegt.

Bemerkung 5: Ob allerdings zu vorgegebenem n und K überhaupt eine Determinantenfunktion $d: K^{n,n} \to K$ existiert, haben wir noch nicht geklärt. Man kann sich im übrigen überlegen, daß die Existenz einer solchen Funktion äquivalent ist zu der vollständigen Aussage von Satz 7 in Kap. III.

Sei $d: K^{n,n} \to K$ eine Determinantenfunktion, und für $A \in \text{GL}(n, K)$ gelte

$$A = D_n(a_1)\, S_1 = D_n(a_2)\, S_2 \tag{21}$$

mit $S_1, S_2 \in \text{SL}(n, K)$ und $a_1, a_2 \in K^\times$. Anwendung von (20) liefert dann sofort $a_1 = d(A) = a_2$; nach (21) gilt folglich auch $S_1 = S_2$. Somit ist eine Darstellung der Gestalt (19) nur auf e i n e Weise möglich. Sei jetzt auch noch eine beliebige Darstellung der Gestalt

$$A = SD_n(c) \text{ mit } S \in \text{SL}(n, K), \quad c \in K^\times \tag{22}$$

gegeben. Nach Eigenschaft (i) einer Determinantenfunktion folgt dann zunächst $d(A) = cd(S)$. Wieder aufgrund von (20) ist aber $d(S) = 1$, also gilt $c = d(A)$.

Somit ist auch eine Darstellung der Gestalt (22) nur auf eine Weise möglich, und außerdem ist in (19) und (22) notwendig $c = a$.

Der Nachweis, daß umgekehrt die Gültigkeit von Satz 7 in Kap. III die Existenz einer Determinantenfunktion $d: K^{n,n} \to K$ nach sich zieht, sei dem Leser als *Übungsaufgabe* 1 überlassen. (Hinweis: Aus der Gültigkeit von Satz 7 folgt zunächst fast unmittelbar die Existenz einer Funktion $d: \mathrm{GL}(n, K) \to K^{\times}$, welche die Eigenschaften (i), (ii) und (iii) für alle invertierbaren $n \times n$-Matrizen A über K erfüllt. Erweitert man diese Funktion zu einer Funktion $d: K^{n,n} \to K^{\times}$, indem man einfach $d(A) = 0$ setzt, falls A singulär ist, so erhält man eine Determinantenfunktion.)

Wie steht es nun aber mit der Existenz von Determinantenfunktionen? Auf diese Frage, ohne deren positive Beantwortung unsere Betrachtungen ja gegenstandslos wären, müssen wir selbstverständlich noch eingehen. Wir werden dabei so vorgehen, wie das bei mathematischen Existenzproblemen des öfteren geschieht: Man untersucht die hypothetischen Eigenschaften des als existent postulierten Objekts so eingehend, daß man dadurch vielleicht in die Lage versetzt wird, entweder die Existenz desselben wirklich aufzuzeigen oder letztlich deren Unmöglichkeit zu erweisen. Wir fahren also zunächst in unserer Untersuchung der Eigenschaften von Determinantenfunktionen fort und formulieren nachstehende

F1: *Eine Determinantenfunktion $d: K^{n,n} \to K$ ist 'linear in jeder Spalte', d.h. für jedes $1 \le i \le n$ gilt*

$$d(v_1, \ldots, av_i + bw_i, \ldots, v_n) =$$
$$\uparrow$$
$$\textit{i-te Stelle}$$
$$ad(v_1, \ldots, v_i, \ldots, v_n) + bd(v_1, \ldots, w_i, \ldots, v_n) \qquad (23)$$
$$\uparrow \qquad\qquad\qquad\qquad \uparrow$$
$$\textit{i-te Stelle} \qquad\qquad \textit{i-te Stelle}$$

für alle $v_1, \ldots, v_i, w_i, \ldots, v_n$ aus K^n und alle $a, b \in K$. Anders ausgedrückt: Für jedes $1 \le i \le n$ sind alle Abbildungen der Gestalt

$$v \mapsto d(v_1, \ldots, v_{i-1}, v, v_{i+1}, \ldots, v_n) \qquad (24)$$
$$\uparrow$$
$$\textit{i-te Stelle}$$

lineare Abbildungen von K^n nach K; hierbei sind die $v_j \in K^n$ fest, aber beliebig.

Beweis: Aufgrund von Eigenschaft (i) einer Determinantenfunktion (vgl. Bem. 1 zu Def. 1) braucht man (23) nur für $a = b = 1$ nachzuprüfen, und wegen (17) kann man o.E. außerdem noch $i = 1$ annehmen. Da K^n

die Dimension n besitzt, ist das $(n + 1)$-gliedrige System v_1, w_1, v_2, ...,
v_n von Vektoren aus K^n linear abhängig, es besteht also eine Relation

$$c v_1 + c' w_1 + c_2 v_2 + \cdots + c_n v_n = 0 \tag{25}$$

mit Zahlen c, c', c_2, ..., c_n aus K, welche nicht alle gleich 0 sind. Gilt
$c = c' = 0$, so ist $\mathrm{Rang}(v_2, ..., v_n) < n - 1$, also sind in diesem Fall alle
drei Glieder in (23) gleich 0, vgl. (18). Ist etwa $c \neq 0$, so kann man o.E.
auch $c = 1$ annehmen. Von (25) ausgehend, liefert wiederholte Anwendung von (16) einerseits

$$d(v_1, v_2, ..., v_n) = d(-c' w_1, v_2, ..., v_n) = -c' \, d(w_1, v_2, ..., v_n)$$

und andererseits

$$d(v_1 + w_1, v_2, ..., v_n) = d(w_1 - c' w_1, v_2, ..., v_n)$$
$$= (1 - c') \, d(w_1, v_2, ..., v_n)$$

Aus beiden Gleichungen zusammengenommen ergibt sich aber

$$d(v_1 + w_1, v_2, ..., v_n) = d(v_1, v_2, ..., v_n) + d(w_1, v_2, ..., v_n),$$

also die Behauptung.

§2 Entwicklung nach der letzten Zeile und der Existenzbeweis für Determinantenfunktionen

Wie im vorigen Paragraphen bezeichne K stets einen Körper.

Es sei n eine natürliche Zahl > 1. Wir untersuchen, ob zwischen Determinantenfunktionen $d_n : K^{n,n} \to K$ und $d_{n-1} : K^{n-1, n-1} \to K$ ein Zusammenhang besteht.[*]
Hierzu stellen wir jeden Vektor $v = \sum_{i=1}^{n} x_i \, e_i$ aus K^n in eindeutiger Weise dar als

$$v = \hat{v} + x_n \, e_n \text{ mit } \hat{v} = \sum_{i=1}^{n-1} x_i \, e_i. \tag{26}$$

Der Vektor $\hat{v}$ in (26) liegt dann für jedes $v \in K^n$ in dem von e_1, e_2, ..., e_{n-1}
aufgespannten, $(n - 1)$-dimensionalen Teilraum von K^n. Für jede $n \times n$-Matrix
$A = (a_{ij})$ über K mit den Spalten v_1, ..., v_n ist nach (26) zunächst

$$d_n(A) = d_n(v_1, ..., v_n) = d(\hat{v}_1 + a_{n1} \, e_n, \hat{v}_2 + a_{n2} \, e_n, ..., \hat{v}_n + a_{nn} \, e_n)$$

Berechnet man nun den rechtsstehenden Ausdruck, indem man F1 benutzt und
(18) beachtet, so erhält man

---

[*] Die nachfolgenden Betrachtungen werden sich später eigentlich als entbehrlich erweisen; aus ihrem Ergebnis aber wird man erkennen, wie man bei dem Existenzbeweis für Determinantenfunktionen vorgehen kann.

$$d_n(A) = \begin{array}{c} d_n(a_{n1}\,e_n, \vartheta_2, \ldots, \vartheta_n) + d_n(\vartheta_1, a_{n2}\,e_2, \vartheta_3, \ldots, \vartheta_n) + \cdots \\[2pt] \uparrow \qquad\qquad\qquad\qquad \uparrow \\[2pt] 1 \qquad\qquad\qquad\qquad 2 \\[2pt] \downarrow \qquad\qquad\qquad\qquad \downarrow \\[2pt] a_{n1}\,d_n(e_n, \vartheta_2, \ldots, \vartheta_n) + a_{n2}\,d_n(\vartheta_1, e_2, \vartheta_3, \ldots, \vartheta_n) + \cdots \\[2pt] + d_n(\vartheta_1, \ldots, \vartheta_{n-1}, a_{nn}\,e_n) \\[2pt] \uparrow \\[2pt] n \\[2pt] \downarrow \\[2pt] + a_{nn}\,d_n(\vartheta_1, \ldots, \vartheta_{n-1}, e_n). \end{array} \tag{27}$$

Wir werden somit dazu geführt, für jedes $1 \leq j \leq n$ die Funktion $d^{(j)}\colon K^{n-1,n-1} \to K$ zu betrachten, welche durch

$$(-1)^{n-j}\,d^{(j)}(u_1, \ldots, u_{n-1}) = d_n(u_1, \ldots, u_{j-1}, e_n, u_j, \ldots, u_{n-1}) \tag{28}$$

definiert ist, wobei wir einen beliebigen Vektor

$$u = \begin{pmatrix} x_1 \\ x_2 \\ \vdots \\ x_{n-1} \end{pmatrix} \text{ aus } K^{n-1}$$

jeweils mit dem Vektor $\sum_{i=1}^{n-1} x_i\,e_i + 0\,e_n$ aus K^n identifizieren.* Man prüft nun sofort nach, daß jedes $d^{(j)}$ eine Determinantenfunktion $K^{n-1,n-1} \to K$ ist. Der Vorzeichenfaktor $(-1)^{n-j}$ ist dabei gerade so eingerichtet, daß auch die Bedingung (iii) einer Determinantenfunktion erfüllt ist. Nun gibt es aber höchstens e i n e Determinantenfunktion $d_{n-1}\colon K^{n-1,n-1} \to K$ (vgl. Bem. 4 zu Def. 1), also gilt

$$d^{(j)} = d_{n-1} \text{ für jedes } 1 \leq j \leq n. \tag{29}$$

Bezeichnet man daher für jedes $1 \leq j \leq n$ die $(n-1) \times (n-1)$-Matrix, welche aus

$$A = \left(\begin{array}{ccc|c|ccc} a_{1,1} & \cdots & & a_{1,j} & & \cdots & a_{1,n} \\ a_{2,1} & \cdots & & a_{2,j} & & \cdots & a_{2,n} \\ \vdots & & & \vdots & & & \vdots \\ a_{n-1,1} & \cdots & & a_{n-1,j} & & \cdots & a_{n-1,n} \\ \hline a_{n,1} & \cdots & & a_{n,j} & & \cdots & a_{n,n} \end{array} \right) \tag{30}$$

durch Streichung der n-ten Zeile und der j-ten Spalte entsteht, mit $A_{n,j}$, also

---

* Warum wir in (28) noch den Vorzeichenfaktor $(-1)^{i+j}$ angebracht haben wird gleich klar werden.

$$A_{n,j} = \begin{pmatrix} a_{1,1} & \cdots & a_{1,j-1} & a_{1,j+1} & \cdots & a_{1,n} \\ a_{2,1} & \cdots & a_{2,j-1} & a_{2,j+1} & \cdots & a_{2,n} \\ \vdots & & \vdots & \vdots & & \vdots \\ \vdots & & \vdots & \vdots & & \vdots \\ a_{n-1,1} & \cdots & a_{n-1,j-1} & a_{n-1,j+1} & \cdots & a_{n-1,n} \end{pmatrix} \tag{31}$$

so erhalten wir aus (27) im Hinblick auf (28), (29) und (31) die Formel

$$d_n(A) = \sum_{j=1}^{n} (-1)^{n-j} a_{nj} d_{n-1}(A_{nj}) \tag{32}$$

Damit haben wir in der Tat einen Zusammenhang zwischen d_n und d_{n-1} hergestellt.

Satz 1: *Für jede natürliche Zahl n gibt es genau eine Deter-minantenfunktion* $d: K^{n,n} \to K$. *Wir bezeichnen diese mit* det *oder genauer mit* $\det_n$.* *Ist A aus* $K^{n,n}$, *so nennen wir die Zahl* $\det(A)$ *aus K die Determinante von A.*

Beweis: Die Eindeutigkeitsaussage von Satz 1 haben wir früher schon erledigt (vgl. Bem. 4 zu Def. 1). Die Existenzaussage wollen wir durch vollständige Induktion nach n beweisen. Für $n = 1$ ist die Behauptung klar: Für 1×1-Matrizen $A = (a)$ mit $a \in K$ setze man einfach $\det_1(A) = a$. Sei jetzt $n > 1$, und es gebe eine Determinantenfunktion $K^{n-1,n-1} \to K$. Diese ist eindeutig bestimmt, und wir bezeichnen sie mit $\det_{n-1}$. Sie besitzt alle oben schon erwähnten Eigenschaften einer Determinantenfunktion. Wir definieren jetzt eine Abbildung $d: K^{n,n} \to K$, indem wir für jede $n \times n$-Matrix $A = (a_{ij})$ über K

$$d(A) := \sum_{j=1}^{n} (-1)^{n-j} a_{nj} \det_{n-1}(A_{nj}) \tag{33}$$

setzen; hierbei bezeichne A_{nj} jeweils die $(n-1) \times (n-1)$-Matrix, welche aus A durch Weglassen der n-ten Zeile und der j-ten Spalte entsteht (vgl. auch (30) und (31)). Was im übrigen den Ansatz (33) betrifft, so haben wir im Hinblick auf das Ergebnis (32) unserer Vorbetrachtung gar keine andere Wahl, als d eben durch (33) zu definieren. Es bleibt jetzt nur noch zu prüfen, ob die so definierte Funktion wirklich die Eigenschaften (i), (ii) und (iii) einer Determinantenfunktion besitzt:

(iii): Ist $A = (a_{rs})$ die $n \times n$-Einheitsmatrix E_n über K, so ist $a_{n,1} = a_{n,2} \cdots = a_{n,n-1} = 0$ und $a_{nn} = 1$; außerdem ist dann $A_{nn} = E_{n-1}$, also ist nach (33) tatsächlich $d(E_n) = \det_{n-1}(E_{n-1}) = 1$.

---

* Sollte es erforderlich sein, auch noch den zugrundegelegten Körper K besonders hervorzuheben, so verwenden wir die Bezeichnung $\det_n^K$.

(i): $A' = (a'_{rs})$ entstehe aus $A = (a_{rs}) \in K^{n,n}$ durch Multiplikation der i-ten Spalte von A mit einer Zahl a aus K. Dann ist also

$$a'_{ni} = aa_{ni} \quad \text{und} \quad a'_{nj} = a_{nj} \quad \text{für } j \neq i; \tag{34}$$

ferner gilt

$$A'_{ni} = A_{ni} \quad \text{und} \quad \det_{n-1}(A'_{nj}) = a \det_{n-1}(A_{nj}) \quad \text{für } j \neq i, \tag{35}$$

denn für $j \neq i$ geht A'_{nj} aus A_{nj} durch Multiplikation einer Spalte von A_{nj} mit a hervor. Aus (34) und (35) ergibt sich dann nach (33) sofort

$$d(A') = \sum_{j=1}^{n} (-1)^{n-j} a'_{nj} \det_{n-1}(A'_{nj}) = a \sum_{j=1}^{n} (-1)^{n-j} a_{nj} \det_{n-1}(A_{nj}),$$

also ist in der Tat $d(A') = ad(A)$.

(ii): $A' = (a'_{rs})$ entstehe aus $A = (a_{rs})$, indem man die i-te Spalte v_i von A durch $v_i + v_k$ ersetzt, dabei ist v_k die k-te Spalte von A und $k \neq i$. Es ist dann

$$a'_{ni} = a_{ni} + a_{nk} \quad \text{und} \quad a'_{nj} = a_{nj} \quad \text{für } j \neq i; \tag{36}$$

ferner gilt

$$A'_{ni} = A_{ni} \quad \text{und} \quad \det_{n-1}(A'_{nj}) = \det_{n-1}(A_{nj}) \quad \text{für } j \neq i, k, \tag{37}$$

denn für $j \neq i, k$ geht A'_{nj} aus A_{nj} durch Anwendung einer elementaren Spaltenumformung vom Typ I hervor. Was schließlich noch $\det_{n-1}(A'_{nk})$ betrifft, so ist nach F1 zunächst

$$\det_{n-1}(A'_{nk}) = \det_{n-1}(A_{nk}) + \det_{n-1}(B) \tag{38}$$

mit einer Matrix B, welche mit der Matrix A_{ni} bis auf die Reihenfolge der Spalten übereinstimmt, und zwar entsteht A_{ni} aus B, indem man für $i < k$ die k-te Spalte von B an $k - i - 1$ Spalten nacheinander vorbeischiebt:

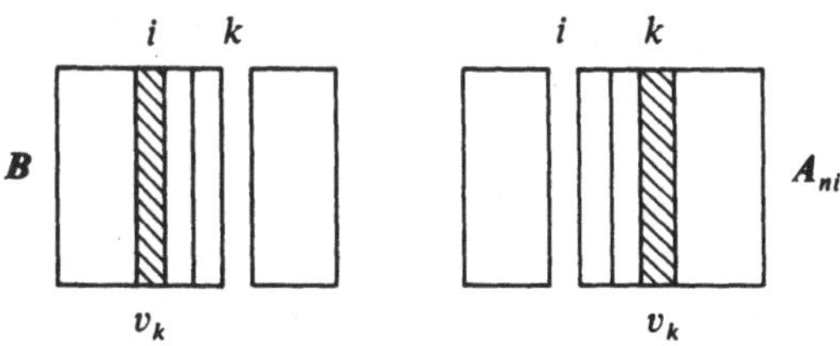

wobei bei Anwendung von $\det_{n-1}$ nach (17) jedesmal der Faktor -1 hinzukommt; analog für $i > k$. Es ist also $\det(B) = (-1)^{k-i-1} \det(A_{ni})$, so daß (38) jetzt wie folgt lautet:

$$\det_{n-1}(A'_{nk}) = \det_{n-1}(A_{nk}) + (-1)^{k-i-1} \det_{n-1}(A_{ni}) \tag{39}$$

Nach (33) gilt dann im Hinblick auf (36), (37) und (39)

$$d(A') - d(A) = (-1)^{n-i}[a'_{ni} \det_{n-1}(A'_{ni}) - a_{ni} \det_{n-1}(A_{ni})]$$
$$+ (-1)^{n-k}[a'_{nk} \det_{n-1}(A'_{nk}) - a_{nk} \widetilde{\det}_{n-1}(A_{nk})]$$
$$= (-1)^{n-i} a_{nk} \det_{n-1}(A_{ni}) + (-1)^{n-k} a_{nk}$$
$$\cdot (-1)^{k-i-1} \det_{n-1}(A_{ni}) = 0,$$

also ist wirklich $d(A') = d(A)$.

Bemerkung 1: Mit dem eben geführten Existenzbeweis haben wir (im Hinblick auf die früher schon bewiesene Eindeutigkeitsaussage) gleichzeitig mitbewiesen, daß für $n > 1$ und jede $n \times n$-Matrix $A = (a_{rs})$ über K die Relation

$$\det_n(A) = \sum_{j=1}^{n} (-1)^{n-j} a_{nj} \det_{n-1}(A_{nj}) \tag{40}$$

gilt, welche man als '*Entwicklung von* $\det_n(A)$ *nach der n-ten Zeile von* A' bezeichnet.

Insoweit stellen sich also die Vorbetrachtungen, die zur Formel (32) geführt haben, nachträglich als entbehrlich heraus; doch ohne sie wäre andererseits der Ansatz (33) beim Beweis von Satz 1 gar nicht verständlich gewesen. Außerdem sind wir durch jene Vorüberlegungen auch in sehr natürlicher Weise auf die Bildung der '$(n-1) \times (n-1)$ *Unterdeterminanten*'

$$\det_{n-1}(A_{nj})$$

einer $n \times n$-Matrix A geführt worden.

Statt nach der n-ten Zeile kann man $\det_n(A)$ übrigens auch nach einer beliebigen anderen Zeile von A entwickeln; hierauf werden wir noch genau eingehen.

Bemerkung 2: Im Hinblick auf Bem. 5 zu Def. 1 haben wir mit Satz 1 jetzt auch den Satz 7 von Kap. III bewiesen.

Bemerkung 3: Sei $A \in M_n(K)$. Sind keine Mißverständnisse zu befürchten, benutzen wir für die Determinante $\det(A)$ von A auch die in der Literatur ebenfalls übliche Bezeichnungsweise

$$|A| := \det(A). \tag{41}$$

Ist $A = (a_{ij})$, so verwenden wir daher auch die Schreibweise

$$\begin{vmatrix} a_{11} & a_{12} & \cdots & a_{1n} \\ a_{21} & a_{22} & \cdots & a_{2n} \\ \vdots & & & \\ a_{n1} & a_{n2} & \cdots & a_{nn} \end{vmatrix} = \det(A) \tag{42}$$

In dieser Schreibweise gilt z.B. im Fall einer 2×2-Matrix $A = (a_{ij})$ die Formel

$$\begin{vmatrix} a_{11} & a_{12} \\ a_{21} & a_{22} \end{vmatrix} = a_{11} a_{22} - a_{12} a_{21} \qquad (43)$$

Aus (40) ergibt sich nämlich sofort

$$\det_2(A) = -a_{21} \det(a_{12}) + a_{22} \det(a_{11}) = -a_{21} a_{12} + a_{22} a_{11},$$

d.h. (43). Die 'Reflexbewegung' beim Berechnen der Determinante einer 2×2-Matrix ist also

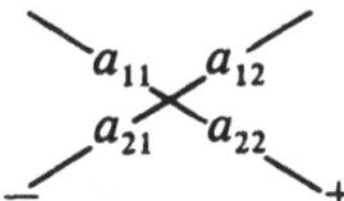

Wie der Leser bemerkt haben wird, handelt es sich bei $\det_2 \colon K^{2,2} \to K$ um die schon in der Einleitung zu Kap. I betrachtete Funktion δ.

Bemerkung 4: Für die Determinante einer beliebigen 3×3-Matrix

$$A = \begin{pmatrix} a_{11} & a_{12} & a_{13} \\ a_{21} & a_{22} & a_{23} \\ a_{31} & a_{32} & a_{33} \end{pmatrix}$$

über K liefert (40) zunächst

$$\det_3(A) = a_{31} \begin{vmatrix} a_{12} & a_{13} \\ a_{22} & a_{23} \end{vmatrix} - a_{32} \begin{vmatrix} a_{11} & a_{13} \\ a_{21} & a_{23} \end{vmatrix} + a_{33} \begin{vmatrix} a_{11} & a_{12} \\ a_{21} & a_{22} \end{vmatrix}$$

Benutzt man jetzt noch die explizite Formel (43) für die Determinante von 2×2-Matrizen, so erhält man

$$\det_3(A) = a_{31} a_{12} a_{23} - a_{31} a_{13} a_{22} - a_{32} a_{11} a_{23} + a_{32} a_{13} a_{21} + a_{33} a_{11} a_{22}$$
$$- a_{33} a_{12} a_{21} \qquad (44)$$

als Summe von sechs Produkten jeweils dreier Faktoren. Die auftretenden Vorzeichen kann man sich (wenn man will) nach der folgenden 'Eselsbrücke' merken ('*Regel von Sarrus*'):

$$\begin{array}{ccccc} a_{11} & a_{12} & a_{13} & a_{11} & a_{12} \\ a_{21} & a_{22} & a_{23} & a_{21} & a_{22} \\ a_{31} & a_{32} & a_{33} & a_{31} & a_{32} \end{array} \qquad (45)$$

(Man schreibt die erste und zweite Spalte nochmals rechts neben die Matrix A und erhält das Vorzeichen des Produktes der jeweils auf einer der sechs eingezeichneten Geraden liegenden Koeffizienten in der angegebenen Weise.)

Auch für beliebiges $n > 3$ kann man die Determinante einer $n \times n$-Matrix $A = (a_{ij})$ in expliziter Weise durch ihre Koeffizienten a_{ij} ausdrücken. Man erhält eine allgemeine Formel, welche auf *Leibniz* zurückgeht und die wir später (in §6) auch herleiten werden. (Die Gültigkeit der Regel von Sarrus hingegen läßt sich auf den Fall $n \geq 4$ nicht übertragen.)

§3 Grundeigenschaften der Determinante

K bezeichne wie oben stets einen Körper. Für jede natürliche Zahl n haben wir dann nach Satz 1 von §2 eine eindeutige bestimmte Determinantenfunktion

$$\det{}_n : M_n(K) \to K \tag{46}$$

Diese ordnet jeder $n \times n$-Matrix A über K einen wohlbestimmten Wert, die Determinante $\det{}_n(A)$ der Matrix A zu.[*]

Eine Reihe grundlegender Eigenschaften dieser Funktion haben wir bereits in §1 formuliert (und bewiesen), vgl. zunächst die definierenden Eigenschaften (13), (14), (15) in Bem. 1 zu Def. 1, aber auch die Eigenschaften (16), (17) von Bem. 2, ferner (18) und (20) aus Bem. 3 zu Def. 1. In diesem Abschnitt wollen wir nun weitere Eigenschaften der Determinante untersuchen. (Zur Bequemlichkeit des Lesers werden wir dann später alle Grundeigenschaften der Determinante nochmals übersichtlich zusammenstellen.)

F2 ('Determinantenkriterium für die Invertierbarkeit von Matrizen'):
Eine $n \times n$-Matrix A über K ist genau dann invertierbar, wenn $\det{}_n(A) \neq 0$ *ist. Anders ausgedrückt gilt:*

$$A \text{ singulär} \Leftrightarrow \det{}_n(A) = 0 \tag{47}$$

Beweis: Dies ergibt sich sofort aus Bem. 3 zu Def. 1, vgl. (18) und (20).

F3 ('Multiplikationssatz für Determinanten'):
Für alle A, B aus $M_n(K)$ gilt

$$\boxed{\det{}_n(AB) = \det{}_n(A)\,\det{}_n(B)} \tag{48}$$

Beweis: Sei zunächst $\mathrm{Rang}(B) < n$. Wegen $\mathrm{Rang}(AB) = \dim AB(K^n) \leq \dim B(K^n) = \mathrm{Rang}(B)$ ist dann auch $\mathrm{Rang}(AB) < n$. Dann folgt (48)

---

[*] Es ist üblich, den Begriff 'Determinante' auch als Bezeichnung der Abbildung (46) zu verwenden. Genauer wird man die Determinantenfunktion $\det_n$ in (46) dann auch die 'Determinante auf $M_n(K)$' nennen.

aber sofort aus (47). Wir können also jetzt annehmen, daß B *invertierbar* ist. Es gibt dann eine Darstellung

$$B = D_n(b)\, T \text{ mit } T \in \mathrm{SL}(n, K) \text{ und } b \in K^\times$$

von B, und dabei ist $b = \det(B)$ notwendig die Determinante von B (vgl. Bem. 3(b) zu Def. 1). Es folgt dann $\det(AB) = \det(AD_n(b)\,T) = \det(AD_n(b)) = b\det(A) = \det(B)\det(A)$; hierbei haben wir die Invarianz der Determinante unter elementaren Spaltenumformungen vom Typ I benutzt und außerdem von der Eigenschaft (i) einer Determinantenfunktion Gebrauch gemacht.

Satz 2 ('Charakterisierung der speziellen linearen Gruppe'):
Die spezielle lineare Gruppe $\mathrm{SL}(n, K)$ *besteht genau aus den Matrizen A aus $M_n(K)$ mit* $\det(A) = 1$.

Beweis: Ist $S \in \mathrm{SL}(n, K)$, so läßt sich S durch Anwendung elementarer Spaltenumformungen vom Typ I in die Einheitsmatrix E transformieren. Nach Bem. 2 zu Def. 1 gilt also $\det(S) = \det(E) = 1$. Sei umgekehrt A eine $n \times n$-Matrix über K, für welche $\det(A) = 1$ gilt. Nach F2 ist dann A zunächst invertierbar. Aufgrund von Satz 6 aus Kap. III besitzt A also eine Darstellung $A = SD_n(c)$ der Gestalt (22). Aus der Voraussetzung $\det(A) = 1$ folgt dann wegen F3 aber $1 = \det(S)\det(D_n(c)) = \det(D_n(c)) = c\det(E) = c$. Folglich gehört $A = SD_n(1) = S$ zu $\mathrm{SL}(n, K)$. $\square$

Durch Def. 1 wird noch eine Frage grundsätzlicher Art aufgeworfen, welche wir jetzt behandeln wollen: Die gegebene Definition einer Determinantenfunktion ist nämlich nicht symmetrisch in bezug auf Zeilen und Spalten von Matrizen, da sich die Forderungen (i) und (ii) jeweils ausdrücklich auf die S p a l t e n einer Matrix beziehen. Funktionen von $M_n(K)$ nach K, welche die zu (i), (ii), (iii) analogen Eigenschaften in bezug auf die <u>Zeilen</u> von Matrizen besitzen, wollen wir für den Moment '*Zeilendeterminantenfunktionen*' nennen im Gegensatz zu den durch Def. 1 definierten '*Spaltendeterminantenfunktionen*'. Nun ist aber eines klar: Ist $d\colon M_n(K) \to K$ eine beliebige Abbildung und definieren wir die Abbildung ${}^t d\colon M_n(K) \to K$ durch

$$ {}^t d(A) := d({}^t A),^* \tag{49}$$

so ist d genau dann eine Spaltendeterminantenfunktion (bzw. eine Zeilendeterminantenfunktion), wenn ${}^t d$ eine Zeilendeterminantenfunktion (bzw. eine Spaltendeterminantenfunktion) ist. Alles was daher schon über Spaltendeterminantenfunktionen festgestellt wurde, gilt entsprechend auch für Zeilendeterminantenfunktionen. Insbesondere

---

* ${}^t A$ bezeichnet die zu A *transponierte Matrix*, vgl. (100) in Kap. II.

folgt aus Satz 1, daß genau eine Zeilendeterminantenfunktion $M_n(K) \to K$ existiert, nämlich $'\det_n$. Darüber hinaus gilt nun aber sogar $'\det_n = \det_n$, also der folgende

Satz 3 ('Symmetrie der Determinante in Zeilen und Spalten'):
Für alle A aus $M_n(K)$ gilt

$$\det_n({}^tA) = \det_n(A). \tag{50}$$

Beweis: Wir weisen nach, daß $\det_n : M_n(K) \to K$ auch eine Zeilendeterminantenfunktion ist. Dann gilt wegen der Eindeutigkeit von Spaltendeterminantenfunktionen notwendig $'\det_n = \det_n$, also die Behauptung von Satz 2, vgl. (49).

(i): Die Multiplikation der i-ten Zeile von $A \in M_n(K)$ mit $a \in K$ wird bewirkt durch Multiplikation der Matrix A von links mit der speziellen Matrix $D_i^{(n)}(a)$, vgl. F24 in Kap. III. Für die Determinante von $A' := D_i^{(n)}(a)A$ folgt aber nach dem Multiplikationssatz (F3) sofort $\det(A') = \det(D_i^n(a))\det(A) = a\det(A)$.

(ii): Eine elementare Zeilenumformung vom Typ I einer Matrix $A \in M_n(K)$ wird bewirkt durch Multiplikation der Matrix A von links mit einer Elementarmatrix T. Wegen $\det(T) = 1$ ergibt sich aber für die Determinante von $A' := TA$ – wieder nach dem Multiplikationssatz – $\det(A') = \det(TA) = \det(T)\det(A) = \det(A)$. $\square$

Aufgrund von Satz 3 werden wir in Zukunft die Determinante $\det_n : M_n(K) \to K$ je nach Zweckmäßigkeit einmal als Zeilendeterminantenfunktion, ein andermal als Spaltendeterminantenfunktion betrachten, ohne dies jeweils besonders hervorzuheben.

F4 ('Entwicklung der Determinante nach einer beliebigen Zeile bzw. Spalte'):
Für jede Matrix $A = (a_{rs})$ aus $M_n(K)$ und jede natürliche Zahl $1 \le i \le n$ gilt

$$\det_n(A) = \sum_{j=1}^{n} (-1)^{i+j} a_{ij} \det_{n-1}(A_{ij}) \tag{51}$$

Hierbei bezeichnet A_{ij} diejenige $(n-1) \times (n-1)$-Matrix, welche aus A durch Streichen der i-ten Zeile und der j-ten Spalte hervorgeht, also

$$A_{ij} = \begin{pmatrix} a_{11} & \cdots & a_{1j} & \cdots & a_{1n} \\ \vdots & & \vdots & & \vdots \\ a_{i1} & \cdots & a_{ij} & \cdots & a_{in} \\ \vdots & & \vdots & & \vdots \\ a_{1n} & \cdots & a_{nj} & \cdots & a_{nn} \end{pmatrix} \begin{matrix} \\ \\ i \\ \\ \\ \end{matrix} \tag{52}$$

Man nennt (51) die 'Entwicklung von $\det_n(A)$ nach der i-ten Zeile von A'. Analog kann man $\det_n(A)$ auch 'nach der i-ten Spalte entwickeln':

$$\det_n(A) = \sum_{j=1}^{n} (-1)^{i+j} a_{ji} \det_{n-1}(A_{ji}) \tag{53}$$

Beweis: Wir wissen schon, daß (51) für $i = n$ gilt, vgl. (40). Sei jetzt also $i \neq n$, und sei $A' = (a'_{rs})$ die Matrix, welche aus A durch Vertauschung der n-ten mit der i-ten Zeile von A entsteht. Für jedes $1 \leq j \leq n$ geht dann A'_{nj} aus A_{ij} durch $(n - i - 1)$-malige Zeilenvertauschung hervor. Aufgrund von (17) haben wir dann also einerseits

$$\det(A') = -\det(A)$$

und andererseits

$$\det(A'_{nj}) = (-1)^{n-i-1} \det(A_{ij}) \quad \text{für jedes } 1 \leq j \leq n$$

Wendet man daher die Formel (40) auf die Matrix A' anstelle von A an, so erhält man in der Tat (51). Die Gültigkeit von (53) folgt nun durch Anwendung von (51) auf die transponierte Matrix ${}^tA$ anstelle von A unter Beachtung von Satz 3. $\square$

Es sei $A = (a_{rs})$ eine beliebige $n \times n$-Matrix über K. Wir behaupten, daß dann für natürliche Zahlen $1 \leq i$, $k \leq n$ mit $i \neq k$ auch noch die Relationen

$$\sum_{j=1}^{n} (-1)^{j+k} a_{ij} \det(A_{kj}) = 0 \quad (i \neq k) \tag{54}$$

sowie

$$\sum_{j=1}^{n} (-1)^{k+j} a_{ji} \det(A_{jk}) = 0 \quad (i \neq k) \tag{55}$$

gelten.

In der Tat: Sei A' die Matrix, welche aus A ensteht, indem man die k-te Zeile von A durch die i-te Zeile von A ersetzt (und sonst alles ungeändert läßt). Dann ist die i-te Zeile von A' gleich der k-ten Zeile von A', folglich gilt $\det(A') = 0$ nach F2. Die Entwicklung von $\det(A')$ nach der k-ten Zeile von A liefert aber gerade den Ausdruck auf der linken Seite von (54). Damit ist (54) bewiesen. Analog gilt (55). $\square$

Wir können all die vielen durch (51), (53), (54) und (55) ausgesprochenen Identitäten folgendermaßen zusammenfassen:

Satz 4 ('Cramersche Regel über die komplementäre Matrix'):
Zu $A = (a_{rs})$ *aus* $M_n(K)$ *definiere man die* <u>*zu* A *komplementäre*</u>
<u>*Matrix* $\tilde{A} = (\tilde{a}_{ij})$ *aus* $M_n(K)$ *durch*</u>

$$\tilde{a}_{ij} = (-1)^{i+j} \det_{n-1}(A_{ji}). \quad * \tag{56}$$

Dann gilt

$$\boxed{A\tilde{A} = \tilde{A}A = \det_n(A)\, E_n} \tag{57}$$

Beweis: Im Hinblick auf die explizite Beschreibung des Produktes zweier
Matrizen (vgl. Satz 4 in Kap. III) besagt (57) nichts anderes als die
Formeln (51), (53), (54) und (55) zusammengenommen. $\quad\square$

Als unmittelbare Konsequenz von Satz 4 erhalten wir

Satz 5 ('Cramersche Regel für die Matrixinversion'):
Es sei A *eine* $n \times n$-*Matrix über* K. *Ist* A *invertierbar, so gilt*
$\det(A) \neq 0$ (*vgl. F2*), *und für die Koeffizienten* a'_{ij} *der inversen Matrix*
A^{-1} *von* A *gilt*

$$a'_{ij} = \frac{1}{\det(A)} (-1)^{i+j} \det(A_{ji}) \quad \text{*für alle* } 1 \leq i, j \leq n \tag{58}$$

Beweis: Ist $\det(A) \neq 0$, so besteht aufgrund von (57) zwischen A^{-1} und
der komplementären Matrix $\tilde{A}$ zu A die Beziehung

$$A^{-1} = \frac{1}{\det(A)} \tilde{A} \tag{59}$$

Für $A^{-1} = (a'_{ij})$ besagt aber (59) im Hinblick auf die Definition (56) der
zu A komplementären Matrix $\tilde{A} = (\tilde{a}_{ij})$ genau dasselbe wie (58). $\quad\square$

Mit Satz 5 haben wir auch eine Antwort auf ein früher schon aufgetretenes
Problem erhalten (vgl. die Bem. 1 auf Seite 105 in Kap. III).

Nach (58) hat die Inverse einer invertierbaren 2×2-Matrix

$$A = \begin{pmatrix} a & b \\ c & d \end{pmatrix}$$

die Gestalt

$$A^{-1} = \frac{1}{\det(A)} \begin{pmatrix} d & -b \\ -c & a \end{pmatrix} \tag{60}$$

---

* Also: Für beliebige $1 \leq i, j \leq n$ habe $\tilde{A}$ an der Stelle (i, j) den Koeffizienten
$(-1)^{i+j} \det_{n-1} A_{ji}$. Man beachte die 'Verdrehung der Indizes' in (56).

Wir wollen jetzt noch eine Determinanteneigenschaft behandeln, die von prinzipiellem Interesse auch für die Berechnung von Determinanten vorgelegter Matrizen ist. Die quadratische Matrix A über K habe die Gestalt

$$A = \begin{pmatrix} B & C \\ 0 & B' \end{pmatrix} \tag{61}$$

mit quadratischen Matrizen $B \in M_m(K)$, $B' \in M_{m'}(K)$ und einer $m \times m'$-Matrix C; in der linken unteren Ecke stehe dabei die $m' \times m$-*Nullmatrix*. Wir behaupten, daß dann

$$\det(A) = \det(B)\det(B') \tag{62}$$

gilt (und somit insbesondere $\det(A)$ ganz unabhängig von C ist). Ist B oder B' singulär, so ist offenbar auch A singulär und somit (62) trivialerweise erfüllt. Seien also B und B' beide regulär. Man bringe dann B durch elementare Spaltenumformungen des Typs I auf die Gestalt $D_m(b)$ mit $b \in K^\times$. Die analogen Spaltenumformungen wende man auf die Matrix A an. Dann ist $\det(A)$ also gleich der Determinante der Matrix

$$A' = \begin{pmatrix} D_m(b) & C \\ 0 & B' \end{pmatrix} \text{ mit } b = \det(B)$$

Durch weitere geeignete Spaltenumformungen vom Typ I kann man hier offenbar C zum Verschwinden bringen, ohne daß der Wert der Determinante sich ändert. Jetzt ist klar, daß man die Matrix A' durch elementare Spaltenumformungen des Typs I schließlich in eine Matrix der Gestalt

$$A'' = \begin{pmatrix} D_n(b) & 0 \\ 0 & D_{m'}(b') \end{pmatrix} \text{ mit } b' = \det(B')$$

überführen kann. Es ist dann $\det(A) = \det(A'') = bb' = \det(B)\det(B')$. Damit ist die Behauptung (62) bewiesen. Durch Induktion gewinnt man daraus

Satz 6 ('Kästchenformel'):
Für beliebige quadratische Matrizen $B_1, B_2, \ldots, B_r$ über K gilt die Formel*

$$\begin{vmatrix} B_1 & & & * \\ & B_2 & & \\ & & \ddots & \\ O & & & B_r \end{vmatrix} = \prod_{i=1}^{r} |B_i| \tag{63}$$

---

* unter Verwendung der hier sehr zweckmäßigen Schreibweise (42).

(Hierbei deute * irgendwelche Koeffizienten oberhalb der *Kästchen* B_i an.)

Speziell ist die Determinante einer beliebigen <u>*oberen Dreiecksmatrix*</u>

$$A = \begin{pmatrix} a_{11} & a_{12} & \cdots & a_{1n} \\ & a_{22} & \cdots & a_{2n} \\ & & \ddots & \vdots \\ O & & & a_{nn} \end{pmatrix} \tag{64}$$

gleich dem Produkt ihrer Koeffizienten auf der Hauptdiagonalen:

$$\det(A) = a_{11}\, a_{22} \cdots a_{nn} \tag{65}$$

Bemerkung: Eine Matrix der in (63) zugrundegelegten Gestalt wird auch eine *verallgemeinerte obere Dreiecksmatrix* genannt. Wegen Satz 3 gilt die zu (63) analoge Aussage auch für jede verallgemeinerte untere Dreiecksmatrix. Im übrigen ergibt sich (65) aus (64) auch leicht mittels F4 (Beweis als *Übungsaufgabe* 2). $\square$

Am Schluß dieses Paragraphen seien die Grundeigenschaften der Determinante nochmals übersichtlich in den folgenden *zehn Determinantenregeln* zusammengestellt; alle vorkommenden Matrizen seien dabei als quadratisch vorausgesetzt.

Regel 1 ('Verhalten unter elementaren Umformungen'):
(i) *Geht die Matrix A' durch elementare Zeilen- und Spaltenumformungen vom Typ I aus der Matrix A hervor, so gilt*

$$\det(A') = \det(A)$$

(ii) *Geht die Matrix A' durch eine elementare Zeilen- oder Spaltenumformung vom Typ II aus der Matrix A hervor, so gilt*

$$\det(A') = -\det(A) \; *$$

(iii) *Geht die Matrix A' aus der Matrix A durch eine elementare Zeilen- oder Spaltenumformung des Typs III mit dem Faktor $a \in K$ hervor, so gilt*

$$\det(A') = a\, \det(A) \tag{66}$$

Insbesondere gilt für die Determinanten der in (193), (210) und (211) von Kap. III, §6 genannten speziellen Matrizen:

$$|T_{ij}(a)| = 1, \quad |D_i(a)| = a, \quad |P_{(i,j)}| = -1 \tag{67}$$

Ferner: Für alle $A \in M_n(K)$ und alle $a \in K$ gilt

---

* Wegen dieser Eigenschaft nennt man det eine '*alternierende Funktion*' in den Zeilen bzw. Spalten.

$$\det(aA) = a^n \det(A). \tag{68}$$

Dieser Sachverhalt ist natürlich von der Aussage (66) zu unterscheiden, aus deren wiederholter Anwendung er sich andererseits sofort ergibt.

Regel 2 ('Determinantenkriterium für die Invertierbarkeit von Matrizen'):

Für jede Matrix $A \in M_n(K)$ gilt

$$\det(A) \neq 0 \Leftrightarrow A \text{ invertierbar} \quad (K \text{ Körper}) \tag{69}$$

– oder anders ausgedrückt –

$$\text{Rang}(A) < n \Leftrightarrow \det(A) = 0 \tag{70}$$

Insbesondere gilt: Stimmen zwei Spalten (bzw. Zeilen) an verschiedenen Stellen von A miteinander überein, so ist $\det(A) = 0$.

Regel 3 ('Multilinearität der Determinante'):

Von jeder einzelnen Spalte (bzw. Zeile) von A aus $M_n(K)$ hängt $\det(A)$ *linear ab.*

Regel 4 ('Symmetrie in Zeilen und Spalten'):

Für alle A aus $M_n(K)$ gilt

$$\det({}^tA) = \det(A) \tag{71}$$

Regel 5 ('Multiplikationssatz'):

Für alle $A, B \in M_n(K)$ gilt

$$\det(AB) = \det(A)\det(B)$$

– oder in anderer sehr suggestiver Schreibweise –

$$|AB| = |A| \cdot |B| \tag{72}$$

Speziell gilt

$$\det(AB) = \det(BA), \tag{73}$$

und für jede invertierbare Matrix A ist

$$\det(A^{-1}) = \det(A)^{-1} \tag{74}$$

Regel 6 ('Entwicklung nach einer beliebigen Zeile bzw. Spalte'):

Für jede $n \times n$-Matrix $A = (a_{rs})$ über K und für jede natürliche Zahl $1 \leq i \leq n$ *gelten*

$$|A| = \sum_{j=1}^{n} (-1)^{i+j} a_{ij} |A_{ij}| \tag{75}$$

sowie

$$|A| = \sum_{j=1}^{n} (-1)^{i+j} a_{ji} |A_{ji}| \tag{76}$$

Regel 7 ('Cramersche Regel über die komplementäre Matrix'):
Für $A = (a_{rs}) \in M_n(K)$ sei $\tilde{A} = (\tilde{a}_{ij})$ die durch

$$\tilde{a}_{ij} = (-1)^{i+j} |A_{ji}|$$

definierte komplementäre Matrix zu A. Dann gilt

$$A\tilde{A} = \tilde{A}A = |A|\, E_n \; * \tag{77}$$

Regel 8 ('Cramersche Regel für die Matrixinversion'):
Ist A invertierbar, so wird die inverse Matrix $A^{-1} = (a'_{ij})$ von A durch

$$A^{-1} = |A|^{-1} \tilde{A} \tag{78}$$

gegeben. Für alle $1 \leq i, j \leq n$ gilt also

$$a'_{ij} = \frac{1}{|A|} (-1)^{i+j} |A_{ji}| \tag{79}$$

Regel 9 ('Vollständige Entwicklung einer Determinante'):
Für $A = (a_{rs})$ aus $M_n(K)$ ist

$$\det(A) = \sum_{\sigma \in S_n} \mathrm{sgn}(\sigma)\, a_{1,\,\sigma(1)}\, a_{2,\,\sigma(2)} \cdots a_{n,\,\sigma(n)} \dagger \tag{80}$$

Speziell für $n = 2$ ist

$$\begin{vmatrix} a & b \\ c & d \end{vmatrix} = ad - bc \tag{81}$$

Regel 10 ('Determinanten verallgemeinerter Dreiecksmatrizen'):
Hat eine quadratische Matrix A die Gestalt

$$A = \begin{pmatrix} B_1 & & * \\ & B_2 & \\ O & & B_r \end{pmatrix} \tag{82}$$

mit quadratischen Matrizen B_1, B_2, ..., B_r, wobei unterhalb der

---

* Regel 6 ist natürlich in Regel 7 enthalten.
† Die genaue Erklärung dieser Formel (und ihren Beweis) werden wir erst in §5 geben; wir haben sie aber hier der Vollständigkeit halber schon mit aufgeführt.

Kästchen B_1, B_2, ..., B_r lauter Nullen, oberhalb derselben aber beliebige Zahlen aus K stehen, so besitzt A die Determinante

$$|A| = |B_1| \cdot |B_2| \cdot \ldots \cdot |B_r|. \tag{83}$$

§4 Zur Berechnung von Determinanten (Beispiele)

Was die Berechnung von Determinanten numerisch vorgelegter Matrizen betrifft, so ist grundsätzlich der Weg der richtige, der uns überhaupt zum Determinantenbegriff geführt hat. Er besteht in der fortgesetzten Anwendung von Regel 1 des vorigen Paragraphen: Auf eine gegebene $n \times n$-Matrix A wende man so lange elementare Umformungen an, bis aus A eine Matrix entsteht, deren Determinante sich sofort ablesen läßt. Dabei darf man elementare Zeilen- und Spaltenumformungen nach Gutdünken durcheinander anwenden (ganz im Gegensatz übrigens zum Lösungsverfahren für lineare Gleichungssysteme). Bei dem wichtigsten Typ elementarer Umformungen, nämlich dem Typ I, bleibt die Determinante jeweils ungeändert; zieht man auch elementare Umformungen vom Typ II oder III heran, so hat man natürlich über die dadurch gemäß Regel 1 hinzukommenden Faktoren genau Buch zu führen.

Daß man prinzipiell mit der angegebenen Methode stets zum Ziel gelangt, ist klar: Das übliche in Kap. I geschilderte Gauß'sche Verfahren elementarer Umformungen führt im Falle einer *singulären* Matrix A früher oder später zu einer Matrix, die eine Nullspalte (oder Nullzeile) enthält und somit die Determinante 0 besitzt; im Fall einer *nichtsingulären* Matrix A erhält man am Schluß die Einheitsmatrix, deren Determinante gleich 1 ist. Im übrigen kommt man stets auch a l l e i n mit elementaren Zeilenumformungen vom Typ I aus; bei Anwendung derselben nach dem Rezept von Kap. I stellt sich nämlich heraus, ob A singulär ist oder nicht. Im ersten Fall ist $\det(A) = 0$; im zweiten gelangt man nach Kap. III, §6 zu einer Diagonalmatrix der Gestalt $D_n(a)$, woraus sich dann $\det(A) = a$ ergibt.

Wie gesagt, hat man zur Berechnung der Determinante einer gegebenen Matrix A elementare Umformungen nur so lange anzuwenden, bis man hierdurch zu einer Matrix gelangt, deren Determinante schon bekannt ist. Dies trifft zum Beispiel ganz allgemein für Dreiecksmatrizen zu, vgl. die Regel 10 (bzw. Satz 6) des vorigen Paragraphen.

Beispiel 1: Es soll die Determinante der 4×4-Matrix

$$A = \begin{pmatrix} 1 & 3 & 4 & 2 \\ 1 & 4 & 2 & 0 \\ 0 & 2 & 1 & 3 \\ 1 & -5 & 0 & -1 \end{pmatrix}$$

(über $\mathbb{R}$) berechnet werden: Indem man geeignete Vielfache der ersten Zeile von den übrigen abzieht – wobei sich die Determinante nach Regel 1 nicht ändert – erhält man

$$\det(A) = \begin{vmatrix} 1 & 3 & 4 & 2 \\ 0 & 1 & -2 & -2 \\ 0 & 2 & 1 & 3 \\ 0 & -8 & -4 & -3 \end{vmatrix}$$

Addition geeigneter Vielfacher der zweiten Zeile zur dritten und vierten führt zu

$$\begin{vmatrix} 1 & 3 & 4 & 2 \\ 0 & 1 & -2 & -2 \\ 0 & 0 & 5 & 7 \\ 0 & 0 & -20 & -19 \end{vmatrix}$$

Durch Addition des 4-fachen der dritten Zeile zur vierten gelangt man schließlich zu

$$\det(A) = \begin{vmatrix} 1 & 3 & 4 & 2 \\ 0 & 1 & -2 & -2 \\ 0 & 0 & 5 & 7 \\ 0 & 0 & 0 & 9 \end{vmatrix} = 1 \cdot 1 \cdot 5 \cdot 9 = 45$$

Bei der Berechnung von Determinanten kann bisweilen neben der grundsätzlichen *Methode der elementaren Umformungen* gemäß Regel 1 sowie der Möglichkeit, die '*Kästchenformel*' (*Regel* 10) ins Spiel zu bringen, auch die Anwendung der *Regeln* 3, 4, 5 *und* 6 zusätzliche Hilfestellung leisten. Die *Regel* 6 (*Entwicklung nach einer Zeile oder Spalte*) bietet sich insbesondere dann an, wenn in einer gewissen Zeile oder Spalte einer Matrix überwiegend Nullen stehen:

Beispiel 2:

$$\begin{vmatrix} 2 & 10 & 4 & 0 \\ 2 & 3 & 1 & 5 \\ 0 & 0 & 1 & 0 \\ 4 & 6 & 2 & 3 \end{vmatrix} = \begin{vmatrix} 2 & 10 & 0 \\ 2 & 3 & 5 \\ 4 & 6 & 3 \end{vmatrix} = \begin{vmatrix} 2 & 10 & 0 \\ 0 & -7 & 5 \\ 0 & -14 & 3 \end{vmatrix} = 2 \begin{vmatrix} -7 & 5 \\ -14 & 3 \end{vmatrix}$$

$$= 2(-21 + 70) = 98$$

Hier haben wir zunächst nach der dritten Zeile entwickelt und dann die Determinante der entstandenen 3×3-Matrix mittels elementarer Umformungen bestimmt.

Oft stellt sich das Problem, die Determinante von Matrizen einer bestimmten allgemeinen Gestalt in geschlossener Form anzugeben. Dies kann mitunter schwierig sein; wie man bei einer solchen Aufgabe zum Ziel kommt, ist nicht immer leicht zu erkennen. In manchen Fällen bedarf es dazu eines gewissen Geschickes, welches ohne Übung und Erfahrung kaum zu erlangen ist.

Beispiel 3: Zur Illustration der eben genannten Fragestellung stellen wir uns die Aufgabe, für beliebige Zahlen a_1, a_2, ..., a_n aus K die Determinante der $n \times n$-Matrix

$$A = \begin{pmatrix} 1 & a_1 & a_1^2 & \ldots & a_1^{n-1} \\ 1 & a_2 & a_2^2 & \ldots & a_2^{n-1} \\ \vdots & \vdots & \vdots & & \vdots \\ 1 & a_n & a_n^2 & \ldots & a_n^{n-1} \end{pmatrix} \tag{84}$$

(als geschlossenen Ausdruck in den a_1, a_2, ..., a_n) zu berechnen; eine Matrix dieser Gestalt nennt man eine *Vandermonde'sche Matrix.** Hierzu gehen wir (für $n \geq 2$) wie folgt vor: Wir subtrahieren das a_1-fache der vorletzten Spalte von der letzten, dann subtrahieren wir das a_1-fache der $(n-2)$-ten Spalte von der $(n-1)$-ten Spalte usw., am Schluß wird das a_1-fache der ersten Spalte von der zweiten Spalte subtrahiert. Man erhält so aus der Matrix A die folgende Matrix

$$\begin{pmatrix} 1 & 0 & 0 & \ldots & 0 \\ 1 & a_2 - a_1 & a_2^2 - a_1 a_2 & \ldots & a_2^{n-1} - a_1 a_2^{n-2} \\ \vdots & \vdots & \vdots & & \vdots \\ 1 & a_n - a_1 & a_n^2 - a_1 a_n & \ldots & a_n^{n-1} - a_1 a_n^{n-2} \end{pmatrix}$$

Da man nur elementare Umformungen vom Typ I vorgenommen hat, besitzt diese Matrix die gleiche Determinante wie A. Entwickelt man nach der ersten Zeile, so erhält man

$$\det(A) = \begin{vmatrix} a_2 - a_1 & a_2^2 - a_1 a_2 & \ldots & a_2^{n-1} - a_1 a_2^{n-2} \\ \vdots & \vdots & & \vdots \\ a_n - a_1 & a_n^2 - a_1 a_n & \ldots & a_n^{n-1} - a_1 a_n^{n-2} \end{vmatrix}$$

Hier kann man nun offenbar jeweils aus der i-ten Zeile den Faktor $a_{i+1} - a_1$ herausziehen:

$$\det(A) = \prod_{j=2}^{n} (a_j - a_1) \begin{vmatrix} 1 & a_2 & a_2^2 & \ldots & a_2^{n-2} \\ 1 & a_3 & a_3^2 & \ldots & a_3^{n-2} \\ \vdots & \vdots & \vdots & & \vdots \\ 1 & a_n & a_n^2 & \ldots & a_n^{n-2} \end{vmatrix} \tag{85}$$

Der zweite Faktor auf der rechten Seite ist jetzt aber die Determinante einer Matrix von der gleichen Bauart wie die Ausgangsmatrix A, nur mit einer um 1 verminderten Zeilen- und Spaltenzahl. Insgesamt gelangt man somit zu dem folgenden Ergebnis:

$$\begin{vmatrix} 1 & a_1 & a_1^2 & \ldots & a_1^{n-1} \\ 1 & a_2 & a_2^2 & \ldots & a_2^{n-1} \\ \vdots & \vdots & \vdots & & \vdots \\ 1 & a_n & a_n^2 & \ldots & a_n^{n-1} \end{vmatrix} = \prod_{1 \leq i < j \leq n} (a_j - a_i), \tag{86}$$

---

*Nach dem französischen Mathematiker *A. T. Vandermonde* (1735–1796), einem der Begründer der Determinantenrechnung.

6*

wobei das Produkt über alle Paare (i, j) natürlicher Zahlen mit $1 \le i < j \le n$ zu bilden ist. (*Übungsaufgabe* 3: Man führe den Induktionsschluß, mit dem man (86) aus (85) erhält, wirklich durch.) $\square$

Beispiel 4: Wir wollen zeigen, daß

$$\begin{vmatrix} 1 & 2 & 3 & \dots & n \\ 1 & 2^3 & 3^3 & \dots & n^3 \\ \vdots & \vdots & & & \vdots \\ 1 & 2^{2n-1} & & \dots & n^{2n-1} \end{vmatrix} = 1!\,3!\,5!\dots(2n-1)! \tag{87}$$

gilt. In der Tat: Aus der zweiten Spalte kann man den Faktor 2, aus der dritten Spalte den Faktor 3 herausziehen usw. Die Determinante auf der linken Seite von (87) hat also den Wert

$$a := n! \cdot \begin{vmatrix} 1 & 1 & \dots & 1 \\ 1 & 2^2 & \dots & n^2 \\ 1 & (2^2)^2 & \dots & (n^2)^2 \\ \vdots & \vdots & & \vdots \\ 1 & (2^2)^{n-1} & \dots & (n^2)^{n-1} \end{vmatrix}$$

Hier steht nun aber auf der rechten Seite eine *Vandermonde'sche Determinante*; nach (86) gilt also (unter Beachtung von *Regel* 4)

$$a = n! \prod_{1 \le i < j \le n} (j^2 - i^2)$$

Wegen $j^2 - i^2 = (j - i)(j + i)$ kann man hier nun das Produkt auf der rechten Seite in zwei Teilprodukte zerlegen; man erhält dann

$$a = n! \cdot 2! \cdot 3! \cdot \dots \cdot (n - 1)! \,\frac{3!}{2!} \cdot \frac{5!}{3!} \cdot \dots \cdot \frac{(2n - 1)!}{n!}$$

und somit die Behauptung (87). $\square$

Beispiel 5: Für beliebige $x_1, x_2, \dots, x_n$ aus K wollen wir

$$d_n = d_n(x_1, \dots, x_n) = \begin{vmatrix} 1 + x_1 & 1 & \dots & 1 \\ 1 & 1 + x_2 & \dots & 1 \\ \vdots & \vdots & & \vdots \\ 1 & 1 & \dots & 1 + x_n \end{vmatrix} \tag{88}$$

berechnen. Hier führt *Regel* 3 zum Ziel: Aufgrund der *Linearität* der Determinante in der letzten Spalte ist nämlich

$$d_n = \begin{vmatrix} 1 + x_1 & 1 & \dots & 1 \\ 1 & 1 + x_2 & \dots & 1 \\ \vdots & \vdots & & \vdots \\ \vdots & \vdots & & \vdots \\ 1 & 1 & \dots & 1 \end{vmatrix} + \begin{vmatrix} 1 + x_1 & 1 & \dots & 0 \\ 1 & 1 + x_2 & \dots & 0 \\ \vdots & \vdots & & \vdots \\ \vdots & \vdots & & 0 \\ 1 & 1 & \dots & x_n \end{vmatrix} \tag{89}$$

Wie man durch Substraktion der letzten Zeile von den übrigen Zeilen sofort erkennt, gilt für den ersten Summanden von (89) die Gleichung

$$
\begin{vmatrix}
1+x_1 & 1 & \cdots & \cdots & 1 \\
1 & 1+x_2 & \cdots & \cdots & 1 \\
\vdots & \vdots & & & \vdots \\
\vdots & \vdots & & & \vdots \\
1 & 1 & \cdots & \cdots & 1
\end{vmatrix}
=
\begin{vmatrix}
x_1 & 0 & \cdots & \cdots & 0 \\
0 & x_2 & 0 & \cdots & 0 \\
\vdots & & \ddots & & \vdots \\
\vdots & & & x_{n-1} & 0 \\
1 & \cdots & \cdots & 1 & 1
\end{vmatrix}
$$

Somit erhält man für den gesuchten Determinantenwert die Rekursionsformel

$$
d_n(x_1, \ldots, x_n) = x_1 x_2 \ldots x_{n-1} + x_n d_{n-1}(x_1, \ldots, x_{n-1})
$$

Mittels Induktion verifiziert man dann schließlich, daß

$$
d_n(x_1, \ldots, x_n) = x_1 x_2 \ldots x_n + \sum_{i=1}^{n} \left(\prod_{j \neq i} x_j \right) \tag{90}
$$

gilt.

§5 Die Darstellung der Determinante einer Matrix nach Leibniz

Wir untersuchen zunächst das Verhalten von $\det_n(A)$ bei einer beliebigen *Permutation* der Spalten (bzw. Zeilen) von A. Hierzu seien einige einfache Grundtatsachen über Permutationen vorangestellt: Ist M eine beliebige nichtleere Menge, so bezeichnen wir mit

$$S(M)$$

die Menge aller *bijektiven* Abbildungen $\sigma: M \to M$ von M in sich. Bezüglich Hintereinanderausführung bildet $S(M)$ offenbar eine *Gruppe*. Ihre Elemente werden auch *Permutationen von M* genannt. Ist $N := \{1, 2, \ldots, n\}$ die Menge der ersten n natürlichen Zahlen, so verwenden wir auch die Bezeichnung

$$
S_n := S(N) \tag{91}
$$

und nennen $S(N)$ die *symmetrische Gruppe (des Grades n)*. Von nun an sei n eine feste natürliche Zahl und

$$
N = \{1, 2, \ldots, n\}. \tag{92}
$$

Für $n > 1$ betrachten wir die Gesamtheit

$$
S_n(k) = \{\sigma \in S_n \mid \sigma(k) = k\}
$$

aller Permutationen σ von N, welche das Element k aus N festlassen. Dann ist $S_n(k)$ offenbar eine *Untergruppe* von S_n, und wir können $S_n(n)$ mit S_{n-1} identifizieren:

$$S_n(n) = S_{n-1} \tag{93}$$

Es seien i, j natürliche Zahlen mit $i < j \leq n$. Mit $\tau = \tau(i, j)$ bezeichnen wir diejenige Permutation aus S_n, welche i in j, j in i abbildet und alle übrigen Elemente k aus N läßt. Eine solche Permutation heißt eine *Transposition*. Für Transpositionen gilt insbesondere

$$\tau^2 = \tau \circ \tau = \varepsilon, \quad \tau^{-1} = \tau,$$

wobei wir mit ε die identische Abbildung von N, d.h. das Einselement von S_n bezeichnet haben.* Setzen wir (für den Moment)

$$\tau^{(i)} := \tau(i, n) \quad \text{mit } 1 \leq i \leq n - 1$$

$$\tau^{(n)} := \varepsilon,$$

so haben wir für jedes Element σ von S_n die folgende Produktdarstellung:

$$\sigma = \tau^{(i)} \rho \quad \text{mit } \rho \in S_n(n) \tag{94}$$

(Ist $i := \sigma(n)$, so setze einfach $\rho := \tau^{(i)} \circ \sigma$.) Die Darstellung (94) ist offenbar *eindeutig*. Hieraus erkennt man, daß für die Elementeanzahlen gilt:

$$\#(S_n) = n \cdot \#(S_n(n)) = n \cdot \#(S_{n-1}) \tag{95}$$

Durch Induktion nach n ergibt sich aus (93), (94) und (95) sofort

F5: *Die symmetrische Gruppe S_n besitzt genau $n! = 1 \cdot 2 \cdot 3 \cdot \ldots \cdot n$ verschiedene Elemente. Jede Permutation aus S_n ist als Produkt*

$$\sigma = \tau_1 \tau_2 \ldots \tau_r \tag{96}$$

von Transpositionen $\tau_1, \ldots, \tau_r$ mit $r \leq n$ darstellbar.† $\quad \square$

Sei jetzt K ein beliebiger Körper. Zu einem beliebigen $\sigma \in S_n$ betrachten wir dann die lineare Abbildung $P_\sigma : K^n \to K^n$, definiert durch

$$P_\sigma e_i = e_{\sigma(i)}, \quad 1 \leq i \leq n \tag{97}$$

Hierbei ist – wie immer – $e_1, e_2, \ldots, e_n$ die kanonische Basis von K^n. Als Matrix hat P_σ also das Spaltensystem‡

$$(e_{\sigma(1)}, e_{\sigma(2)}, \ldots, e_{\sigma(n)})$$

---

* Wir schreiben auch $1 = \varepsilon$, wenn keine Mißverständnisse zu befürchten sind.

† Die Darstellung (96) ist allerdings ni c ht eindeutig, noch ist die Anzahl r der darin auftretenden Faktoren eindeutig bestimmt; man betrachte z.B. den Fall $\sigma = \varepsilon$.

‡ Denn: '*Die Spalten sind die Bilder der kanonischen Einheitsvektoren*' (vgl. Kap. III, F9).

Die Matrix P_σ geht somit aus der $n \times n$-Einheitsmatrix durch eine Permutation ihrer Spalten hervor. Eine solche Matrix nennt man eine *Permutationsmatrix*, und zwar heißt P_σ die zu $\sigma \in S_n$ gehörige Permutationsmatrix.

Eine Permutationsmatrix P ist dadurch gekennzeichnet, daß sie als Koeffizienten nur Nullen und Einsen besitzt, wobei in jeder Zeile und in jeder Spalte genau eine 1 stehen. Zum Beispiel ist die Matrix (211) in Kap. III eine spezielle Permutationsmatrix; es handelt sich bei ihr gerade um die zu der Transposition $\tau(i, j)$ gehörige Permutationsmatrix $P_{\tau(i,j)}$.

Aufgrund der Definition (97) hat man für alle σ, τ aus S_n die folgende Multiplikationseigenschaft:

$$P_\sigma P_\tau = P_{\sigma\tau} \tag{98}$$

Die Gesamtheit aller Permutationsmatrizen aus $M_n(K)$ bildet daher eine Gruppe bezüglich Multiplikation von Matrizen; diese Gruppe ist natürlich *isomorph* zur symmetrischen Gruppe S_n.

Es sei jetzt $A \in M_n(K)$ eine beliebige $n \times n$-Matrix über K, und sei $v_1, v_2, \ldots, v_n$ das System ihrer Spalten. Für $\sigma \in S_n$ bezeichnen wir mit A_σ diejenige Matrix, deren Spaltensystem gerade $v_{\sigma(1)}, v_{\sigma(2)}, \ldots, v_{\sigma(n)}$ ist, also

$$A_\sigma = (v_{\sigma(1)}, v_{\sigma(2)}, \ldots, v_{\sigma(n)})\,{}^*$$

Wegen (97) gilt dann

$$A_\sigma = AP_\sigma \tag{99}$$

Somit kann eine Permutation der Spalten einer Matrix A gedeutet werden als Multiplikation von A mit einer Permutationsmatrix. Aus (99) folgt nun zunächst

$$\det(A_\sigma) = \det(v_{\sigma(1)}, \ldots, v_{\sigma(n)}) = \det(A)\det(P_\sigma) \tag{100}$$

Um also die eingangs gestellte Frage zu beantworten, haben wir $\det(P_\sigma)$ zu berechnen. Speziell für jede Transposition $\tau = \tau(i, j)$ gilt nun

$$\det(P_\tau) = -1, \tag{101}$$

denn bei Vertauschen zweier Spalten wechselt die Determinante das Vorzeichen, vgl. *Regel* 1(*ii*). Eine beliebige Permutation σ aus S_n ist aber nach F5 als Produkt (96) von Transpositionen darstellbar; also gilt mit (96)

$$\det(P_\sigma) = \det(P_{\tau_1})\det(P_{\tau_2})\ldots\det(P_{\tau_r}) = (-1)^r \tag{102}$$

Setzen wir daher für jedes σ aus S_n

---

* Speziell für die $n \times n$-Einheitsmatrix E ist also $E_\sigma = P_\sigma$.

$$\boxed{\operatorname{sgn}(\sigma) := \det(\boldsymbol{P}_\sigma)} \;, \tag{103}$$

so erhalten wir eine Funktion sgn: $S_n \to \{+1, -1\}$, die jeder Permutation σ aus S_n eine der Zahlen 1 oder -1 zuordnet, und zwar ist $\operatorname{sgn}(\sigma) = +1$ oder $\operatorname{sgn}(\sigma) = -1$, je nachdem ob die Anzahl r der Transpositionen in einer Darstellung (96) von σ als Produkt von Transpositionen eine *gerade* oder eine *ungerade* Zahl ist. Mann nennt $\operatorname{sgn}(\sigma)$ das *Vorzeichen der Permutation σ.* – Wir fassen zusammen:

F6: *Es gibt (genau) eine Funktion*

$$\operatorname{sgn}: S_n \to \{1, -1\}, \tag{104}$$

welche die folgende Bedingung erfüllt: Ist A eine beliebige $n \times n$-Matrix über K und $(v_1, \ldots, v_n)$ das System ihrer Spalten, so gilt für jede Permutation σ aus S_n

$$\det(\boldsymbol{A}_\sigma) = \det(v_{\sigma(1)}, v_{\sigma(2)}, \ldots, v_{\sigma(n)}) = \operatorname{sgn}(\sigma)\det(\boldsymbol{A}) \tag{105}$$

Die Funktion sgn besitzt ferner die folgenden Eigenschaften:

$$\operatorname{sgn}(\sigma) = \det(\boldsymbol{P}_\sigma) = \det(e_{\sigma(1)}, e_{\sigma(2)}, \ldots, e_{\sigma(n)}) \tag{106}$$

$$\operatorname{sgn}(\sigma\tau) = \operatorname{sgn}(\sigma)\operatorname{sgn}(\tau), \quad \operatorname{sgn}(\varepsilon) = 1, \quad \operatorname{sgn}(\sigma^{-1}) = \operatorname{sgn}(\sigma) \tag{107}$$

Für ein σ aus S_n gilt $\operatorname{sgn}(\sigma) = +1$ genau dann, wenn in einer (und damit jeder) Darstellung von σ als Produkt von Transpositionen deren Anzahl gerade ist. In diesem Fall nennt man σ eine gerade Permutation, andernfalls eine ungerade Permutation.

Bemerkungen: (1) Wie gesagt, ist eine Darstellung (96) einer Permutation σ als Produkt von Transpositionen $\tau_1, \tau_2, \ldots, \tau_r$ nicht nur auf eine Weise möglich; aber bei allen solchen Darstellungen ist r entweder stets gerade oder stets ungerade.

(2) Nach unserer Herleitung hängt sgn streng genommen von dem zugrundegelegten Körper K ab, so daß wir eigentlich sgn_K schreiben müßten. Wenn wir aber im folgenden unter sgn die zum Körper $\mathbb{Q}$ der rationalen Zahlen gehörige Vorzeichenabbildung verstehen, welche die ganzen Zahlen 1 und -1 als Werte annimmt, so gilt einfach

$$\operatorname{sgn}_K(\sigma) = \operatorname{sgn}(\sigma)\, 1_K \quad \text{für jedes } \sigma \in S_n,$$

wobei wir zur Unterscheidung das Einselement von K mit 1_K bezeichnet haben.

Wir wenden uns jetzt dem eigentlichen Gegenstand dieses Paragraphen zu, nämlich der früher schon erwähnten Frage, in welcher Weise man die Determinante einer $n \times n$-Matrix

$$A = (a_{ij})$$

über K als *expliziten Ausdruck* ihrer Koeffizienten a_{ij} erhält. Sei $v_1, v_2, \ldots, v_n$ das System der Spalten von A. Dann ist zunächst

$$\det(A) = \det(v_1, \ldots, v_n) = \det\left(\sum_{i=1}^{n} a_{i1}\,e_i,\ \sum_{i=1}^{n} a_{i2}\,e_i,\ \ldots,\ \sum_{i=1}^{n} a_{in}\,e_i\right)$$

Berechnet man diesen Ausdruck unter Ausnutzung der 'Multilinearität der Determinante' (vgl. *Regel* 3 bzw. F 1), so erhält man, wenn

$$N = \{1, 2, \ldots, n\}$$

gesetzt wird, für $\det(A)$ den folgenden Ausdruck

$$\det(A) = \sum_{(i_1,\, i_2,\, \ldots,\, i_n)\, \in\, N^n} a_{i_1,1}\, a_{i_2,2} \cdots a_{i_n,n}\, \det(e_{i_1}, e_{i_2}, \ldots, e_{i_n}) \qquad (108)$$

Summiert wird dabei über alle n-Tupel $(i_1, i_2, \ldots, i_n)$ von Elementen aus $N = \{1, 2, \ldots, n\}$. Stimmen nun in einem solchen n-Tupel zwei Zahlen an verschiedenen Plätzen überein, so gilt einfach $\det(e_{i_1}, e_{i_2}, \ldots, e_{i_n}) = 0$, vgl. *Regel* 2. Also haben wir in (108) nur über diejenigen n-Tupel $(i_1, i_2, \ldots, i_n)$ zu summieren, für welche

$$\{i_1, \ldots, i_n\} = \{1, 2, \ldots, n\} \qquad (109)$$

gilt. Ist $(i_1, i_2, \ldots, i_n)$ ein solches n-Tupel, so ist die durch $\sigma(k) = i_k$ definierte Abbildung $\sigma: N \to N$ offenbar eine *Permutation* von N, also σ ein Element von S_n. Umgekehrt definiert jedes σ aus S_n vermöge $i_k := \sigma(k)$ ein n-Tupel $(i_1, \ldots, i_n)$, welches (109) erfüllt. Insgesamt erhalten wir somit aus (108)

$$\det(A) = \sum_{\sigma \in S_n} a_{\sigma(1),1}\, a_{\sigma(2),2} \cdots a_{\sigma(n),n}\, \det(e_{\sigma(1)}, e_{\sigma(2)}, \ldots, e_{\sigma(n)}),$$

wobei jetzt einfach über alle Permutationen aus S_n summiert wird. Benutzt man nun noch (106) aus F 6, so erhalten wir schließlich die Formel:

$$\det(A) = \sum_{\sigma \in S_n} \mathrm{sgn}(\sigma)\, a_{\sigma(1),1}\, a_{\sigma(2),2} \cdots a_{\sigma(n),n}.^{*} \qquad (110)$$

Satz 7 (Vollständige Entwicklung der Determinante nach Leibniz):†

  Es sei $A = (a_{ij})$ eine beliebige $n \times n$-Matrix über dem Körper K. Dann gilt die Formel

---

* Wegen der *Determinantenregel* 4 besagt diese Formel genau dasselbe wie die nachstehende Formel (111).

† *Leibniz* (1646–1716), deutscher Philosoph und Mathematiker (außerdem Theologe, Jurist, Naturwissenschaftler, Sprachforscher, Historiker und Diplomat).

$$\det{}_n(A) = \sum_{\sigma \in S_n} \operatorname{sgn}(\sigma)\, a_{1,\sigma(1)}\, a_{2,\sigma(2)} \cdots a_{n,\sigma(n)} \qquad\qquad (111)$$

Bemerkungen: (1) Die Formel (111) von Leibniz besticht durch ihre außerordentliche formale Eleganz und Geschlossenheit. Ihre Bedeutung liegt jedoch nicht etwa darin, daß sie zur Determinantenberechnung vorgelegter Matrizen geeignet wäre. Was diese betrifft, so ist hierfür nach wie vor §4 zuständig, wo wir einiges dazu ausgeführt haben.

(2) Aus der Formel (111) kann man ersehen, wie die Determinante einer Matrix $A = (a_{ij})$ von deren Koeffizienten prinzipiell abhängt. Insbesondere ist $\det(A)$ nach (111) eine Polynomfunktion in den n^2 Koeffizienten a_{ij} von A als Variablen. Als solche ist sie im Fall $K = \mathbb{R}$ oder $K = \mathbb{C}$ zum Beispiel *stetig.*

(3) Sei $A = (a_{ij})$ eine $n \times n$-Matrix über dem Körper $\mathbb{Q}$ der rationalen Zahlen. Setzt man dann voraus, daß alle Koeffizienten a_{ij} von A ganzzahlig sind, also in $\mathbb{Z}$ liegen, so ist aus (111) sofort ersichtlich, daß auch $\det(A)$ eine ganze Zahl ist. Diese einfache, aber wichtige Tatsache ist ohne Benutzung von Satz 7 nicht selbstverständlich.

(4) Für $n = 2$ bzw. $n = 3$ liefert (111) die früher schon hergeleiteten Formeln (43) bzw. (44); man verifiziere dies als *Übungsaufgabe* 4.

(5) Die Formel (111) geht auf *Leibniz* zurück; er hat sie zur Definition der Determinante einer $n \times n$-Matrix $A = (a_{ij})$ benutzt. So hätten im Prinzip natürlich auch wir vorgehen können; in der Tat ist es jedenfalls ohne größere Mühe möglich, sich davon zu überzeugen, daß die durch die rechte Seite von (110) definierte Funktion $M_n(K) \to K$ die drei Eigenschaften einer Determinantenfunktion im Sinne von Def. 1 besitzt. Allerdings wäre diese Vorgehensweise doch weniger natürlich gewesen als der hier von uns eingeschlagene Weg. Abgesehen davon bereitet der Umgang mit einer Formel wie (110) dem Anfänger mitunter auch gewisse Schwierigkeiten.

§6 Alternierende Multilinearformen*

In diesem Abschnitt wollen wir das, was wir bisher über Determinanten schon gesagt haben, von einem etwas allgemeineren Gesichtspunkt aus betrachten; hierdurch werden wir weitere Aussagen über Determinanten auch übersichtlicher formulieren und beweisen können.

Definition 2 ('Alternierende Multilinearform'):
Es sei V ein Vektorraum über dem Körper K. Ferner sei m eine natürliche Zahl. Eine Funktion $\alpha: V^m \to K$ heißt eine *alternierende*

---

* Dieser Paragraph soll der Erweiterung und Vertiefung des Determinantenbegriffs dienen; er kann bei der ersten Lektüre dieses Buches aber auch übergangen werden.

Multilinearform auf V in m Variablen, falls α die folgenden beiden Eigenschaften besitzt:

(i) α ist *multilinear*, d.h. für jedes i mit $1 \le i \le m$ sind alle Abbildungen der Gestalt

$$v \mapsto \alpha(v_1, \ldots, v_{i-1}, v, v_{i+1}, \ldots, v_m) \atop \underset{i}{\uparrow} \tag{112}$$

lineare Abbildungen von V nach K; hierbei sind die $v_j \in V$ fest, aber beliebig.

(ii) α ist *alternierend*, d.h. für jedes m-Tupel $(v_1, \ldots, v_m)$ von Vektoren aus V, bei dem für ein Indexpaar (i, j) mit $i \neq j$ der Vektor v_i mit dem Vektor v_j übereinstimmt, gilt $\alpha(v_1, \ldots, v_m) = 0$.

Bemerkungen und Beispiele: (1) Der Definitionsbereich einer alternierenden Multilinearform auf V in m Variablen ist der Vektorraum V^m aller m-Tupel $(v_1, v_2, \ldots, v_m)$ von Vektoren $v_1, \ldots, v_m$ aus V.

(2) Wir bezeichnen mit

$$\mathrm{Alt}_m(V) \tag{113}$$

die Gesamtheit aller alternierenden Multilinearformen auf V in m Variablen. In natürlicher Weise ist $\mathrm{Alt}_m(V)$ ein *K-Vektorraum*. Für einen n-dimensionalen K-Vektorraum V ist offenbar

$$\mathrm{Alt}_m(V) \simeq \mathrm{Alt}_m(K^n) \tag{114}$$

(3) Wie sich aus unseren Betrachtungen bald ergeben wird, hat $\mathrm{Alt}_m(V)$ für einen n-dimensionalen Vektorraum V die Dimension

$$\dim \mathrm{Alt}_m(V) = \binom{n}{m} \tag{115}$$

mit dem *Binomialkoeffizienten*

$$\binom{n}{m} = \frac{n!}{(n-m)! \, m!} = \frac{n(n-1)(n-2)\ldots(n-m+1)}{1 \cdot 2 \cdot 3 \cdot \ldots \cdot m}$$

Für $m > n$ ist dabei $\binom{n}{m} = 0$ zu setzen.

(4) *Aufgrund der Determinantenregeln 3 und 2 (vgl. auch F1) ist $\det_n$ eine alternierende Multilinearform auf $V := K^n$ in n Variablen.*

F7: *Jede alternierende Multilinearform $\alpha\colon V^m \to K$ besitzt die folgenden Eigenschaften:*

(*a*) *Bei Platzvertauschung zweier Vektoren in einem System $(v_1, \ldots, v_m)$ von Vektoren aus V (d.h. bei Anwendung einer elementaren Umformung vom Typ II) findet ein Vorzeichenwechsel statt:*

$$\alpha(\ldots, v_i, \ldots, v_j, \ldots) = -\alpha(\ldots, v_j, \ldots, v_i, \ldots) \tag{116}$$
$$\underset{i}{\uparrow} \quad \underset{j}{\uparrow} \qquad \underset{i}{\uparrow} \quad \underset{j}{\uparrow}$$

(*b*) α *ist invariant unter elementaren Umformungen vom Typ I:*

$$\alpha(\ldots, v_i + av_j, \ldots, v_j, \ldots) = \alpha(\ldots, v_i, \ldots, v_j, \ldots) \tag{117}$$
$$\underset{i}{\uparrow} \qquad \underset{j}{\uparrow} \qquad \underset{i}{\uparrow} \quad \underset{j}{\uparrow}$$

(*c*) *Für $(v_1, \ldots, v_m) \in V^m$ gilt:*

$$\mathrm{Rang}(v_1, \ldots, v_m) < m \Rightarrow \alpha(v_1, \ldots, v_m) = 0. \tag{118}$$

Beweis: (a) Wir betrachten o.E. den Fall $m = 2$. Es gilt

$$0 = \alpha(v_1 + v_2, v_1 + v_2)$$
$$= \alpha(v_1, v_1) + \alpha(v_1, v_2) + \alpha(v_2, v_1) + \alpha(v_2, v_2)$$
$$= \alpha(v_1, v_2) + \alpha(v_2, v_1),$$

also in der Tat $\alpha(v_1, v_2) = -\alpha(v_2, v_1)$.

(b) Aufgrund der Multilinearität von α ist die linke Seite von (117) Summe zweier Elemente aus K, von denen das zweite aber verschwindet, weil α alternierend ist.

(c) Dies folgt aus (117) genau wie im Falle $\alpha = \det$, vgl. Bem. 3 zu Def. 1.

Bemerkungen: (1) Eine Multilinearform α mit der Eigenschaft (116) ist *alternierend*, vorausgesetzt, in K gilt $1 + 1 \neq 0$.

(2) Aufgrund von (c) ist jede alternierende Multilinearform auf einem n-dimensionalen Vektorraum in $m > n$ Variablen notwendig die Nullfunktion. Also ist (115) für $m > n$ sicherlich richtig. $\square$

Für beliebig natürliche Zahlen m und n wollen wir jetzt eine *vollständige Übersicht über alle alternierenden Multilinearformen auf K^n in m Variablen* geben. Zuerst vereinbaren wir noch folgende Bezeichnungen; es sei zunächst

$$M = \{1, 2, \ldots, m\}, \quad N = \{1, 2, \ldots, n\} \tag{119}$$

gesetzt. Für eine beliebige ganze Zahl $k \geq 0$ bezeichne

$$\binom{N}{k} \tag{120}$$

die Menge aller k-elementigen Teilmengen von N. Für die Elemente-anzahl dieser Menge gilt

$$\#\binom{N}{k} = \binom{n}{k} \tag{121}$$

Ist $Z \in \binom{N}{k}$ eine k-elementige Teilmenge von N, so bezeichnen wir mit Z' die *Komplementärmenge von Z in N*. Seien nun

$$Z \in \binom{M}{k}, \quad S \in \binom{N}{k} \quad \text{mit } k \leq m, n$$

beliebige k-elementige Teilmengen von M bzw. N; für eine beliebige $m \times n$-Matrix A über K bezeichnen wir dann mit

$$A_{Z,S} \tag{122}$$

die $k \times k$-Matrix, welche durch Streichung der Zeilen bzw. Spalten von A, deren Nummer nicht zu Z bzw. S gehören, aus A entsteht. Wir sagen auch, daß $A_{Z,S}$ aus A durch 'Zusammenschieben' der Zeilen und Spalten, deren Nummern aus Z bzw. S sind, entsteht. Elemente Z bzw. S aus $\binom{M}{k}$ bzw. $\binom{N}{k}$ denken wir uns im folgenden stets in der Form

$$Z = \{i_\nu \,|\, \nu = 1, 2, \ldots, k \text{ mit } i_1 < i_2 < \cdots < i_k\}$$

$$S = \{j_\nu \,|\, \nu = 1, 2, \ldots, k \text{ mit } j_1 < j_2 < \cdots < j_k\}$$

gegeben. Wir verwenden dann für die Determinante der Matrix $A_{Z,S}$ auch folgende Bezeichnung

$$\begin{vmatrix} i_1 & i_2 & \cdots & i_k \\ j_1 & j_2 & \cdots & j_k \end{vmatrix}_A := \det_k(A_{Z,S}) \tag{123}$$

Man nennt (123) eine *Unterdeterminante* (*k-ter Ordnung*) *von A*. Es sei jetzt

$$\alpha : (K^n)^m \to K \tag{124}$$

eine beliebige *alternierende Multilinearform auf K^n in m Variablen*. Von vornherein nehmen wir dabei

$$m \leq n \tag{125}$$

an.[*] Sei $v_1, v_2, \ldots, v_m$ ein beliebiges m-Tupel von Vektoren aus K^n, und sei

---

[*] Sonst ist $\alpha = 0$, vgl. Bem. 2 zu F7.

$$A = (a_{ij}) \text{ die } n \times m\text{-Matrix mit den Spalten } v_1, \ldots, v_m. \qquad (126)$$

Mit

$$v_j = \sum_{i=1}^{n} a_{ij} e_i, \quad 1 \le j \le m \qquad (127)$$

erhalten wir aufgrund der *Multilinearität* von α zunächst

$$\alpha(v_1, \ldots, v_m) = \sum_{(i_1, i_2, \ldots, i_m) \in N^m} a_{i_1,1} a_{i_2,2} \cdots a_{i_m,m} \alpha(e_{i_1}, e_{i_2}, \ldots, e_{i_m})$$

$$(128)$$

Summiert wird dabei über alle m-Tupel $(i_1, \ldots, i_m)$ von Elementen aus $N = \{1, 2, \ldots, n\}$. Da nun aber α *alternierend* ist, haben wir in (128) nur über solche m-Tupel $(i_1, \ldots, i_m)$ zu summieren, für die $\{i_1, \ldots, i_m\}$ eine m-elementige Menge ist; fassen wir dabei jeweils alle m-Tupel zusammen, welche die gleiche m-elementige Teilmenge von N bestimmen, so erhalten wir $\alpha(v_1, \ldots, v_m) =$

$$\sum_{Z \in \binom{N}{m}} \left(\sum_{i_1, \ldots, i_m \text{ mit } \{i_1, \ldots, i_m\} = Z} a_{i_1,1} \cdots a_{i_m,m} \alpha(e_{i_1}, \ldots, e_{i_m}) \right) \qquad (129)$$

Für jedes $Z = \{i_1 < i_2 < \cdots < i_m\}$ berechnen wir den zu Z gehörigen Summanden auf der rechten Seite von (129); wir erhalten (ganz analog wie im Beweis zu Satz 7)

$$\left(\sum_{\sigma \in S_m} \text{sgn}(\sigma) \, a_{i_{\sigma(1)},1} a_{i_{\sigma(2)},2} \cdots a_{i_{\sigma(m)},m} \right) \alpha(e_{i_1}, \ldots, e_{i_m})$$

Nach Satz 7 ist dies gleich

$$\det_m(A_{Z,M}) \, \alpha(e_{i_1}, \ldots, e_{i_m})$$

Bezeichnen wir mit E die $n \times n$-Matrix, so ist $E_{N,Z}$ die Matrix mit den Spalten $e_{i_1}, e_{i_2}, \ldots, e_{i_m}$, so daß wir statt $\alpha(e_{i_1}, \ldots, e_{i_m})$ auch $\alpha(E_{N,Z})$ schreiben können. Wir erhalten also aus (129) schließlich

$$\alpha(v_1, \ldots, v_m) = \sum_{Z \in \binom{N}{m}} \det_m(A_{Z,M}) \, \alpha(E_{N,Z}) \qquad (130)$$

als die *allgemeine Form einer alternierenden Multilinearform auf K^n in m Variablen.*

Eine alternierende Multilinearform α auf K^n in $m \le n$ Variablen hängt also nur von den $\binom{n}{m}$ vielen Werten $\alpha(E_{N,Z})$ ab. Ordnen wir jedem solchen α das Tupel dieser Werte zu, so erhalten wir eine *lineare* Abbildung

$$\text{Alt}_m(K^n) \to K^{\binom{n}{m}}, \tag{131}$$

die aufgrund von (130) also *injektiv* ist. Nun ist aber für jedes $T \in \binom{N}{m}$ die durch

$$A \mapsto \det_m(A_{T,M}) \tag{132}$$

auf $(K^n)^m = K^{n,m}$ definierte Funktion mit Werten in K offenbar alternierend multilinear. Hieraus ergibt sich, daß (131) auch *surjektiv* und damit ein *Isomorphismus* ist. Insbesondere ist damit auch (115) bewiesen.

Wir betrachten jetzt folgendes Anwendungsbeispiel von (130): Es seien

$$A \in K^{m,n}, \quad B \in K^{n,m}, \quad m \le n \tag{133}$$

Matrizen des angegebenen Formats über K. Mit $v_1, \ldots, v_m$ bezeichnen wir die Spalten von B. In Abhängigkeit von

$$B = (v_1, \ldots, v_m)$$

betrachten wir die folgendermaßen definierte Funktion $\alpha: (K^n)^m \to K$

$$\alpha(v_1, \ldots, v_m) = \det_m(AB) \tag{134}$$

Offensichtlich ist α eine alternierende Multilinearform. Aufgrund von (130) besitzt α daher die Darstellung

$$\alpha(v_1, \ldots, v_m) = \sum_{Z \in \binom{N}{m}} \det_m(B_{Z,M}) \, \alpha(E_{N,Z}) \tag{135}$$

Nun ist aber definitionsgemäß $\alpha(E_{N,Z}) = \det_m(AE_{N,Z})$, und offensichtlich gilt

$$AE_{N,Z} = A_{M,Z} \tag{136}$$

Also erhalten wir aus (135) die Formel

$$\det_m(AB) = \sum_{Z \in \binom{N}{m}} \det_m(A_{M,Z}) \det_m(B_{Z,M}) \tag{137}$$

In der durch (123) definierten Schreibweise hat (137) die Gestalt

$$\det_m(AB) = \sum_{i_1 < i_2 < \ldots < i_m \le n} \begin{vmatrix} 1 & 2 & \ldots & m \\ i_1 & i_2 & \ldots & i_m \end{vmatrix}_A \cdot \begin{vmatrix} i_1 & i_2 & \ldots & i_m \\ 1 & 2 & \ldots & m \end{vmatrix}_B \tag{138}$$

wobei über alle m-Tupel $(i_1, i_2, \ldots, i_m)$ natürlicher Zahlen mit $i_1 < i_2 < \cdots < i_m \le n$ summiert wird. Man kann (137) bzw. (138) noch folgendermaßen verallgemeinern:

F8 ('Verallgemeinerter Multiplikationssatz für Determinanten'):

Es seien $A \in K^{p,q}$, $B \in K^{q,r}$. Ferner seien T bzw. U beliebige m-elementige Teilmengen von $P = \{1, 2, \ldots, p\}$ bzw. $R = \{1, 2, \ldots, r\}$ mit $m \leq p, q, r$. Dann gilt mit $Q = \{1, 2, \ldots, q\}$ die Gleichung

$$\det((AB)_{T,U}) = \sum_{Z \in \binom{Q}{m}} \det(A_{T,Z}) \det(B_{Z,U}). \tag{139}$$

In der Schreibweise (123) *lautet* (139) *folgendermaßen:*

$$\begin{vmatrix} t_1 t_2 \ldots t_m \\ u_1 u_2 \ldots u_m \end{vmatrix}_{AB} = \sum_{s_1 < s_2 < \cdots < s_m \leq q} \begin{vmatrix} t_1 t_2 \ldots t_m \\ s_1 s_2 \ldots s_m \end{vmatrix}_A \cdot \begin{vmatrix} s_1 s_2 \ldots s_m \\ u_1 u_2 \ldots u_m \end{vmatrix}_B \tag{140}$$

Beweis: Man gewinnt (139) formal aus (137), indem man Beziehungen der Art (136) ausnützt. $\square$

Wir geben jetzt noch eine weitere Anwendung von (130). Es sei

$$A = (v_1, v_2, \ldots, v_n)$$

eine beliebige $n \times n$-Matrix über K. Wir betrachten die alternierende Multilinearform

$$\alpha(v_1, v_2, \ldots, v_m) = \det{}_n(v_1, \ldots, v_m, v_{m+1}, \ldots, v_n) \tag{141}$$

in $m < n$ Variablen auf K^n. Nach (130) gilt dann

$$\alpha(v_1, \ldots, v_m) = \sum_{Z \in \binom{N}{m}} \det{}_m(A_{Z,M}) \, \alpha(E_{N,Z}) \tag{142}$$

Nun ist $\alpha(E_{N,Z}) = \det(e_{i_1}, \ldots, e_{i_m}, v_{m+1}, \ldots, v_n)$, wobei $Z = \{i_1 < i_2 < \cdots < i_m\}$ gesetzt wurde; in Abhängigkeit von $v_{m+1}, \ldots, v_n$ stellt dies eine alternierende Multilinearform in $n - m$ Variablen dar; mit $M' = N \backslash M$ gilt also – wieder nach (130) –

$$\alpha(E_{N,Z}) = \sum_{R \in \binom{N}{n-m}} \det(A_{R,M'}) \det(e_{i_1}, \ldots, e_{i_m}, e_{r_1}, \ldots, e_{r_{n-m}})$$

$$\text{mit } R = \{r_1 < r_2 < \cdots < r_{n-m}\}$$

Nur für $R \cap Z = \emptyset$ ergibt sich in der rechtsstehenden Summe ein Beitrag, also nur für $R = Z'$, und daher gilt nach (142) insgesamt

$$\det{}_n(A) = \sum_{Z \in \binom{N}{m}} \det(A_{Z,M}) \det(A_{Z',M'}) \, \text{sgn}(Z), \tag{143}$$

wobei wir zur Abkürzung

$$\text{sgn}(Z) = \det(e_{i_1}, \ldots, e_{i_m}, e_{i'_1}, \ldots, e_{i'_{n-m}}) \tag{144}$$

gesetzt haben mit

$$Z = \{i_1 < i_2 < \cdots < i_m\}, \quad Z' = \{i'_1 < i'_2 < \cdots < i'_{n-m}\} \tag{145}$$

Ist nun S anstelle von M eine beliebige m-elementige Teilmenge von $N = \{1, 2, \ldots, n\}$, so überlegt man sich leicht, daß (143) in die in der folgenden Feststellung genannte Gestalt übergeht:

F9 ('Entwicklungssatz von Laplace'):
Mit den oben eingeführten Bezeichnungen gilt

$$\det(A) = \text{sgn}(S) \sum_{Z \in \binom{N}{m}} \text{sgn}(Z) \det(A_{Z,S}) \det(A_{Z',S'}) \tag{146}$$

Beweis: Man erhält (146) sofort aus (143), wenn man (143) auf die Matrix AP_σ anwendet, wobei die Permutation σ mit $S = \{j_1 < j_2 < \cdots < j_m\}$ und $S' = \{j'_1 < j'_2 < \cdots < j'_{n-m}\}$ durch $\sigma(k) = j_k$ für $1 \le k \le m$ und $\sigma(k) = j'_k$ für $m + 1 \le k \le n$ erklärt ist.

Bemerkungen: (1) Die Formel (53), d.h. Entwicklung von $\det(A)$ nach der i-ten Spalte, ist ein Spezialfall von (146).

(2) Mit $Z = \{i_1 < i_2 < \cdots < i_m\}$ und $S = \{j_1 < j_2 < \cdots < j_m\}$ gilt für die Vorzeichenfaktoren in (146)

$$\text{sgn}(Z)\,\text{sgn}(S) = (-1)^{\sum i_k + \sum j_k}$$

(Beweis als *Übungsaufgabe* 5).

(3) Statt nach *Spalten* kann man natürlich auch nach *Zeilen* entwickeln:

$$\det(A) = \text{sgn}(Z) \sum_{S \in \binom{N}{m}} \text{sgn}(S) \det(A_{Z,S}) \det(A_{Z',S'}) \tag{147}$$

(4) Ferner gelten für $S \neq T$ aus $\binom{N}{m}$ die Relationen

$$\sum_{Z \in \binom{N}{m}} \text{sgn}(Z) \det(A_{Z,S}) \det(A_{Z',T'}) = 0 \tag{148}$$

sowie für $Z \neq U$ aus $\binom{N}{m}$ entsprechend

$$\sum_{S \in \binom{N}{m}} \text{sgn}(S) \det(A_{Z,S}) \det(A_{U',S'}) = 0 \tag{149}$$

Vgl. hierzu die früher schon formulierten Spezialfälle (55) und (54); der Beweis beruht auf demselben Gedanken wie dort (und sei dem Leser überlassen). □

Eine andere Interpretation des verallgemeinerten Multiplikationssatzes und des Laplace'schen Enwicklungssatzes

Es sei A eine $m \times n$-Matrix über K. Die Abbildung

$$\binom{M}{k} \times \binom{N}{k} \to K \quad \text{mit } k \le m, n$$

gegeben durch

$$(Z, S) \mapsto \det_k(A_{Z.S}) \tag{150}$$

definiert eine $\binom{m}{k} \times \binom{n}{k}$-Matrix, die wir mit

$$A^{(k)} \tag{151}$$

bezeichnen und die *k-assoziierte Matrix von A* nennen.

Wir denken uns die k-elementigen Teilmengen von M bzw. N stets in der Form $\{i_1 < i_2 < \cdots < i_k\}$ gegeben und deren Gesamtheit *lexikographisch* angeordnet. Dann lassen sich auch die Koeffizienten von $A^{(k)}$ wie üblich in einem rechteckigen Matrixschema anordnen.

Es ist $A^{(1)} = A$, und für $m = n$ ist $A^{(n)}$ die 1×1-Matrix $(\det(A))$.

In der eingeführten Terminologie können wir nun den verallgemeinerten Multiplikationssatz für Determinanten auch folgendermaßen formulieren:

Satz 8 ('Verallgemeinerter Multiplikationssatz'):
Seien A eine $p \times q$-Matrix und B eine $q \times r$-Matrix über K. Dann gilt für das Produkt der zugehörigen k-assoziierten Matrizen die Gleichung

$$\boxed{A^{(k)} B^{(k)} = (AB)^{(k)}} \tag{152}$$

Dabei ist $k \le p, q, r$ vorausgesetzt.

Beweis: Im Hinblick auf die Definition der k-assoziierten Matrizen sowie das Gesetz für die Matrixmultiplikation besagt (152) nichts anderes als (139) in F8. □

Für eine beliebige quadratische Matrix A der Ordnung n bezeichnen wir für $k < n$ mit

$$A^{(\sim k)} \tag{153}$$

diejenige $\binom{n}{k} \times \binom{n}{k}$-Matrix über K, deren Koeffizienten durch

$$(Z, S) \mapsto \operatorname{sgn}(Z)\,\operatorname{sgn}(S)\,\det(A_{S',Z'}) \tag{154}$$

gegeben sind. Beispielsweise ist $A^{(\sim 1)}$ die *zu A komplementäre Matrix*, welche wir oben (vgl. Satz 4 in §3) mit $\tilde{A}$ bezeichnet haben. Allgemein nennen wir $A^{(\sim k)}$ die <u>*Komplementärmatrix k-ter Stufe zu A*</u> (oder kurz: die *k-Komplementärmatrix zu A*).

Der eingeführte Begriff erlaubt uns, die Gleichungen (146), (147), (148) und (149) folgendermaßen zusammenzufassen:

Satz 9 ('Laplace'scher Entwicklungssatz'):
Für jede $n \times n$-Matrix A über K gilt:

$$A^{(k)} A^{(\sim k)} = A^{(\sim k)} A^{(k)} = \det(A)\, E_{\binom{n}{k}} \tag{155}$$

Insbesondere: *Ist A invertierbar, so ist auch $A^{(k)}$ invertierbar, und die inverse Matrix von $A^{(k)}$ ist durch*

$$(A^{(k)})^{-1} = \det(A)^{-1} A^{(\sim k)} \tag{156}$$

gegeben.

§7 Determinante und Spur von Endomorphismen endlichdimensionaler Vektorräume

Es sei V ein n-dimensionaler Vektorraum über dem Körper K, und

$$f: V \to V$$

sei ein Endomorphismus von V. Wir wollen erklären, was wir unter der Determinante

$$\det(f) \tag{157}$$

von f verstehen wollen. Hierzu wählen wir eine Basis $b_1, b_2, \ldots, b_n$ von V. Mit A bezeichnen wir die Koordinatenmatrix von f bezüglich der Basis $b_1, b_2, \ldots, b_n$. Es ist dann naheliegend, die Determinante (157) von f durch

$$\det(f) = \det(A) \tag{158}$$

zu definieren, wobei rechts die Determinante der Matrix A steht. Nun hängt aber die Matrix A nicht allein von f, sondern auch von der gewählten Basis $b_1, b_2, \ldots, b_n$ ab. Wir haben also zu zeigen, daß $\det(f)$ durch (158) wohldefiniert ist. Sei also A' die Koordinatenmatrix von f bezüglich einer beliebigen anderen Basis $b'_1, b'_2, \ldots, b'_n$ von V; wir haben dann zu zeigen, daß

$$\det(A') = \det(A) \tag{159}$$

gilt. Nun besteht aber zwischen A' und A (nach Kap. III, §5, Satz 5') eine Beziehung der Gestalt

$$A' = S^{-1}AS \tag{160}$$

mit einer invertierbaren $n \times n$-Matrix S über K. Durch Anwendung des Multiplikationssatzes für Determinanten (vgl. *Regel* 5 aus §3) ergibt sich dann aus (160) sogleich

$$\det(A') = \det(S^{-1})\det(A)\det(S) = \det(S^{-1})\det(S)\det(A)$$

$$= \det(S^{-1}S)\det(A) = \det(E)\det(A) = \det(A),$$

also die behauptete Gleichheit (159).

Sei

$$A = (a_{ij}) \in K^{n,n} \tag{161}$$

eine beliebige $n \times n$-Matrix über K. Wir haben in §5 gesehen, daß man die Determinante $\det(A)$ von A durch die Formel (111) von Satz 7 als expliziten Ausdruck in den Koeffizienten a_{ij} von A angeben kann. Auf viel einfachere Weise kann man eine weitere wichtige Invariante für jede quadratische Matrix A, nämlich die sogenannte *Spur von A* definieren: Ist A wie in (161) gegeben, so setzt man einfach

$$\mathrm{Spur}(A) := \sum_{i=1}^{n} a_{ii} \tag{162}$$

als die Summe über alle Hauptdiagonalkoeffizienten der quadratischen Matrix A fest. Ist

$$B = (b_{rs}) \in K^{n,n}$$

eine weitere $n \times n$-Matrix über K, so gilt

$$\mathrm{Spur}(AB) = \mathrm{Spur}(BA) \tag{163}$$

In der Tat ist definitionsgemäß

$$\mathrm{Spur}(AB) = \sum_{i=1}^{n}\left(\sum_{k=1}^{n} a_{ik}b_{ki}\right) = \sum_{k=1}^{n}\left(\sum_{i=1}^{n} a_{ik}b_{ki}\right) = \sum_{k=1}^{n}\left(\sum_{i=1}^{n} b_{kl}a_{ik}\right)$$

$$= \mathrm{Spur}(BA).$$

Aus (163) ergibt sich sofort, daß für jede invertierbare $n \times n$-Matrix S über K die Gleichung

$$\mathrm{Spur}(S^{-1}AS) = \mathrm{Spur}(A) \tag{164}$$

gilt. Aufgrund dieser Beziehung kann man nun auch für jeden

Endomorphismus f eines n-dimensionalen K-Vektorraumes V die Spur von f definieren; ist A die Koordinatenmatrix von f bezüglich einer Basis B von V, so setzt man einfach

$$\mathrm{Spur}(f) := \mathrm{Spur}(A) \tag{165}$$

Hierdurch ist $\mathrm{Spur}(f)$ wohldefiniert, denn ist A' die Koordinatenmatrix von f bezüglich einer anderen Basis von V, so besteht eine Beziehung der Gestalt (160), und wegen (164) ist dann $\mathrm{Spur}(A') = \mathrm{Spur}(A)$.

Die Grundeigenschaften der Determinante und Spur von Endomorphismen endlich-dimensionaler Vektorräume fassen wir in der folgenden Feststellung zusammen:

F10: *Es sei V ein n-dimensionaler K-Vektorraum und f, g seien Endomorphismen von V. Dann gelten:*

(i) *Ist A die Koordinatenmatrix von f bezüglich einer beliebigen Basis von V, so ist*

$$\det(f) = \det(A), \quad \mathrm{Spur}(f) = \mathrm{Spur}(A)$$

(ii) $\det(fg) = \det(f)\det(g)$
(iii) $\det(fg) = \det(gf)$
(iv) $\det(\mathrm{id}_V) = 1$
(v) $\det(f) \neq 0 \Leftrightarrow f \in \mathrm{GL}(V)$, *d.h. f ist ein Isomorphismus*
(vi) *Die Abbildung $\mathrm{Spur}: \mathrm{End}_K(V) \to K$ ist linear*
(vii) $\mathrm{Spur}(fg) = \mathrm{Spur}(gf)$
(viii) *Für $g \in \mathrm{GL}(V)$ ist*

$$\det(g^{-1}fg) = \det(f), \quad \mathrm{Spur}(g^{-1}fg) = \mathrm{Spur}(f) \tag{166}$$

(ix) *Ist $\alpha: V^n \to K$ eine alternierende Multilinearform auf V in n Variablen, so sind für alle $u_1, \ldots, u_n$ aus V die Gleichungen*

$$\alpha(fu_1, \ldots, fu_n) = \det(f) \cdot \alpha(u_1, \ldots, u_n) \tag{167}$$

sowie

$$\sum_{i=1}^{n} \alpha(u_1, \ldots, \underset{\underset{i}{\uparrow}}{fu_i}, \ldots, u_n) = \mathrm{Spur}(f) \cdot \alpha(u_1, \ldots, u_n) \tag{168}$$

erfüllt.

Beweis: Die Eigenschaften (i) bis (viii) ergeben sich unmittelbar aus der Definition der Determinante und Spur von Endomorphismen und den entsprechenden Eigenschaften der Determinante und Spur von Matrizen.

Was (ix) betrifft, so überzeuge man sich zunächst davon, daß durch die linke

Seite von (167) bzw. (168) jeweils eine alternierende Multilinearform auf V in n Variablen definiert wird; dies ist im Falle von (167) unmittelbar klar, im Fall (168) verifiziere man es als (triviale) *Übungsaufgabe* 6. Für $\alpha = \mathbf{0}$ ist nichts zu beweisen; sei also $\alpha \neq 0$. Da $\mathrm{Alt}_n(V)$ für einen n-dimensionalen Vektorraum V nach (115) die Dimension 1 besitzt, gibt es jedenfalls Zahlen $d = d(f)$ bzw. $s = s(f)$ aus K, so daß für alle $u_1, \ldots, u_n$ aus V die Gleichungen

$$\alpha(fu_1, \ldots, fu_n) = d\alpha(u_1, \ldots, u_n) \tag{169}$$

$$\sum_{i=1}^{n} \alpha(u_1, \ldots, fu_i, \ldots, u_n) = s\alpha(u_1, \ldots, u_n) \tag{170}$$

gelten. Sei nun $u_1, \ldots, u_n$ eine Basis von V und $A = (a_{ij})$ die zugehörige Koordinatenmatrix von f:

$$fu_i = \sum_{j=1}^{n} a_{ji} u_j, \quad 1 \le i \le n \tag{171}$$

Indem wir den zugehörigen Basisisomorphismus $i\colon K^n \to V$ betrachten, sehen wir, daß wir o.E.

$$V = K^n, \quad f = A = (a_{ij}), \quad (u_1, \ldots, u_n) = (e_1, \ldots, e_n) \tag{172}$$

annehmen dürfen. Aus (169) folgt dann im Hinblick auf (130) sofort

$$d = \det(A)$$

Außerdem ist offenbar

$$\alpha(e_1, \ldots, Ae_i, \ldots, e_n) = \alpha\left(e_1, \ldots, \sum_{j=1}^{n} a_{ji} e_j, \ldots, e_n\right) = a_{ii}\,\alpha(e_1, \ldots, e_n),$$

also folgt aus (170) in der Tat

$$s = \mathrm{Spur}(A)$$

Bemerkung: Aus dem Beweis von (ix) ergibt sich, daß man Determinante und Spur eines Endomorphismus auch definieren kann, ohne auf eine Basis des zugrundegelegten endlich-dimensionalen Vektorraumes zurückgreifen zu müssen.

§8 Anhang: Determinanten über kommutativen Ringen

Es ist allgemein von Bedeutung, daß sich der Determinantenbegriff von Körpern auch auf beliebige kommutative Ringe übertragen läßt. Selbst wenn man sich nur für Vektorräume über Körpern interessiert, treten früher oder später quadratische Matrizen in Erscheinung, deren Koeffizienten nur in einem kommutativen Ring, nicht aber in einem Körper liegen. In dergleichen Fällen von der Determinante solcher Matrizen sprechen zu können, erweist sich als sehr nützlich.

Im folgenden sei also abweichend von unserer sonstigen Gewohnheit

$$K \text{ ein kommutativer Ring mit Eins.} \tag{173}$$

An die Stelle des Begriffes des Vektorraumes über einem Körper tritt nun der ganz analoge Begriff des *Moduls* über einem Ring:

Definition 3 ('K-Modul'):
Sei K ein Ring mit Eins.* Unter einem <u>*Modul über*</u> K (oder kurz: K-*Modul*) versteht man eine Menge M, für welche eine 'Addition'

$$M \times M \to M$$

$$(x, y) \mapsto x + y$$

sowie eine 'skalare Multiplikation'

$$K \times M \to M$$

$$(a, x) \mapsto ax$$

erklärt sind, so daß die Gesetze A1 bis A4 sowie SM1 bis SM4 aus Def. 2 in Kap. II gelten. $\square$

Für jede natürliche Zahl n ist die Menge

$$K^n \tag{174}$$

aller n-Tupel von Elementen aus K ein Beispiel für einen K-Modul; Addition und skalare Multiplikation sind dabei natürlich komponentenweise definiert. Entsprechend ist für beliebige natürliche Zahlen m und n auch die Menge

$$K^{m,n} \tag{175}$$

aller $m \times n$-Matrizen mit Koeffizienten in K ein K-Modul (ebenfalls mit komponentenweiser Addition und skalarer Multiplikation).

Da die Definition für einen K-Modul bis auf die Voraussetzung über K genauso wie die Definition eines K-Vektorraumes lautet, gelten alle Aussagen über K-Vektorräume, für deren Beweis man nicht die Division in K heranziehen muß, entsprechend auch für Moduln über einem beliebigen kommutativen Ring K. Dabei lassen sich die für Vektorräume eingeführten Grundbegriffe ohne weiteres auf Moduln übertragen; man hat nur 'Vektorraum' durch 'Modul' und 'Körper' durch (kommutativen) 'Ring' zu ersetzen. So ist ohne nähere Erläuterung z.B. klar, was unter einem Teilmodul eines K-Moduls zu verstehen ist, was die Begriffe Linearkombination, lineare Hülle, Erzeugendensystem, (geordnete)

---

* Dabei wird K nicht notwendig als *kommutativ* vorausgesetzt; wir haben es hier zwar durchweg mit K-Moduln über einem kommutativen Ring K zu tun, doch anderswo spielt der Begriff eines Moduls gerade über nicht-kommutativen Ringen eine grundlegende Rolle.

Basis für K-Moduln bedeuten, ferner was eine lineare Abbildung (bzw. ein Homomorphismus) von K-Moduln ist, was Kern und Bild einer linearen Abbildung von K-Moduln bedeuten und dergleichen mehr. Was nun allerdings tieferliegende Feststellungen und Sätze über Vektorräume betrifft, so gelten diese für Moduln im allgemeinen nicht mehr; zum Beispiel braucht ein endlich erzeugter Modul keineswegs eine Basis zu besitzen. Aus diesem Grund repräsentieren – im Gegensatz zu Vektorräumen – die K-Moduln K^n auch keineswegs mehr alle endlich erzeugten K-Moduln. (Im Gegenteil: Die Gesamtheit aller Isomorphieklassen von K-Moduln ist schier unübersehbar.)

Statt von allem Anfang an Moduln zu betrachten, haben wir uns nun aber in diesem Buch aus guten Gründen nur mit der Theorie der Vektorräume befaßt.

Auch bei der vorangegangenen Behandlung von Determinanten haben wir uns gerade der für die Theorie der Vektorräume besonders charakteristischen Schlußweisen bedient, um jeweils möglichst direkt zum Ziel zu gelangen (aber auch, um den Gebrauch dieser charakteristischen Schlußweisen wiederholt einzuüben).

Wenn wir jetzt nachträglich den Determinantenbegriff auf beliebige kommutative Ringe mit Eins ausdehnen, so wollen wir betonen, daß es sich hierbei um den Fall einer naheliegenden und unproblematischen Verallgemeinerung handelt, und zwar aus folgendem Grund: Betrachten wir die Leibniz'sche Formel (110) auf Seite 161, so sehen wir sofort, daß die Bildung der rechten Seite von (110) für jede $n \times n$-Matrix $A = (a_{ij})$ mit Koeffizienten in einem beliebigen kommutativen Ring K mit Eins möglich ist. Es bietet sich also an, die Determinante $\det^K(A) = \det(A)$ einer $n \times n$-Matrix $A = (a_{ij})$ über K einfach durch

$$\det(A) := \sum_{\sigma \in S_n} \operatorname{sgn}(\sigma)\, a_{\sigma(1),1}\, a_{\sigma(2),2} \cdots a_{\sigma(n),n} \tag{176}$$

zu definieren und dann aus (176) die Determinanteneigenschaften herzuleiten. Hierbei sind auch keine prinzipiellen Schwierigkeiten zu erwarten, und dem Leser wird es kaum zweifelhaft sein, daß die Determinantenregeln 1 bis 10 mit Ausnahme der Regel 2 genausogut für kommutative Ringe mit Eins anstelle von Körpern gelten. Die Determinantenregel 2 ist dabei offensichtlich durch die folgende Regel zu ersetzen:

$$\det(A) \text{ invertierbar in } K \Leftrightarrow A \text{ invertierbar in } K^{n,n} \tag{177}$$

Für einen Körper K besagt (177) genau dasselbe wie (69) in Kap. IV. Im voraus hätten wir vielleicht noch bemerken sollen, daß Matrixmultiplikation natürlich auch für Matrizen (geeigneten Formats) mit Koeffizienten in einem beliebigen (kommutativen) Ring definiert ist, vgl. die Formel (93) auf Seite 95 von Kap. III.

Genauso wie im Falle eines Körpers läßt sich übrigens auch jede $m \times n$-Matrix über einem Ring K als lineare Abbildung $K^n \to K^m$ auffassen (und umgekehrt).

Für sehr gewissenhafte Leser wollen wir jetzt trotzdem noch einen leicht nachvollziehbaren Weg zum Aufbau der Determinantentheorie über kommutativen Ringen angeben. Um uns dabei möglichst weitgehend auf unsere schon in den vorangegangenen Paragraphen gemachten Ausführungen beziehen zu können, gehen wir etwas anders vor als oben zunächst vorgeschlagen:

Für einen K-Modul M definieren wir den Begriff einer *alternierenden Multilinearform*

$$\alpha: M^m \to K \tag{178}$$

auf M in m Variablen völlig analog wie auf Seite 162 im Körperfall. Im folgenden sei dabei M stets als ein Modul des Typs (174) vorausgesetzt; also

$$M = K^n \tag{179}$$

mit einer natürlichen Zahl n. Für beliebige Elemente $v_1, \ldots, v_m$ aus K^n mit

$$v_j = \sum_{i=1}^{n} a_{ij} e_i \quad (a_{ij} \in K)$$

gilt dann zunächst die Formel

$$\alpha(v_1, \ldots, v_m) = \sum_{Z \in \binom{N}{m}} \left(\sum_{\sigma \in S_m} \mathrm{sgn}(\sigma)\, a_{i_{\sigma(1)},1} \cdots a_{i_{\sigma(m)},m} \right) \alpha(e_{i_1}, \ldots, e_{i_m}) \tag{180}$$

wobei über alle m-elementigen Teilmengen

$$Z = \{i_1 < i_2 < \cdots < i_m\}$$

von $N = \{1, 2, \ldots, n\}$ summiert wird; vgl. §6. Angewandt auf den Fall $m = n$ ergibt sich aus (180) bereits, daß es höchstens eine alternierende Multilinearform α_n in n Variablen auf K^n mit

$$\alpha_n(E_n) = \alpha_n(e_1, \ldots, e_n) = 1 \tag{181}$$

geben kann. Eine beliebige alternierende Multilinearform α in n Variablen auf K^n hat dann notwendig die Gestalt

$$\alpha = \alpha(E_n) \cdot \alpha_n$$

Andererseits können wir zeigen, daß eine alternierende Multilinearform α_n in n Variablen auf K^n, welche (181) erfüllt, auch wirklich existiert. Dies erfolgt durch Induktion nach n ganz entsprechend wie im Beweis von Satz 1 in §2.

Es gibt somit genau eine alternierende Multilinearform $\alpha_n : (K^n)^n \to K$

mit $\alpha_n(E_n) = 1$. Wir bezeichnen sie mit $\det_n$. Ist A eine $n \times n$-Matrix über K mit dem Spaltensystem $v_1, \ldots, v_n$, so nennen wir das Element

$$\det_n(A) = \det_n(v_1, \ldots, v_n)$$

aus K die Determinante von A. Die Funktion

$$\det_n : K^{n,n} \to K \tag{182}$$

heißt die Determinante auf $K^{n,n}$. Sollte es erforderlich sein, den zugrundegelegten kommutativen Ring K besonders hervorzuheben, so verwenden wir auch die Bezeichnung

$$\det_n^K \tag{183}$$

Aufgrund von (180) gilt für die Determinante die Leibniz'sche Darstellungsformel (176). Damit kann dann allgemeiner (180) in der Gestalt

$$\alpha(A) = \sum_{Z \in \binom{N}{m}} \det(A_{Z.M})\,\alpha(E_{N.Z}), \quad A \in K^{n,m} \tag{184}$$

geschrieben werden (*'allgemeine Form einer alternierenden Multilinearform auf K^n in m Variablen'*, vgl. Seite 166). Aus (180) ergibt sich dabei übrigens noch, daß

$$\alpha = 0 \quad \text{für } m > n \tag{185}$$

gilt.

Es ist nun leicht, die in den vorangegangenen Paragraphen aufgestellten Determinantenregeln auf Determinanten über kommutative Ringe zu übertragen:

Regel 1: Das Verhalten der Determinante unter elementaren Umformungen ergibt sich direkt aus der Definition von $\det_n$ als alternierender Multilinearform.

Regel 5: Der in §3 gegebene Beweis für den Multiplikationssatz läßt sich vom Körperfall nicht auf den Fall eines beliebigen kommutativen Ringes übertragen. In §6 haben wir aber auf anderem Wege sogar einen verallgemeinerten Multiplikationssatz für Determinanten hergeleitet, siehe insbesondere Formel (137). Der Beweis hierfür gilt nun wortwörtlich auch für einen kommutativen Ring K anstelle eines Körpers.

Regel 4: Auch hier können wir den im Körperfall gegebenen Beweis jetzt übernehmen. Um auf andere Weise

$$\det({}^t A) = \det(A) \tag{186}$$

auch für jede $n \times n$-Matrix $A = (a_{ij})$ über einem beliebigen kommutativen Ring K zu beweisen, zeigen wir einfach, daß mit der schon bewiesenen Formel (176) auch die Formel

$$\det(A) = \sum_{\sigma \in S_n} \operatorname{sgn}(\sigma)\, a_{1,\sigma(1)}\, a_{2,\sigma(2)} \cdots a_{n,\sigma(n)} \tag{187}$$

gilt: Indem wir zunächst beachten, daß $\sigma \mapsto \sigma^{-1}$ eine Bijektion von S_n auf sich ist, können wir (176) auch in der Form

$$\det(A) = \sum_{\sigma \in S_n} \operatorname{sgn}(\sigma)\left(\prod_{i=1}^{n} a_{\sigma^{-1}(i),\,i} \right)$$

schreiben, wobei noch $\operatorname{sgn}(\sigma^{-1}) = \operatorname{sgn}(\sigma)$ ausgenutzt wurde. Nun gilt aber offenbar – substituiere $j = \sigma^{-1}(i)$ –

$$\prod_{i=1}^{n} a_{\sigma^{-1}(i),\,i} = \prod_{j=1}^{n} a_{j,\sigma(j)}$$

Damit geht aber (176) in der Tat in die verlangte Form (187) über.

Regel 3: trivial bei der obigen Definition der Determinante.

Regel 6: Der obige Existenzbeweis für die Determinante liefert im Hinblick auf die vorher schon erwiesene Eindeutigkeit genau wie in §2 automatisch die Entwickelbarkeit von $\det(A)$ nach der n-ten Zeile der $n \times n$-Matrix A über K. Daß man dann $\det(A)$ auch nach einer b e l i e b i g e n Zeile von A entwickeln darf, ergibt sich daraus jetzt genauso wie im Körperfall, vgl. Seite 147. Wegen (186), also Regel 4, kann man $\det(A)$ schließlich auch nach jeder <u>Spalte</u> von A entwickeln.

Regel 7: Weil det alternierend ist, ergibt sich Regel 7 aus Regel 6 entsprechend wie im Körperfall.

Regel 8: folgt sofort aus Regel 7 (unter Benutzung von Regel 5).

Regel 2: gilt in der Formulierung von Seite 151 nicht, wenn K kein Körper ist. In der Fassung (177) ist sie aber auch im Falle eines beliebigen kommutativen Ringes K mit Eins gültig. Der Beweis von (177) ergibt sich sofort aus Regel 7 und dem Multiplikationssatz, also Regel 5.

Regel 10: Die auf Seite 149 gegebene Begründung für die Kästchenformel war ganz auf den Körperfall zugeschnitten, so daß wir uns hier einen anderen Beweis einfallen lassen müssen. Hierzu bemerken wir zuerst, daß die auf der Formel (184) beruhenden Sätze von §6 – also der verallgemeinerte Multiplikationssatz und der Laplace'sche Entwicklungssatz – ihrer Herleitung nach auch im Falle eines kommutativen Ringes K gelten. Aus der Formel (143) von §6 folgt nun aber sofort, daß eine quadratische Matrix der Gestalt

$$\left(\begin{array}{c|c} B & C \\ \hline 0 & B' \end{array} \right)$$

mit $B \in M_m(K)$, $B' \in M_{m'}(K)$ die Determinante

$$\det(A) = \det(B)\,\det(B')$$

besitzt. Damit ist auch Regel 10 für einen beliebigen kommutativen Ring K bewiesen.

Unter einer *Algebra R über einem kommutativen Ring K* mit Eins versteht man (völlig analog wie im Fall eines Körpers K, vgl. Seite 87) einen Ring R, der zugleich ein K-Modul ist, so daß außerdem noch

$$a(gf) = (ag)\,f = g(af)$$

für alle a aus K und alle f, g aus R gilt. Ein Beispiel für eine K-Algebra ist die K-Algebra

$$K^{n,n} = M_n(K)$$

aller $n \times n$-Matrizen über K. – Sei nun

$$\varphi\colon K \to K' \tag{188}$$

ein Homomorphismus kommutativer Ringe. Für jedes $n \in \mathbb{N}$ vermittelt φ in natürlicher Weise ein Abbildung

$$\varphi_n\colon M_n(K) \to M_n(K'), \tag{189}$$

welche jeder Matrix $A = (a_{ij})$ über K die Matrix $\varphi_n(A) = (\varphi(a_{ij}))$ über K' zuordnet. Die Abbildung (189) ist dann natürlich ein Homomorphismus von K-Algebren (wobei dieser Begriff für kommutative Ringe analog wie für Körper auf Seite 101 definiert ist). Im Hinblick auf die Leibniz'sche Determinantenformel (187) gilt dann

F11: *Ist $\varphi\colon K \to K'$ ein Homomorphismus kommutativer Ringe, so gilt*

$$\det(\varphi A) = \varphi \det(A) \quad \text{für alle } A \in M_n(K), \tag{190}$$

wobei mit φ auch die von (188) induzierte Abbildung $M_n(K) \to M_n(K')$ bezeichnet wird.

Am Schluß dieser Paragraphen sei noch bemerkt, daß für die Determinantentheorie auf die vorausgesetzte *Kommutativität* des zugrundegelegten Ringes K nicht ohne weiteres verzichtet werden kann.

Nehmen wir nämlich an, für einen beliebigen (nicht von vornherein als kommutativ vorausgesetzten) Ring K mit Eins gäbe es eine auf $M_2(K)$ definierte Funktion

$$\begin{pmatrix} a & b \\ c & d \end{pmatrix} \mapsto \begin{vmatrix} a & b \\ c & d \end{vmatrix}$$

mit Werten in K, welche nur die Bedingungen (i) und (iii) einer Determinantenfunktion erfüllt, so müßte für beliebige a und b aus K

$$ab = ab\begin{vmatrix} 1 & 0 \\ 0 & 1 \end{vmatrix} = a\begin{vmatrix} 1 & 0 \\ 0 & b \end{vmatrix} = \begin{vmatrix} a & 0 \\ 0 & b \end{vmatrix} = b\begin{vmatrix} a & 0 \\ 0 & 1 \end{vmatrix} = ba\begin{vmatrix} 1 & 0 \\ 0 & 1 \end{vmatrix} = ba$$

gelten, K also kommutativ sein.

Ist K allerdings ein Schiefkörper, d.h. ein Ring, in dem jedes Element $a \neq 0$ aus K invertierbar ist, so existiert für jedes n eine Funktion

$$d_n : M_n(K) \to \bar{K}$$

von $M_n(K)$ in einen gewissen aus K gebildeten Bereich $\bar{K}$, welche den Determinantenbegriff in angemessener Weise auf Schiefkörper verallgemeinert. (*'Determinanten über Schiefkörpern'*; vgl. etwa das Buch 'Geometric Algebra' von E. Artin.)

Kapitel V

Eigenvektoren und das charakteristische Polynom eines Endomorphismus

§1 Polynome

In diesem Paragraphen seien über *Polynome* einige Feststellungen ausgesprochen, die im weiteren benötigt werden. Es handelt sich dabei um Grundbegriffe der *Algebra*, die dem Leser wohl zum großen Teil bereits von der Schule her geläufig sind. Wegen der grundsätzlichen Bedeutung dieser Begriffe wollen wir dennoch auch in diesem Rahmen kurz auf sie eingehen. Indes kann dem Leser durchaus auch empfohlen werden, sein Studium zunächst gleich mit §2 fortzusetzen und erst gegebenenfalls auf die Ausführungen dieses Paragraphen zurückzugreifen.

Im folgenden sei

$$K \text{ ein kommutativer Ring mit Eins.} \tag{1}$$

Wir wollen erklären, was man unter Polynomen in einer Unbestimmten über K versteht.

Definition 1 ('Polynomring in einer Unbestimmten'):
Eine K-Algebra R (mit Eins) heißt *Polynomring** *in der Unbestimmten X über K*, wenn X ein Element von R ist und jedes Element f aus R sich eindeutig in der Gestalt

$$f = a_0 X^0 + a_1 X^1 + a_2 X^2 + \cdots + a_n X^n \tag{2}$$

mit Elementen $a_0, a_1, a_2, \ldots, a_n$ aus K darstellen läßt.

Bemerkungen: (1) Für eine beliebiges Element A eines Ringes R mit Einselement E setzt man definitionsgemäß $A^0 = E$; in diesem Sinne ist also unter X^0 in (2) das Einselement der K-Algebra R zu verstehen.

(2) Die geforderte Eindeutigkeit der Darstellung (2) soll natürlich folgendes bedeuten: Gilt in R eine Relation der Gestalt

$$a_0 X^0 + a_1 X^1 + \cdots + a_n X^n = b_0 X^0 + b_1 X^1 + \cdots + b_m X^m \tag{3}$$

mit Elementen a_i und b_i aus K und sei dabei etwa $m \geq n$, so ist notwendig

$$a_i = b_i \text{ für } 0 \leq i \leq n \text{ sowie } b_i = 0, \text{ falls } i > n. \tag{4}$$

---

* Bisweilen sagen wir auch *Polynomalgebra* statt Polynomring, doch ist dies in der Literatur sonst wenig gebräuchlich.

(3) Ist R eine Polynomalgebra in der Unbestimmten X über K, so ist R notwendig *kommutativ*, d.h. es gilt $fg = gf$ für alle Elemente f, g aus R. Aufgrund der gemachten Voraussetzungen folgt dies einfach aus der Gültigkeit von $X^i X^j = X^{i+j} = X^j X^i$ für alle ganzen Zahlen $i, j \geq 0$.

F1: *Ein Polynomring R in der Unbestimmten X über K besitzt die folgende 'universelle Eigenschaft': Ist S eine beliebige Algebra über K und A ein beliebiges Element aus S, so gibt es genau einen K-Algebrenhomomorphismus $\varphi: R \to S$, der X auf das vorgegebene Element A abbildet:*

$$\varphi(X) = A. \tag{5}$$

Beweis: (a) Wir beweisen zunächst die Eindeutigkeitsaussage von F1. Sei also $\varphi: R \to S$ ein K-Algebrenhomomorphismus, für welchen (5) gilt. Ein beliebiges Element f aus R besitzt eine Darstellung der Gestalt (2); Anwendung von φ liefert dann aufgrund der Homomorphieeigenschaften von φ sofort

$$\varphi(f) = a_0 \, \varphi(X)^0 + a_1 \, \varphi(X)^1 + \cdots + a_n \, \varphi(X)^n,$$

wegen (5) also

$$\varphi(f) = a_0 A^0 + a_1 A^1 + \cdots + a_n A^n. \tag{6}$$

Folglich ist φ eindeutig bestimmt.

(b) Um die Existenz eines K-Algebrenhomomorphismus $\varphi: R \to S$ mit der Eigenschaft (5) zu zeigen, haben wir nach Teil (a) folgendermaßen vorzugehen: Ist f ein beliebiges Element aus R und besitzt f die Darstellung (2), so definieren wir $\varphi(f)$ durch die rechte Seite von (6). Hierdurch ist $\varphi(f)$ wohldefiniert, denn die Darstellung (2) ist nach Voraussetzung eindeutig. Offenbar gilt $\varphi(X) = A$, also ist (5) erfüllt. Außerdem prüft man leicht nach, daß die so definierte Abbildung $\varphi: R \to S$ tatsächlich ein K-Algebrenhomomorphismus ist.

Bemerkungen: (1) Es sollen die Voraussetzungen und Bezeichnungen von F1 gelten. Nach (6) erhält man das Bild $\varphi(f)$ des Elementes f in (2), indem man auf der rechten Seite von (2) jeweils X durch A ersetzt oder, wie man auch sagt, *A in f einsetzt.* Aus diesem Grund nennt man φ auch den zu dem Element A der K-Algebra S gehörigen *Einsetzungshomomorphismus* und verwendet für die rechte Seite von (6) auch die Bezeichnung $f(A)$. Mit (2) gilt dann also

$$\varphi(f) = f(A) = a_0 A^0 + a_1 A^1 + \cdots + a_n A^n. \tag{7}$$

Für $R = S$ und $A := X$ erhalten wir als zugehörigen Einsetzungshomomorphismus die identische Abbildung von R in sich. Für jedes f aus R hat dann die Formel (7) die Gestalt

$$f = f(X)$$

– in Übereinstimmung mit einer in der Literatur häufig verwendeten Bezeichnungsweise.

(2) Aus F1 folgt nun insbesondere: Sind R ein Polynomring in der Unbestimmten X über K und R' ein Polynomring in der Unbestimmten Y über K, so sind R und R' als K-Algebren isomorph. Denn nach F1 gibt es einen K-Algebrenhomomorphismus $\varphi\colon R \to R'$ mit $\varphi(X) = Y$ und ebenso einen K-Algebrenhomomorphismus $\psi\colon R' \to R$ mit $\psi(Y) = X$. Dann sind $\psi \circ \varphi\colon R \to R$ und $\varphi \circ \psi\colon R' \to R'$ K-Algebrenhomomorphismen mit $\psi \circ \varphi(X) = X$ und $\varphi \circ \psi(Y) = Y$. Aus der Eindeutigkeitsaussage von F1 folgt dann aber sofort $\psi \circ \varphi = \mathrm{id}_R$ und $\varphi \circ \psi = \mathrm{id}_{R'}$. Also ist φ ein Isomorphismus von R auf R'; er besitzt zudem die Eigenschaft $\varphi(X) = Y$.

(3) Man vergleiche F1 mit der dem Typ nach ganz ähnlichen Aussage von F2 aus Kap. III. Auch was die Beweise dieser beiden grundlegenden Feststellungen betrifft, so springt deren Ähnlichkeit sofort ins Auge. $\square$

Ehe wir nun weitere Eigenschaften von Polynomringen besprechen, wollen wir die Frage klären, ob solche Polynomringe überhaupt existieren.

F2: *Zu jedem kommutativen Ring K mit Eins existiert ein Polynomring R in einer Unbestimmten X über K.*

Beweis: Wir betrachten die Menge

$$I := \{0, 1, 2, 3, \dots\} = \mathbb{N}_0 \tag{8}$$

aller nicht-negativen ganzen Zahlen und zu dieser die Menge

$$R := K^{(I)} \tag{9}$$

aller Abbildungen $f\colon I \to K$ mit endlichen Träger. (Vgl. das Beispiel 4 zu Def. 3 in Kap. I; der Unterschied zu früher besteht nur darin, daß K anstelle eines Körpers jetzt auch ein beliebiger kommutativer Ring mit Eins sein darf.) Es ist klar, daß man für R eine Addition sowie eine skalare Multiplikation komponentenweise erklären kann: Sind f, g aus R, so definiert man $f + g$ durch $(f + g)(i) = f(i) + g(i)$ für alle $i \in I$; für a aus K definiert man af durch $(af)(i) = af(i)$ für alle $i \in I$. Es gelten dann die gewöhnlichen Rechengesetze. (Genauer: Mit der eingeführten Addition und skalaren Multiplikation ist R ein K-Modul.) Wie definieren wir nun eine geeignete Ringmultiplikation in R? Zunächst überlegen wir uns folgendes: Jedes Element f aus R besitzt eine eindeutige Darstellung

$$f = \sum_{i \in I} a_i e_i \tag{10}$$

mit $a_i \in K$, wobei die $e_i \in R$ durch

$$e_i(j) = \begin{cases} 0 & \text{für } j \neq i \\ 1 & \text{für } j = i \end{cases}$$

definiert sind, nämlich die Darstellung

$$f = \sum_{i \in I} f(i) e_i$$

Wir definieren nun eine Algebrenmultiplikation in R durch die Forderung

$$e_i e_j = e_{i+j} \quad \text{für alle } i, j \in I. \tag{11}$$

Man hat dann notwendigerweise (Distributivgesetz!)

$$\left(\sum_{i \in I} a_i e_i \right) \left(\sum_{j \in I} b_j e_j \right) = \sum_{k \in I} \left(\sum_{i+j=k} a_i b_j \right) e_k \tag{12}$$

zu setzen. Man überzeugt sich nun leicht davon, daß R mit der eingeführten Addition, Multiplikation und skalaren Multiplikation wirklich eine K-Algebra ist. Dabei ist e_0 das Einselement von R. Wir setzen

$$X := e_1 \tag{13}$$

und behaupten, daß R ein Polynomring in der Variablen X über K ist. In der Tat ist wegen (11)

$$X^i = e_i \quad \text{für alle } i \in I,$$

und daher läßt sich wegen (10) jedes f aus R eindeutig in der Gestalt

$$f = a_0 X^0 + a_1 X^1 + \cdots + a_n X^n$$

mit einem gewissen n darstellen.

Definition 2: Im folgenden bezeichnen wir mit

$$K[X] \tag{14}$$

einen Polynomring in der Variablen X über K. (Da ein solcher nach Bem. 2 zu F1 bis auf Isomorphie eindeutig bestimmt ist, sprechen wir künftig auch einfach von dem Polynomring $K[X]$ in einer Unbestimmten über K.) Die Elemente f von $K[X]$ heißen *Polynome* (*in der Unbestimmten X über K*). Besitzt f die Gestalt (2) und ist dabei $a_n \neq 0$, so heißt n der *Grad von f*; wir schreiben dann

$$\operatorname{grad}(f) = n. \tag{15}$$

Hat f in (2) den Grad n, so heißt a_n der *höchste Koeffizient* von f. Ist der höchste Koeffizient eines Polynoms f gleich 1, so nennt man f ein *normiertes Polynom*.

Bemerkungen: (1) Ist R eine beliebige K-Algebra und A ein Element aus R, so bezeichnen wir mit

$$K[A] \tag{16}$$

das Bild des zu A gehörigen Einsetzungshomomorphismus $\varphi: K[X] \to R$. Die Elemente von $K[A]$ sind die sämtlichen Polynomausdrücke

$$a_0 A^0 + a_1 A^1 + \cdots + a_n A^n$$

mit Koeffizienten a_i in K; n ist dabei eine beliebige ganze Zahl ≥ 0. Mit $K[X]$ ist auch $K[A]$ eine kommutative K-Algebra.

Genau dann ist $K[A]$ ein Polynomring in der Unbestimmten A über K, falls eine Relation der Gestalt

$$a_0 A^0 + a_1 A^1 + \cdots + a_n A^n = 0$$

mit $a_i \in K$ nur für $a_0 = a_1 = \cdots = a_n = 0$ möglich ist (Beweis als *Übungsaufgabe 1*).

(2) Für den Grad von Polynomen gilt offenbar die folgende Regel:

$$\operatorname{grad}(f + g) \leq \operatorname{Max}(\operatorname{grad} f, \operatorname{grad} g). \tag{17}$$

Hierbei sind f, g und $f + g$ als von Null verschiedene Polynome aus $K[X]$ vorausgesetzt. Ist K ein *Körper* (oder allgemeiner: *nullteilerfrei*) und sind f, g von Null verschiedene Elemente aus $K[X]$, so ist offenbar auch fg verschieden von Null, und es gilt

$$\operatorname{grad}(fg) = \operatorname{grad}(f) + \operatorname{grad}(g). \tag{18}$$

Es ist zweckmäßig, dem Nullpolynom den Grad $-\infty$ zuzuschreiben, also die obige Definition durch die Festsetzung

$$\operatorname{grad}(0) = -\infty \tag{19}$$

zu erweitern. Bei sinngemäßer Verwendung des Zeichens $-\infty$ gelten dann die Regeln (17) und (18) ohne Einschränkung für all e f, g aus $K[X]$; im Falle von (18) ist dabei K nach wie vor als nullteilerfrei vorausgesetzt.

Ist übrigens $\operatorname{grad}(f) \neq \operatorname{grad}(g)$, so gilt in (17) anstelle von $\leq$ sogar das Gleichheitszeichen.

(3) Für eine beliebige K-Algebra R mit Einselement E hat man die Abbildung

$$K \to R \tag{20}$$

$$a \mapsto aE$$

Sie ist offenbar ein K-Algebrenhomomorphismus. Dieser braucht i.a. nicht injektiv zu sein; ist K jedoch ein Körper, so ist (20) stets injektiv. Auch wenn $R = K[X]$ ein Polynomring in einer Unbestimmten über einem beliebigen kommutativen Ring mit Eins ist, muß (20) injektiv sein, was sich einfach aus der Eindeutigkeitsforderung von Def. 1 ergibt. In den Fällen, in denen (20) injektiv ist, identifiziert man häufig die Elemente a aus K mit ihren Bildern aE in R. Anstelle von (2) schreibt man dann also auch

$$f = a_0 + a_1 X + a_2 X^2 + \cdots + a_n X^n. \tag{21}$$

(4) Ist K nullteilerfrei, so sind die Einheiten des Polynomringes $K[X]$ genau die Einheiten von K, also

$$K[X]^\times = K^\times \tag{22}$$

Dies erkennt man sofort durch Benutzung von (18); Beweis als *Übungsaufgabe* 2. $\square$

Die folgende Feststellung ist insbesondere für Polynomringe in einer Unbestimmten über einem K ö r p e r K grundlegend.

F3 ('Division mit Rest'):

Es sei $f \neq 0$ ein Polynom aus $K[X]$, dessen höchster Koeffizient eine Einheit von K ist. Zu jedem Polynom g aus $K[X]$ gibt es dann Polynome q und r aus $K[X]$ mit*

$$g = qf + r \quad und \quad \mathrm{grad}(r) < \mathrm{grad}(f). \tag{23}$$

Ferner sind q und r durch (23) eindeutig bestimmt.

Beweis: (a) Durch Induktion nach dem Grad von g wollen wir zuerst zeigen, daß jedes g eine Darstellung der Gestalt (23) besitzt. Für $\mathrm{grad}\, g < \mathrm{grad}\, f$ setze man $q = 0$ und $r = g$. Gelte also $m := \mathrm{grad}\, g \geq \mathrm{grad}\, f =: n$ und sei c der höchste Koeffizient von g. Sei ferner a der höchste Koeffizient von f. Dann hat das Polynom

$$h(X) = g(X) - ca^{-1} f(X) X^{m-n} \tag{24}$$

einen kleineren Grad als g, also kann man voraussetzen, daß Polynome q_1 und r existieren mit

$$h(X) = q_1(X) f(X) + r(X) \quad und \quad \mathrm{grad}\, r < \mathrm{grad}\, f \tag{25}$$

Aus (24) und (25) zusammen ergibt sich dann mit

$$g(X) = (q_1(X) + ca^{-1} X^{m-n}) f(X) + r(X) \quad und \quad \mathrm{grad}\, r < \mathrm{grad}\, f$$

eine Darstellung der gewünschten Gestalt für g.

(b) Aus $g = \tilde{q}f + \tilde{r}$ mit $\mathrm{grad}(\tilde{r}) < \mathrm{grad}(f)$ folgt zusammen mit (23) die Gleichung

$$r - \tilde{r} = (\tilde{q} - q) f. \tag{26}$$

Wäre hier nun $r - \tilde{r} \neq 0$, so besäße das Polynom auf der rechten Seite von (26) einen Grad $\geq \mathrm{grad}\, f$, im Widerspruch zu $\mathrm{grad}(r - \tilde{r}) \leq \mathrm{Max}\,(\mathrm{grad}\, r, \mathrm{grad}\, \tilde{r}) < \mathrm{grad}\, f$. Also ist $r = \tilde{r}$ und dann auch $q = \tilde{q}$. $\square$

Als Folgerung von F3 erhalten wir

---

* Ist K ein Körper, so ist diese Bedingung mit $f \neq 0$ von selbst erfüllt.

F4: *Es sei g ein Polynom aus $K[X]$. Ist dann a aus K eine Nullstelle von g, d.h. gilt g(a) = 0, so gibt es ein Polynom q aus $K[X]$ mit*

$$g(X) = (X - a)\,q(X). \tag{27}$$

Beweis: Anwendung von F3 mit $f(X) = X - a$ ergibt eine Darstellung der Gestalt $g(X) = (X - a)\,q(X) + r$ mit einem 'konstanten Polynom' r aus K. Durch Einsetzen von a erhält man dann $r = 0$ und somit die Behauptung.

Bemerkung 1: Sei R ein beliebiger kommutativer Ring mit Eins. Gibt es zu Elementen f und g aus R ein Element q aus R mit

$$g = qf, \tag{28}$$

so sagen wir 'f *ist ein* <u>Teiler</u> *von g*' und schreiben

$$f \,|\, g. \tag{29}$$

Gilt (29), so sagen wir auch 'f *teilt g*' oder '*g ist durch f teilbar*'. Wir können dann F4 auch so aussprechen: Ist a eine Nullstelle von $g \in K[X]$, so ist g in $K[X]$ durch das Polynom $X - a$ teilbar. Man nennt dann $X - a$ auch einen *Linearfaktor* des Polynoms g.

Bemerkung 2: Zur Abkürzung wollen wir im folgenden einen nullteilerfreien kommutativen Ring mit $1 \neq 0$ einen <u>Integritätsring</u> nennen. Sei K jetzt ein Integritätsring, und sei $g \in K[X]$ ein von Null verschiedenes Polynom über K. Für ein beliebiges $a \in K$ definieren wir

$$\mathrm{ord}_a(g) \tag{30}$$

als das Maximum aller ganzen Zahlen $j \geq 0$, für welche

$$(X - a)^j \,|\, g \tag{31}$$

gilt. (Aus Gradgründen gibt es ein j, für das (31) <u>nicht</u> gilt, also ist $\mathrm{ord}_a(g)$ wohldefiniert.) Aufgrund von F4 hat man die Äquivalenz

$$a \text{ ist Nullstelle von } g \Leftrightarrow \mathrm{ord}_a(g) > 0 \tag{32}$$

Allgemeiner: Ist in $K[X]$ eine Produktzerlegung von g der Gestalt

$$g(X) = (X - a)^k\, q(X) \tag{33}$$

gegeben, so gilt

$$k = \mathrm{ord}_a(g) \Leftrightarrow q(a) \neq 0. \tag{34}$$

Ist a eine Nullstelle von g, so nennt man $\mathrm{ord}_a(g)$ auch die <u>*Vielfachheit*</u> *der Nullstelle a von g*.

Zum Beispiel besitzt die Nullstelle $a = 1$ des Polynoms $g = X^3 - 2X^2 + X$ die

Vielfachheit 2. Man spricht dann auch von einer *doppelten* Nullstelle des Polynoms g. Die Nullstelle $a = 0$ von g hingegen ist eine *einfache* Nullstelle von g, d.h. für sie gilt $\text{ord}_a(g) = 1$.

F5: *Sei K ein Integritätsring, und sei $f \in K[X]$ ein von Null verschiedenes Polynom über K. Sind dann $a_1, a_2, \ldots, a_r$ paarweise verschiedene Nullstellen von f in K, so gibt es eine Produktzerlegung*

$$f(X) = (X - a_1)^{k_1}(X - a_2)^{k_2} \ldots (X - a_r)^{k_r} g(X) \tag{35}$$

mit natürlichen Zahlen k_i und einem $g \in K[X]$, für das $g(a_i) \neq 0$ für alle $i = 1, 2, \ldots, r$ gilt. Dabei sind $k_1, \ldots, k_r$ sowie g durch f eindeutig bestimmt. Es gilt

$$k_i = \text{ord}_{a_i}(f). \tag{36}$$

Beweis: Wir führen vollständige Induktion nach r. Für $r = 1$ ist die Behauptung klar (vgl. die obige Bem. 2). Sei jetzt $r > 1$, und seien $a_1, \ldots, a_r$ paarweise verschiedene Nullstellen von f. Nach Induktionsannahme gibt es dann eine Zerlegung

$$f(X) = (X - a_1)^{k_1} \ldots (X - a_{r-1})^{k_{r-1}} h(X)$$

$$\text{mit } h(a_i) \neq 0 \text{ für } 1 \leq i \leq r - 1. \tag{37}$$

Setzt man a_r in (37) ein, so folgt wegen der vorausgesetzten *Nullteilerfreiheit* von K sofort $h(a_r) = 0$. Also gilt

$$h(X) = (X - a_r)^{k_r} g(X) \quad \text{mit } g(a_r) \neq 0. \tag{38}$$

Aus (37) und (38) ergibt sich eine Zerlegung (35) mit der verlangten Eigenschaft.

Ist eine Zerlegung (35) der obigen Art vorgelegt, so erkennt man – erneut unter Berufung auf die Nullteilerfreiheit von K –, daß für jedes $i = 1, 2, \ldots, r$ notwendig $k_i = \text{ord}_{a_i}(f)$ gelten muß (vgl. Bem. 2). Also sind die k_i eindeutig bestimmt. Wegen der Nullteilerfreiheit von $K[X]$ ist dann auch g eindeutig festgelegt.

Aus Gradgründen zieht F5 sofort die folgende Feststellung nach sich:

F6: *Ist K ein Körper (oder allgemeiner: ein Integritätsring), so hat ein von Null verschiedenes Polynom $f \in K[X]$ vom Grade n höchstens n verschiedene Nullstellen in K.*

Bemerkung: Sei K zunächst ein beliebiger kommutativer Ring mit Eins, und sei $K[X]$ der Polynomring in einer Unbestimmten X über K. Mit K^K bezeichnen wir die K-Algebra aller Funktionen $f: K \to K$, wobei Addition, Multiplikation und skalare Multiplikation komponentenweise erklärt sind. Nach F1 gibt es genau einen Algebrenhomomorphismus

$$\varphi: K[X] \to K^K = \text{Abb}(K, K) \tag{39}$$

mit $\varphi(X) = \mathrm{id}_K$. Dieser ordnet jedem Polynom $f = a_0 + a_1 X + \cdots + a_n X^n$ die durch

$$x \mapsto a_0 + a_1 x + \cdots + a_n x^n \tag{40}$$

definierte *Polynomfunktion* von K in sich zu. Aus F6 folgt dann: Ist K ein Integritätsring mit unendlich vielen Elementen, so ist die Abbildung φ in (39) injektiv. In diesem Fall ist dann die K-Algebra $K[\mathrm{id}_K]$ aller Polynomfunktionen selbst ein Polynomring in der Unbestimmten id_K über K. Für den Fall eines unendlichen Körpers z.B. brauchen wir also zwischen Polynomen und Polynomfunktionen keinen Unterschied zu machen. Hat K hingegen nur endlich viele Elemente, so kann φ nicht injektiv sein. (Beispiele für *endliche Körper* sind z.B. die in Kap. II, §1 betrachteten Körper $\mathbb{F}_p$ für jede Primzahl p.)

Übungsaufgabe 3: Man beweise F6 für den Fall eines Körpers K auch durch Heranziehung der *Vandermonde'schen Determinante*; vgl. (86) in Kap. IV. (Hinweis: Die Koeffizienten eines Polynoms vom Grade $n - 1$, welches n Nullstellen $a_1, \ldots, a_n$ besäße, wären Lösung eines *homogenen linearen Gleichungssystems* mit (84) aus Kap. IV als Koeffizientenmatrix.)

Definition 3: Sei K ein Körper. Wir sagen, ein Polynom $f \neq 0$ aus $K[X]$ *zerfalle über K vollständig in Linearfaktoren*, wenn f eine Produktzerlegung der Gestalt

$$f(X) = a(X - x_1)(X - x_2) \ldots (X - x_n) \quad \text{in } K[X] \tag{41}$$

besitzt.

Bemerkung 1: Es gelte (41). Dann ist n der Grad und a der höchste Koeffizient von f. Außerdem ist $\{x_1, x_2, \ldots, x_n\}$ die Menge aller Nullstellen von f; dabei brauchen $x_1, x_2, \ldots, x_n$ natürlich nicht paarweise verschieden zu sein. Faßt man aber die Linearfaktoren in (41) nach gleichen Nullstellen zusammen, so erhält man eine Darstellung der Gestalt

$$f(X) = a(X - a_1)^{k_1} (X - a_2)^{k_2} \ldots (X - a_r)^{k_r} \quad (k_i \in \mathbb{N}) \tag{42}$$

mit paarweise verschiedenen Elementen $a_1, a_2, \ldots, a_r$ aus K. Bis auf die Reihenfolge der Faktoren ist diese Darstellung dann eindeutig. Ist nämlich eine Darstellung (42) mit paarweise verschiedenen $a_1, \ldots, a_r$ vorgelegt, so ist $\{a_1, \ldots, a_r\}$ die Menge aller Nullstellen von f in K, a der höchste Koeffizient von f und $k_i = \mathrm{ord}_{a_i}(f)$ für alle i (vgl. F5).

Beispiele: (a) Das Polynom $X^3 - 1 = (X - 1)(1 + X + X^2)$ zerfällt über $\mathbb{R}$ nicht vollständig in Linearfaktoren, wohl aber über $\mathbb{C}$; in $\mathbb{C}[X]$ gilt

$$X^3 - 1 = (X - 1)(X - \varepsilon)(X - \varepsilon^2) \quad \text{mit } \varepsilon = -\tfrac{1}{2} + \tfrac{1}{2}i\sqrt{3}.$$

(b) Das Polynom $f(X) = X^4 + 2X^3 - 5X^2 - 4X + 6$ zerfällt über $\mathbb{R}$ vollständig in Linearfaktoren, hingegen nicht über $\mathbb{Q}$; es ist nämlich

$$f(X) = (X - 1)(X + 3)(X^2 - 2) = (X - 1)(X + 3)(X - \sqrt{2})(X + \sqrt{2}).$$

Bemerkung 2: Wir zitieren an dieser Stelle den sogenannten '*Fundamentalsatz der Algebra*': Jedes nicht-konstante Polynom $f \in \mathbb{C}[X]$ über dem Körper $\mathbb{C}$ der komplexen Zahlen besitzt in $\mathbb{C}$ eine Nullstelle.

Auf einen der vielen Beweise dieses Satzes können wir in diesem Rahmen nicht eingehen; es sei aber erwähnt, daß man den '*Fundamentalsatz der Algebra*' bereits mit einfachen Mitteln der *Analysis* überzeugend begründen kann.

Man nennt allgemein eine Körper K *algebraisch abgeschlossen*, wenn jedes nicht-konstante Polynom $f \in K[X]$ eine Nullstelle in K besitzt. Der Körper $\mathbb{C}$ der komplexen Zahlen ist also algebraisch abgeschlossen; hingegen ist der Körper $\mathbb{R}$ der reellen Zahlen nicht algebraisch abgeschlossen, denn schon das Polynom $X^2 + 1$ aus $\mathbb{R}[X]$ besitzt keine Nullstelle in $\mathbb{R}$.

Aufgrund von F5 und Bem. 1 gilt:

Ist K ein algebraisch abgeschlossener Körper, so zerfällt jedes von Null verschiedene Polynom aus $K[X]$ vollständig in Linearfaktoren über K. Jedes $f \neq 0$ aus $K[X]$ besitzt also eine (bis auf die Reihenfolge der Faktoren) eindeutig bestimmte Darstellung der Gestalt (42) mit paarweise verschiedenen $a_1, \ldots, a_r$.

Bemerkung 3: F5 und obige Bem. 1 sind Sonderfälle eines allgemeinen Satzes, nämlich des Satzes von der *eindeutigen Primfaktorzerlegung in Polynomringen einer Unbestimmten über einem Körper K*. Auf diesen Satz werden wir in Band II genauer eingehen.

§2 Der Begriff des Eigenwertes bei Endomorphismen von Vektorräumen

Wir wollen jetzt mit dem Studium der Endomorphismen endlich-dimensionaler Vektorräume beginnen. Ist $f: V \to V$ ein Endomorphismus des n-dimensionalen K-Vektorraumes V, so liegt es nahe, nach einer Basis von V zu fragen, bezüglich welcher die zugehörige *Koordinatenmatrix* von f eine möglichst einfache Gestalt hat.

Die simpelsten Beispiele für Endomorphismen eines Vektorraumes V sind die *Homothetien*

$$h_\lambda : x \mapsto \lambda x \quad (\lambda \in K)$$

von V. Ist V endlich-dimensional, so besitzt h_λ bzgl. jeder Basis von V eine Matrix der Gestalt

$$\begin{pmatrix} \lambda & & & \\ & \lambda & & 0 \\ & & \ddots & \\ & 0 & & \lambda \end{pmatrix}$$

als Koordinatenmatrix. Will man nun einen beliebigen Endomorphismus eines n-dimensionalen Vektorraumes V untersuchen, so scheint es nicht unvernünftig, nach Teilräumen U von V zu fragen, auf denen sich f wie eine Homothetie verhält. Hier wiederum ist es naheliegend, die *eindimensionalen* Teilräume von V in Betracht zu ziehen:

Definition 4 ('Eigenvektor'):
Es sei $f: V \to V$ ein Endomorphismus eines K-Vektorraumes V. Ein Vektor $x \neq 0$ aus V heißt ein *Eigenvektor von f*, falls es eine Zahl λ aus K gibt mit

$$fx = \lambda x. \tag{43}$$

Bemerkungen und Beispiele: (1) Sei $f: V \to V$ ein Endomorphismus. Ein Vektor $x \neq 0$ von V ist genau dann ein Eigenvektor von f, wenn der eindimensionale Teilraum $U := \langle x \rangle$ bei f in sich abgebildet wird:

$$f(U) \subseteq U$$

Geometrisch gesprochen besitzt also ein Endomorphismus $f: V \to V$ eines n-dimensionalen Vektorraumes V genau dann einen Eigenvektor, wenn es in V eine *Gerade* (durch den Nullpunkt) gibt, welche bei f in sich abgebildet wird.

(2) Ist f ein Endomorphismus des n-dimensionalen Vektorraumes V, so besitzt f offenbar genau dann einen Eigenvektor, wenn es eine Basis von V gibt, bezüglich welcher f eine Matrix der Gestalt

$$\begin{pmatrix} \lambda & * & \cdots & * \\ \hline 0 & & & \\ \vdots & & * & \\ 0 & & & \end{pmatrix} \tag{44}$$

als Koordinatenmatrix besitzt. (Beweis als *Übungsaufgabe* 4)

(3) Für

$$A = \begin{pmatrix} 3 & 0 & -1 \\ 1 & 2 & -1 \\ -1 & 1 & 1 \end{pmatrix} \quad \text{und} \quad x = \begin{pmatrix} 1 \\ 2 \\ 1 \end{pmatrix} \tag{45}$$

gilt $Ax = 2x$, also ist x ein Eigenvektor des Endomorphismus $A: \mathbb{R}^3 \to \mathbb{R}^3$.

(4) Der durch die 2×2-Matrix

$$A = \begin{pmatrix} 0 & -1 \\ 1 & 0 \end{pmatrix} \tag{46}$$

vermittelte Endomorphismus $A := \mathbb{R}^2 \to \mathbb{R}^2$ besitzt keinen Eigenvektor. Wäre nämlich für ein $x \neq 0$ aus $\mathbb{R}^2$ und ein λ aus $\mathbb{R}$ die Gleichung $Ax = \lambda x$ erfüllt, so rechnet man sofort nach, daß λ dann der Gleichung $\lambda^2 = -1$ genügen müßte, was für λ aus $\mathbb{R}$ aber unmöglich ist.

Geometrisch gesehen bewirkt die durch (46) gegebene Abbildung A des $\mathbb{R}^2$ in sich gerade eine *Drehung* um 90° mit **0** als Mittelpunkt. Es ist dann anschaulich evident, daß A keinen Eigenvektor besitzen kann.

Wie wir später noch sehen werden, besitzt im Gegensatz zum $\mathbb{R}^2$ jeder Endomorphismus des $\mathbb{R}^3$ einen Eigenvektor. □

Schon das einfache Beispiel (45) zeigt, daß die Eigenvektoren eines gegebenen Endomorphismus (sofern überhaupt vorhanden) einem nicht sofort ins Auge springen, sondern eher etwas versteckt sind. Sei nun $f: V \to V$ ein beliebiger Endomorphismus eines K-Vektorraumes V. Die Frage nach den Eigenvektoren von f läuft nun zunächst darauf hinaus, für jedes λ aus K zu entscheiden, ob zu λ ein $x \ne 0$ aus V existiert, welches der Gleichung

$$fx = \lambda x$$

genügt.

Definition 5 ('Eigenwert'):
Sei f ein Endomorphismus des K-Vektorraumes V. Eine Zahl λ aus K heißt ein *Eigenwert von f*, wenn es zu λ einen Vektor $x \ne 0$ aus V gibt, für den

$$fx = \lambda x \tag{47}$$

gilt. Jeder Vektor $x \ne 0$ aus V, welcher (47) erfüllt, heißt ein *Eigenvektor von f zum Eigenwert* λ.

Bemerkungen: (1) Für beliebige $\lambda \in K$, $x \in V$ ist (47) gleichwertig mit $\lambda x - fx = 0$, oder anders ausgedrückt mit

$$(\lambda \,\mathrm{id}_V - f)\, x = 0. \tag{48}$$

Für beliebiges λ aus K erhalten wir also die Gleichheit

$$\{x \in V \mid fx = \lambda x\} = \mathrm{Kern}(\lambda \,\mathrm{id}_V - f). \tag{49}$$

Als erstes Kriterium dafür, ob ein gegebenes λ aus K ein Eigenwert ist oder nicht, ergibt sich somit:

$$\lambda \text{ ist Eigenwert von } f \Leftrightarrow \mathrm{Kern}(\lambda \,\mathrm{id}_V - f) \ne \{0\} \tag{50}$$

Anders ausgedrückt: Genau dann ist λ ein Eigenwert von f, wenn der Endomorphismus $\lambda \,\mathrm{id}_V - f$ nicht injektiv ist.

(2) Ist λ ein Eigenwert von f, so nennen wir den Teilraum

$$V(\lambda, f) := \mathrm{Kern}(\lambda \,\mathrm{id}_V - f) = \{x \in V \mid fx = \lambda x\} \tag{51}$$

von V den *Eigenraum zum Eigenwert* λ *von* f. Seine von **0** verschiedenen Elemente sind definitionsgemäß die sämtlichen zum Eigenwert λ gehörigen Eigenvektoren von f.

(3) Auch $\lambda = 0$ kann als Eigenwert auftreten; nach (50) ist 0 nämlich genau dann ein Eigenwert von f, wenn f nicht injektiv ist:

$$0 \text{ ist Eigenwert von } f \Leftrightarrow \text{Kern } f \neq 0. \tag{52}$$

Ist 0 ein Eigenwert von f, so ist der zugehörige Eigenraum gerade der Kern von f.

(4) Die Begriffe Eigenwert und Eigenvektor sind insbesondere auch für jede $n \times n$-Matrix

$$A = (a_{ij}) \in K^{n,n}$$

erklärt, da sich eine solche als Endomorphismus $A \colon K^n \to K^n$ des K-Vektorraumes K^n auffassen läßt (vgl. Kap. III, §4). Im Hinblick auf (50) kann man dann sagen, daß $\lambda \in K$ genau dann ein Eigenwert von A ist, wenn das *homogene lineare Gleichungssystem* mit der Koeffizientenmatrix

$$\lambda E - A \tag{53}$$

eine *nicht-triviale* Lösung besitzt; ist das der Fall, so ist der Lösungsraum dieses homogenen Gleichungssystems gerade der zum Eigenwert λ von A gehörige Eigenraum.

(5) Daß den Begriffen *Eigenwert* und *Eigenvektor* eine große Bedeutung zukommt, ergibt sich schon daraus, daß diese Begriffe auch in der *Analysis* eine wichtige Rolle spielen; um das anzudeuten, betrachten wir folgendes sehr einfache, aber typische Beispiel:
Es sei $V := C^\infty(\mathbb{R})$ der Vektorraum der beliebig oft differenzierbaren Funktionen von $\mathbb{R}$ in $\mathbb{R}$. Die Abbildung

$$D \colon f \mapsto f',$$

welche jeder Funktion $f \in V$ ihre *Ableitung* zuordnet, ist ein Endomorphismus des $\mathbb{R}$-Vektorraumes V. Für jedes λ aus $\mathbb{R}$ bezeichne f_λ die durch $f_\lambda(x) = e^{\lambda x}$ definierte Funktion aus V. Nach der '*Kettenregel*' gilt nun $Df_\lambda = f_\lambda' = \lambda f_\lambda$, also ist hier jede reelle Zahl λ ein Eigenwert von D. Ist f ein beliebiger Eigenvektor von D zum Eigenwert λ, so gilt nach der Produktregel

$$D(ff_{-\lambda}) = f_{-\lambda}\,D(f) + fD(f_{-\lambda}) = f_{-\lambda}(\lambda f) + f(-\lambda f_{-\lambda}) = 0,$$

also ist $ff_{-\lambda}$ konstant und somit $f = cf_\lambda$ mit $c \in \mathbb{R}$ skalares Vielfaches von f_λ. Für jedes λ ist hier also der Eigenraum zum Eigenwert λ eindimensional.

(6) Sei V jetzt ein n-dimensionaler K-Vektorraum. Ein Endomorphismus f von V kann dann durch Angabe seiner Koordinatenmatrix A in bezug auf eine feste, aber beliebige Basis $B = (b_1, \ldots, b_n)$ von V vollständig beschrieben werden. Bezeichnet $\tilde{x} \in K^n$ den Koordinatenvektor eines beliebigen Vektors $x \in V$ bezüglich der festgewählten Basis B, so sind für x, y aus V die Gleichungen

$$y = fx \text{ bzw. } \tilde{y} = A\tilde{x}$$

einander äquivalent (vgl. Kap. III, Seite 135). Da ferner $\tilde{x} = 0$ gleichbedeutend mit $x = 0$ ist, gilt: Genau dann ist x ein Eigenvektor zum Eigenwert λ von f, wenn $\tilde{x}$ ein Eigenvektor zum Eigenwert λ von A ist. Somit kann die Untersuchung der Eigenwerte und Eigenvektoren von Endomorphismen f eines n-dimensionalen K-Vektorraums vollständig auf die entsprechende Frage für $n \times n$-Matrizen A über K zurückgeführt werden.

(7) Sei f ein Endomorphismus eines n-dimensionalen K-Vektorraumes, und sei λ ein Eigenwert von f. Die Bestimmung aller zum Eigenwert λ gehörigen Eigenvektoren von f läuft dann (nach den vorangegangenen Bemerkungen 6 und 4) einfach auf die Lösung eines homogenen linearen Gleichungssystems hinaus. $\square$

Die Frage nach den Eigenvektoren eines vorgelegten Endomorphismus f eines K-Vektorraumes V führt nach dem oben Gesagten auf das Problem, zu entscheiden, welche Zahlen λ aus K Eigenwerte von f sind ('*Eigenwertproblem*'). Diesem Problem wollen wir uns jetzt zuwenden. Wir setzen dabei aber fortan voraus, daß es sich bei V um einen *endlich-dimensionalen* Vektorraum handelt. Bei den folgenden Erörterungen wird sich nun der *Determinantenbegriff* (auf den wir im Kap. III in ganz anderem Zusammenhang gestoßen sind) als wesentliches Hilfsmittel erweisen. Ausgangspunkt dafür ist die folgende Feststellung:

F7: *Es sei f ein Endomorphismus eines n-dimensionalen K-Vektorraumes V, und sei A die Koordinatenmatrix von f bezüglich einer Basis B von V. Dann ist λ aus K genau dann ein Eigenwert von f, wenn*

$$\det(\lambda E - A) = 0 \tag{54}$$

gilt.

Beweis: Nach (50) ist λ genau dann ein Eigenwert von f, wenn der Endomorphismus $\lambda \, \mathrm{id}_V - f$ von V nicht injektiv ist. Dies wiederum ist gleichbedeutend damit, daß $\lambda \, \mathrm{id}_V - f$ nicht invertierbar ist, denn V haben wir als endlich-dimensional vorausgesetzt. Aber $\lambda \, \mathrm{id}_V - f$ ist genau dann nicht invertierbar, wenn die Determinantenbedingung

$$\det(\lambda \, \mathrm{id}_V - f) = \det(\lambda E - A) = 0 \tag{55}$$

erfüllt ist (vgl. Kap. IV, §7). $\square$

Definition 6 ('charakteristisches Polynom eines Endomorphismus'):
Es sei A eine $n \times n$-Matrix über K und $K[X]$ der Polynomring in einer Unbestimmten X über K: Mit E als der $n \times n$-Einheitsmatrix betrachten wir dann die $n \times n$-Matrix

$$XE - A \tag{56}$$

über dem Ring $K[X]$. Ihre Determinante

$$\det(XE - A) \in K[X]$$

heißt das <u>*charakteristische Polynom*</u> *der Matrix* A. Wir bezeichnen es mit χ_A, also

$$\chi_A(X) = \det(XE - A). \tag{57}$$

Ist f ein Endomorphismus des n-dimensionalen K-Vektorraumes V und besitzt f in bezug auf eine Basis von V die Koordinatenmatrix A, so nennen wir

$$\chi_f := \chi_A \tag{58}$$

das *charakteristische Polynom des Endomorphismus* f.

Bemerkungen: (1) Natürlich hat man sich davon zu überzeugen, daß χ_f durch (58) wohldefiniert ist. Wählt man eine andere Basis in V, so besitzt die Koordinatenmatrix A' von f bezüglich derselben jedenfalls die Gestalt

$$A' = S^{-1}AS \tag{59}$$

mit einer invertierbaren $n \times n$-Matrix S über K (vgl. Kap. III, Satz 5' auf Seite 110). Mit (59) aber folgt

$$\begin{aligned}
\chi_{A'}(X) &= \det(XE - A') = \det(XE - S^{-1}AS) \\
&= \det(S^{-1}(XE - A)S) = \det(S^{-1})\det(XE - A)\det(S) \\
&= \det(XE - A) = \chi_A(X),
\end{aligned}$$

also in der Tat

$$\chi_{A'} = \chi_A. \tag{60}$$

(2) Wie der Leser bemerkt haben wird, haben wir uns bei der Definition des charakteristischen Polynoms auf den Polynombegriff (vgl. §1) sowie den Determinantenbegriff für kommutative Ringe (vgl. Kap. IV, §8) gestützt.

(3) Die obigen Voraussetzungen und Bezeichnungen mögen auch weiterhin gelten. Zu jedem λ aus K hat man die *Einsetzungsabbildung*

$$K[X] \to K \tag{61}$$

$$f(X) \mapsto f(\lambda)$$

Wir behaupten, daß bei ihr das Element $\det(XE - A)$ von $K[X]$ in das Element $\det(\lambda E - A)$ von K übergeht, also

$$\chi_A(\lambda) = \det(\lambda E - A) \quad \text{für jedes } \lambda \in K \tag{62}$$

gilt; weil (61) ein Ringhomomorphismus ist, folgt dies in der Tat sofort aus der *Leibniz'schen Determinantenformel* (vgl. auch Kap. IV, F11). $\square$

Aus F7 ergibt sich nun im Hinblick auf Def. 6 und (62) das folgende Eigenwertkriterium:

Satz 1: *Es sei V ein n-dimensionaler K-Vektorraum, und f sei ein Endomorphismus von V. Dann gilt: Ein λ aus K ist genau dann ein Eigenwert, wenn λ eine Nullstelle des charakteristischen Polynoms χ_f von f ist, d.h. wenn die Bedingung*

$$\chi_f(\lambda) = 0$$

erfüllt ist. Insbesondere gilt also für jede Matrix $A \in K^{n,n} = \mathrm{End}(K^n)$:

$$\lambda \text{ ist Eigenwert von } A \Leftrightarrow \chi_A(\lambda) = 0. \quad \square \tag{63}$$

Mit Satz 1 ist das Problem, die Eigenwerte von Endomorphismen endlich-dimensionaler K-Vektorräume zu bestimmen, auf das Problem der *Nullstellenbestimmung von Polynomen* über K zurückgeführt. Letzteres stellt nun ein Grundproblem der *Algebra* dar, auf das wir freilich in diesem Buch nicht genauer eingehen können. Dennoch läßt sich mit Satz 1 durchaus schon einiges anfangen, insbesondere kann man aus ihm eine Reihe allgemeiner Folgerungen ziehen, welche nicht auf der Hand liegen. Zunächst wollen wir uns aber eine gewisse Übersicht über die allgemeine Gestalt des charakteristischen Polynoms eines Endomorphismus eines n-dimensionalen K-Vektorraumes verschaffen. Sei also

$$A = (a_{ij}) \in K^{n,n}$$

eine beliebige $n \times n$-Matrix über K. Mit der in Kap. IV eingeführten Determinantenschreibweise ist dann

$$\chi_A(X) = \begin{vmatrix} X - a_{11} & -a_{12} & \cdots & -a_{1n} \\ -a_{21} & X - a_{22} & \cdots & -a_{2n} \\ \vdots & & & \vdots \\ -a_{n1} & -a_{n2} & \cdots & X - a_{nn} \end{vmatrix} \tag{64}$$

Hieraus läßt sich die Gültigkeit des ersten Teiles der nachfolgenden Feststellung unmittelbar ablesen.

F8: *Das charakteristische Polynom einer $n \times n$-Matrix A über K ist ein normiertes Polynom vom Grade n über K. Es gilt also*

$$\chi_A(X) = X^n + s_1 X^{n-1} + s_2 X^{n-2} + \cdots + s_{n-1} X + s_n \tag{65}$$

mit wohlbestimmten Koeffizienten $s_1, s_2, \ldots, s_n$ aus K. Speziell für s_1 und s_n hat man die Darstellungen

$$s_1 = -\mathrm{Spur}(A) \quad \text{und} \quad s_n = (-1)^n \det(A). \tag{66}$$

Allgemein gilt

$$s_k = (-1)^k \, \mathrm{Spur}(A^{(k)}) \quad \text{für } 1 \leq k \leq n, \tag{67}$$

wobei $A^{(k)}$ die k-assoziierte Matrix zu A bezeichnet, vgl. Kap. IV, §6. Bis auf das Vorzeichen $(-1)^k$ ist s_k also die Summe der sämtlichen Hauptunterdeterminanten k-ter Ordnung

$$\begin{vmatrix} i_1 & i_2 & \cdots & i_k \\ i_1 & i_2 & \cdots & i_k \end{vmatrix}_A \tag{68}$$

der Matrix A.

Beweis: Es sei $v_1, \ldots, v_n$ das System der Spalten von A. Es ist dann

$$\chi_A(X) = \det(XE - A) = \det(Xe_1 - v_1, Xe_2 - v_2, \ldots, Xe_n - v_n)$$

Unter Benutzung der alternierenden Multilinearität der Determinante ergibt sich dann zunächst

$$\chi_A(X) = \sum_{k=0}^{n} X^{n-k} \cdot (-1)^k \left(\sum_{Z \in \binom{N}{k}} a_Z \right) \tag{69}$$

wobei in der inneren Summe über alle k-elementigen Teilmengen $Z = \{i_1 < i_2 < \cdots < i_k\}$ von $N = \{1, 2, \ldots, n\}$ summiert wird und für jedes solche Z

$$a_Z := \det(\ldots, v_{i_1}, \ldots, v_{i_2}, \ldots, v_{i_k}, \ldots)$$

die Determinante derjenigen $n \times n$-Matrix bedeute, die aus A entsteht, indem der Reihe nach alle v_j mit $j \notin Z$ durch die entsprechenden kanonischen Einheitsvektoren e_j ersetzt werden. Man überlegt sich nun leicht, daß diese Determinante gleich der Determinante der Matrix $A_{Z,Z}$ ist, welche aus A durch Zusammenschieben der Zeilen und Spalten mit Indizes aus Z entsteht, also

$$a_Z = \det(A_{Z,Z}) \tag{70}$$

Aus (69) und (70) erhält man dann

$$\chi_A(X) = \sum_{k=0}^{n} \left(\sum_{Z \in \binom{N}{k}} \det(A_{Z,Z}) \right) (-1)^k X^{n-k}$$

Hieraus ergibt sich wegen

$$\mathrm{Spur}(A^{(k)}) = \sum_{Z \in \binom{N}{k}} \det(A_{Z,Z})$$

die Behauptung (67). $\quad\square$

Da ein Polynom vom Grade $n \geq 1$ über einem Körper K nicht mehr als n Nullstellen haben kann (vgl. §1), ergibt sich aus F8 im Hinblick auf Satz 1 sofort

F9: *Ein Endomorphismus eines n-dimensionalen Vektorraumes besitzt höchstens n verschiedene Eigenwerte.*

Als weitere Anwendung von Satz 1 in Verbindung mit F8 wollen wir den folgenden interessanten Sachverhalt erwähnen, welcher den 'Anschauungsraum' $\mathbb{R}^3$ betrifft:

F10: Jeder Endomorphismus f eines 3-dimensionalen Vektorraumes V über dem Körper $\mathbb{R}$ der reellen Zahlen besitzt einen Eigenvektor.

Beweis: Wir haben zu zeigen, daß jede 3×3-Matrix A mit Koeffizienten aus $\mathbb{R}$ mindestens einen Eigenwert in $\mathbb{R}$ besitzt. Nach F8 ist das charakteristische Polynom χ_A von A aber ein Polynom aus $\mathbb{R}[X]$ vom Grade 3, also besitzt χ_A (nach dem *Zwischenwertsatz* der Analysis) eine Nullstelle in $\mathbb{R}$. $\quad\square$

Wie gesagt, führt Satz 1 das Problem der Bestimmung der Eigenwerte quadratischer Matrizen über K auf das algebraische Problem der Nullstellenbestimmung von Polynomen über K zurück. Wir wollen an dieser Stelle bemerken, daß beide Probleme sogar auf ein und dasselbe hinauslaufen; es gilt nämlich

F11: *Jedes normierte Polynom f über K ist das charakteristische Polynom einer geeigneten Matrix A über K. Genauer: Ist*

$$f = X^n + a_{n-1} X^{n-1} + \cdots + a_1 X + a_0 \tag{71}$$

ein beliebiges normiertes Polynom über K vom Grade n, so stimmt f mit dem charakteristischen Polynom der $n \times n$-Matrix

$$A = \begin{pmatrix} 0 & & & & -a_0 \\ 1 & \ddots & & & -a_1 \\ & \ddots & \ddots & & \vdots \\ & & \ddots & 0 & -a_{n-2} \\ & & & 1 & -a_{n-1} \end{pmatrix} \tag{72}$$

überein; hier stehen in der letzten Spalte die mit einem Minuszeichen versehenen Koeffizienten $a_0, a_1, \ldots, a_{n-1}$ von f, direkt unterhalb jedes der ersten $n-1$ Hauptdiagonalkoeffizienten befindet sich eine 1, und alle übrigen Koeffizienten von A sind gleich 0.

Beweis: In der Tat besitzt die Matrix $XE - A$ die Determinante $a_0 + a_1 X + \cdots + a_{n-2} X^{n-2} + a_{n-1} X^{n-1} + X^n = f$, wie man durch Entwicklung nach der letzten Spalte von $XE - A$ leicht erkennt (*Übungsaufgabe 5*). $\quad\square$

Wir geben jetzt einige einfache Beispiele zur Bestimmung der Eigenvektoren vorgegebener Endomorphismen:

Beispiel 1: Wir betrachten den durch

$$A: \begin{pmatrix} x_1 \\ x_2 \end{pmatrix} \mapsto \begin{pmatrix} x_1 + x_2 \\ x_1 \end{pmatrix}$$

definierten Endomorphismus A von $\mathbb{R}^2$. Als Matrix hat A die Gestalt

$$A = \begin{pmatrix} 1 & 1 \\ 1 & 0 \end{pmatrix} \tag{73}$$

Das charakteristische Polynom χ_A einer beliebigen 2×2-Matrix A hat nach F8 die Gestalt

$$\chi_A = X^2 - \mathrm{Sp}(A)\,X + \det(A), \tag{74}$$

also gilt im vorliegenden Fall $\chi_A = X^2 - X - 1$.
    Es besitzt die Nullstellen

$$\alpha = \tfrac{1}{2} + \tfrac{1}{2}\sqrt{5}, \quad \beta = \tfrac{1}{2} - \tfrac{1}{2}\sqrt{5}. \tag{75}$$

Somit hat A genau zwei verschiedene Eigenwerte, nämlich die durch (75) gegebenen reellen Zahlen α und β. Lösung des homogenen Gleichungssystems mit der Koeffizientenmatrix $A - \lambda E$ für $\lambda = \alpha$ bzw. $\lambda = \beta$ ergibt, daß die zugehörigen Eigenräume jeweils eindimensional sind und durch

$$\begin{pmatrix} \alpha \\ 1 \end{pmatrix} \text{ bzw. } \begin{pmatrix} \beta \\ 1 \end{pmatrix}$$

erzeugt werden. (Man beachte, daß $\alpha\beta = -1$, also $\alpha^{-1} = -\beta$ gilt.)

Beispiel 2: Für die Matrix

$$A = \begin{pmatrix} 0 & 1 & 0 & 1 \\ 0 & 1 & 0 & 0 \\ -1 & 1 & 1 & 1 \\ -1 & 1 & 0 & 2 \end{pmatrix} \in M_4(\mathbb{R})$$

ist

$$\chi_A(X) = \begin{vmatrix} X & -1 & 0 & -1 \\ 0 & X-1 & 0 & 0 \\ 1 & -1 & X-1 & -1 \\ 1 & -1 & 0 & X-2 \end{vmatrix} = (X-1)^4,$$

wie man durch Entwicklung nach der 2. Zeile leicht erkennt. Somit ist 1 der einzige Eigenwert von A. Der zugehörige Eigenraum ist 3-dimensional, denn die Matrix

$$E - A = \begin{pmatrix} 1 & -1 & 0 & -1 \\ 0 & 0 & 0 & 0 \\ 1 & -1 & 0 & -1 \\ 1 & -1 & 0 & -1 \end{pmatrix}$$

hat offensichtlich den Rang 1, so daß in der Tat dim Kern$(A - E) = 4 - 1 = 3$ gilt.

Beispiel 3: Für einen beliebigen Körper K besitzt der durch

$$f: (x_1, x_2, x_3, \ldots) \mapsto (0, x_1, x_2, x_3, \ldots)$$

definierte Endomorphismus f von $K^{(N)}$ keinen einzigen Eigenwert, denn für jedes λ aus K ist $\lambda\,\mathrm{id} - f$ offenbar injektiv. Für jedes $\lambda \neq 0$ ist $\lambda\,\mathrm{id} - f$ sogar ein Isomorphismus, hingegen nicht für $\lambda = 0$. Obzwar kein Eigenwert, stellt $\lambda = 0$ somit gewissermaßen einen 'singulären' Wert für f dar. In der Tat nennt man eine Zahl λ aus K einen *singulären Wert* für einen Endomorphismus f eines K-Vektorraumes V, wenn $\lambda\,\mathrm{id}_V - f$ kein Isomorphismus ist. Jeder Eigenwert von f ist dann ein singulärer Wert für f, aber im Falle eines *unendlich-dimensionalen* Vektorraumes V kann f auch singuläre Werte besitzen, welche keine Eigenwerte von f sind.

Beispiel 4: Es sei A die in (45) genannte 3×3-Matrix über $\mathbb{R}$. Man rechnet dann (z.B. unter Benutzung von F8) leicht nach, daß A das charakteristische Polynom

$$\chi_A = X^3 - 6X^2 + 11X - 6$$

besitzt. Es ist $\chi_A = (X - 1)(X - 2)(X - 3)$, also besitzt A genau drei verschiedene Eigenwerte, nämlich $\lambda_1 = 1$, $\lambda_2 = 2$ und $\lambda_3 = 3$. Als *Übungsaufgabe* 6 bestimme man die zugehörigen Eigenräume. Sie stellen sich sämtlich als eindimensional heraus. (Daß es sich dabei um keinen bloßen Zufall handelt, wird sich aus den Betrachtungen des nächsten Paragraphen ergeben.)

Am Schluß dieses Paragraphen wollen wir noch eine einfache Feststellung formulieren, welche sowohl für die praktische Berechnung des charakteristischen Polynoms einer Matrix als auch für theoretische Überlegungen von Bedeutung ist.

F12 ('Kästchenformel für das charakteristische Polynom'):
Die quadratische Matrix $A \in M_n(K)$ habe die Gestalt

$$A = \left(\begin{array}{c|c} M & C \\ \hline 0 & M' \end{array} \right) \tag{76}$$

mit quadratischen Matrizen $M \in M_r(K)$ und $M' \in M_s(K)$ sowie einer (nicht weiter interessierenden) $r \times s$-Matrix C; in der linken unteren Ecke stehe dabei die $s \times r$-Nullmatrix. Dann besteht zwischen den charakteristischen Polynomen von A, M und M' die Beziehung

$$\chi_A = \chi_M \cdot \chi_{M'} \tag{77}$$

Natürlich gilt die entsprechende Aussage auch für mehr als zwei Diagonalkästchen.

Beweis: Bezeichnen E_n, E_r, E_s die Einheitsmatrizen entsprechenden Formats, so gilt nach der Kästchenformel für Determinanten

$$|XE_n - A| = \left|\begin{array}{c|c} XE_r - M & -C \\ \hline 0 & XE_s - M' \end{array}\right| = |XE_r - M| \cdot |XE_s - M'|,$$

d.h. die Formel (77). $\square$

Aus F12 kann man z.B. unmittelbar ablesen, daß die Matrix

$$A = \begin{pmatrix} 0 & -1 & 5 & 0 \\ 1 & 0 & 0 & 0 \\ 0 & 0 & 1 & 1 \\ 0 & 0 & 0 & 1 \end{pmatrix} \tag{78}$$

das charakteristische Polynom $\chi_A = (X^2 + 1)(X - 1)^2$ besitzt. Als Element von $M_4(\mathbb{R})$ hat A folglich nur den Eigenwert 1. Faßt man A allerdings als Element von $M_4(\mathbb{C})$ auf, so besitzt A genau die Zahlen $\lambda_1 = i$, $\lambda_2 = -i$, $\lambda_3 = 1$ als Eigenwerte.

Als ein Anwendungsbeispiel von F12 in allgemeiner Hinsicht formulieren wir hier

F13: *Sei f ein Endomorphismus eines n-dimensionalen K-Vektorraumes V. Für jeden Eigenwert λ von f ist dann die Dimension des zu λ gehörigen Eigenraumes von f höchstens gleich der Vielfachheit der Nullstelle λ von χ_f, kurz:*

$$\dim V(\lambda, f) \le \operatorname{ord}_\lambda(\chi_f) \tag{79}$$

Beweis: Wir ergänzen eine Basis $b_1, \ldots, b_r$ von $V(\lambda, f)$ zu einer Basis $b_1, \ldots, b_r, b_{r+1}, \ldots, b_n$ von V. Bezüglich $b_1, \ldots, b_n$ hat dann f eine Koordinatenmatrix der Gestalt

$$A = \left(\begin{array}{c|c} \lambda E_r & C \\ \hline 0 & M' \end{array}\right) \quad \text{mit } r = \dim V(\lambda, f) \tag{80}$$

Nach F12 gilt dann $\chi_f = \chi_A = (X - \lambda)^r g(X)$ mit einem $g \in K[X]$. Nach Definition von $\operatorname{ord}_\lambda(\chi_f)$ ist also dim $V(\lambda, f) = r \le \operatorname{ord}_\lambda(\chi_f)$.

Bemerkung: Sei f ein Endomorphismus eines n-dimensionalen K-Vektorraumes V. Ist λ aus K ein Eigenwert von f, so wird $\operatorname{ord}_\lambda(\chi_f)$ auch die *algebraische Vielfachheit des Eigenwertes λ von f* genannt, während dim $V(\lambda, f)$ als die *geometrische Vielfachheit des Eigenwertes λ von f* bezeichnet wird. In dieser Terminologie besagt F13 also, daß die geometrische Vielfachheit eines Eigenwertes höchstens so groß wie seine algebraische Vielfachheit sein kann.

§3 Diagonalisierbare Endomorphismen

Ausgangspunkt der Betrachtungen dieses Paragraphen ist die folgende interessante Grundeigenschaft von Eigenwerten und Eigenvektoren eines Endomorphismus:

Satz 2: *Jedes System von Eigenvektoren zu verschiedenen Eigenwerten eines Endomorphismus f eines beliebigen K-Vektorraumes V ist linear unabhängig.*

Beweis: Seien also $\lambda_1, \lambda_2, \ldots, \lambda_n$ paarweise verschiedene Eigenwerte von f. Für jedes $i = 1, 2, \ldots, n$ sei x_i ein beliebiger zu λ_i gehöriger Eigenvektor von f, d.h. es gelte $fx_i = \lambda_i\,x_i$. Bestehe nun eine Relation der Gestalt

$$\sum_{i=1}^{n} a_i\,x_i = 0 \tag{81}$$

mit $a_1, a_2, \ldots, a_n$ aus K. Wir haben zu zeigen, daß $a_1 = a_2 = \cdots = a_n = 0$ gilt. Anwendung des Endomorphismus $\lambda_n\,\mathrm{id}_V - f$ auf (81) liefert

$$\sum_{i=1}^{n-1} a_i(\lambda_n - \lambda_i)\,x_i = 0,$$

also eine Relation der gleichen Art, aber mit $n - 1$ statt n Summanden. Somit ergibt sich die Behauptung durch Induktion nach n. $\square$

Als unmittelbare Folgerung ergibt sich aus Satz 2 erneut die Gültigkeit von F9. Weiter erhalten wir aus Satz 2 sofort

F14: *Es sei V ein n-dimensionaler K-Vektorraum. Zu einem Endomorphismus f von V, dessen charakteristisches Polynom n verschiedene Nullstellen in K besitzt, gibt es stets eine Basis von V, die nur aus Eigenvektoren von f besteht.*

Beweis: Seien $\lambda_1, \lambda_2, \ldots, \lambda_n$ aus K paarweise verschiedene Nullstellen des charakteristischen Polynoms χ_f von f. (Wegen grad $\chi_f = n$ kann dann χ_f keine weiteren Nullstellen besitzen.) Nach Satz 1 sind $\lambda_1, \lambda_2, \ldots, \lambda_n$ (die sämtlichen) Eigenwerte von f. Für jedes $i = 1, 2, \ldots, n$ sei nun b_i ein zu λ_i gehöriger Eigenvektor von f. Nach Satz 2 gilt dann $\mathrm{Rang}(b_1, \ldots, b_n) = n$, also ist $b_1, \ldots, b_n$ wegen $n = \dim V$ eine Basis von V.

Besitzt ein Endomorphismus f eines n-dimensionalen K-Vektorraumes eine Basis $b_1, \ldots, b_n$ aus lauter Eigenvektoren von f (und gehöre dabei b_i zum Eigenwert λ_i von f), so hat die Koordinatenmatrix von f bezüglich der Basis $b_1, \ldots, b_n$ offenbar die Gestalt

$$\begin{pmatrix} \lambda_1 & & & \\ & \lambda_2 & & O \\ & & \ddots & \\ & O & & \lambda_n \end{pmatrix},\tag{82}$$

ist also eine Diagonalmatrix. (Die Diagonalglieder $\lambda_1, \ldots, \lambda_n$ brauchen hierbei natürlich nicht paarweise verschieden zu sein.)

Definition 7 ('diagonalisierbar'):

Ein Endomorphismus f eines n-dimensionalen K-Vektorraumes V heißt *diagonalisierbar*, wenn es eine Basis von V gibt, bezüglich welcher die Koordinatenmatrix von f eine *Diagonalmatrix* ist, d.h. eine Matrix der Gestalt (82).

Bemerkungen: (1) Ist $b_1, \ldots, b_n$ eine Basis von V, bezüglich welcher die Koordinatenmatrix eines Endomorphismus f von V die Gestalt (82) besitzt, so gilt für jedes $i = 1, 2, \ldots, n$ definitionsgemäß $fb_i = \lambda_i b_i$, also sind die Basiselemente b_i Eigenvektoren von f. Im Hinblick auf das zuvor Gesagte gilt also:

Ein Endomorphismus f eines n-dimensionalen K-Vektorraumes V ist genau dann diagonalisierbar, wenn es eine Basis von V gibt, die aus lauter Eigenvektoren von f besteht.

(2) Ist (82) die Koordinatenmatrix eines diagonalisierbaren Endomorphismus f von V bezgl. einer geeigneten Basis von V, so hat das charakteristische Polynom von f offenbar die Gestalt

$$\chi_f = \prod_{i=1}^{n} (X - \lambda_i)\tag{83}$$

Die Zahlen $\lambda_1, \lambda_2, \ldots, \lambda_n$ in (82) sind aufgrund von Satz 1 also notwendig die sämtlichen Eigenwerte von f; allerdings brauchen $\lambda_1, \lambda_2, \ldots, \lambda_n$ dabei keineswegs paarweise verschieden zu sein.

(3) Eine Matrix $A \in M_n(K) = \mathrm{End}(K^n)$ ist (aufgrund von Kap. III, Satz 5' auf Seite 152) genau dann diagonalisierbar, wenn es eine invertierbare $n \times n$-Matrix S über K gibt, so daß

$$S^{-1} A S = \begin{pmatrix} \lambda_1 & & & \\ & \lambda_2 & & O \\ & & \ddots & \\ & O & & \lambda_n \end{pmatrix}\tag{84}$$

eine Diagonalmatrix ist. Mit anderen Worten (vgl. Kap. III, Def. 11): $A \in M_n(K)$ *ist genau dann diagonalisierbar, wenn A zu einer Diagonalmatrix konjugiert ist.*

(4) Ist f diagonalisierbar, so zerfällt das charakteristische Polynom von f

nach Bem. 2 vollständig in Linearfaktoren über K. Die Umkehrung davon gilt jedoch nicht: Beispielsweise besitzt

$$A = \begin{pmatrix} 1 & 0 \\ 1 & 1 \end{pmatrix} \in M_2(K)$$

das charakteristische Polynom $(X-1)^2$; wäre A diagonalsierbar, müßte es nach Bemerkungen 3 und 2 ein $S \in \mathrm{GL}(2, K)$ geben mit

$$S^{-1} AS = \begin{pmatrix} 1 & 0 \\ 0 & 1 \end{pmatrix} = E$$

Hieraus aber folgt der Widerspruch $A = SES^{-1} = E$.

Im Hinblick auf Def. 7 können wir F14 nun auch folgendermaßen aussprechen:

F15: *Besitzt das charakteristische Polynom eines Endomorphismus f eines n-dimensionalen K-Vektorraumes n verschiedene Nullstellen in K, so ist f diagonalisierbar. Speziell ist jede $n \times n$-Matrix A über K, deren charakteristisches Polynom n verschiedene Nullstellen in K besitzt, ähnlich (konjugiert) zu einer Diagonalmatrix (vgl. die vorangegangene Bem. 3).*

Die in F15 genannte Bedingung, daß ein Endomorphismus f eines n-dimensionalen K-Vektorraumes n verschiedene Eigenwerte besitzt, ist natürlich nicht notwendig für die Diagonalisierbarkeit von f. Dies zeigt schon das Beispiel der identischen Abbildung, welche nur den Eigenwert 1 besitzt. – Es ist jedoch nicht schwer, auch ein geeignetes hinreichendes und notwendiges Kriterium für die Diagonalisierbarkeit eines Endomorphismus anzugeben. Bevor wir dies tun, haben wir den in Kap. II eingeführten Begriff der direkten Summe von zwei Unterräumen eines Vektorraumes auf mehr als zwei Summanden zu verallgemeinern:

Definition 8 ('direkte Summe von Unterräumen'):
Seien $U_1, U_2, \dots, U_r$ Teilräume eines Vektorraumes V. Besitzt dann jeder Vektor v aus V *genau eine* Darstellung der Gestalt

$$v = u_1 + u_2 + \cdots + u_r \quad \text{mit } u_i \in U_i, \tag{85}$$

so sagen wir, V sei die *direkte Summe der Unterräume* $U_1, U_2, \dots, U_r$, und schreiben

$$V = U_1 \oplus U_2 \oplus \cdots \oplus U_r = \bigoplus_{i=1}^{r} U_i. \tag{86}$$

Bemerkung 1: Durch Induktion nach r zeigt man leicht (*Übungsaufgabe* 7): Für Teilräume $U_1, \dots, U_r$ eines Vektorraumes V sind die folgenden Aussagen äquivalent:

(*i*)   *V ist die direkte Summe von $U_1, \ldots, U_r$.*

(*ii*)   *Es ist $V = \sum_{i=1}^{r} U_i$, und für jedes i gilt $U_i \cap \sum_{j \neq i} U_j = 0$.*

Ist *V endlich dimensional*, so sind (i) und (ii) auch äquivalent zu

(*iii*)   dim $V = \dim(\sum_{i=1}^{r} U_i) = \sum_{i=1}^{r} \dim U_i$.

(Dabei bezeichnet $\sum_{i=1}^{r} U_i$ natürlich die Menge aller Vektoren v aus V, die eine Darstellung der Gestalt (85) besitzen. Offenbar ist $\sum_{i=1}^{r} U_i$ der von der Menge $U_1 \cup U_2 \cup \cdots \cup U_r$ erzeugte Teilraum von V.)

Bemerkung 2: Es sei f ein Endomorphismus eines *n*-dimensionalen Vektorraumes. Sind $\lambda_1, \lambda_2, \ldots, \lambda_r$ paarweise verschiedene Eigenwerte von f, so gilt

$$\sum_{i=1}^{r} V(\lambda_i, f) = \bigoplus_{i=1}^{r} V(\lambda_i, f) \tag{87}$$

In der Tat: Sei

$$\sum_{i=1}^{r} \boldsymbol{u}_i = \sum_{i=1}^{r} \boldsymbol{u}_i' \quad \text{mit } \boldsymbol{u}_i, \boldsymbol{u}_i' \in V(\lambda_i, f).$$

Mit $\boldsymbol{v}_i := \boldsymbol{u}_i - \boldsymbol{u}_i' \in V(\lambda_i, f)$ besteht dann eine Relation der Gestalt

$$\sum_{i=1}^{r} \boldsymbol{v}_i = \boldsymbol{0}$$

Dies ist aber im Hinblick auf Satz 2 nur für $\boldsymbol{v}_1 = \boldsymbol{v}_2 = \cdots = \boldsymbol{v}_r = \boldsymbol{0}$ möglich. Also ist $\boldsymbol{u}_i = \boldsymbol{u}_i'$ für alle i. $\square$

Wir kommen nun zu dem angekündigten

Satz 3 ('hinreichendes und notwendiges Kriterium für Diagonalisierbarkeit'):

Für einen Endomorphismus f eines n-dimensionalen K-Vektorraumes sind die folgenden Aussagen äquivalent:

(*i*)   *f ist diagonalisierbar.*

(*ii*)   *Das charakteristische Polynom χ_f von f zerfällt über K vollständig in Linearfaktoren, und für die Ordnung (Vielfachheit) einer jeden Nullstelle λ von χ_f gilt*

$$\operatorname{ord}_\lambda(\chi_f) = \dim V(\lambda, f) \tag{88}$$

Es sei $\{\lambda_1, \lambda_2, \ldots, \lambda_r\}$ mit paarweise verschiedenen $\lambda_1, \lambda_2, \ldots, \lambda_r$ aus K die Menge der Eigenwerte von f. Dann sind (i) und (ii) ferner äquivalent zu jeder der folgenden Aussagen:

(*iii*)   *$V = \bigoplus_{i=1}^{r} V(\lambda_i, f)$*

(iv) $V = \sum\limits_{i=1}^{r} V(\lambda_i, f)$

(v) $\dim V = \sum\limits_{i=1}^{r} \dim V(\lambda_i, f)$

Beweis: Wir führen den Beweis nach dem folgenden logischen Schema:

$$
\begin{array}{ccc}
\text{(i)} & \Rightarrow & \text{(ii)} \\
\Uparrow & & \Downarrow \\
\text{(iv)} \Leftrightarrow & \text{(iii)} \Leftarrow & \text{(v)}
\end{array}
$$

(i) $\Rightarrow$ (ii): Nach Voraussetzung gibt es eine Basis von V, die nur aus Eigenvektoren von f besteht. Indem man jeweils die Basisvektoren zusammenfaßt, die zu ein und demselben Eigenwert gehören, gelangt man zu einer Basis, bezüglich der die Koordinatenmatrix A von f die folgende Gestalt besitzt:

$$
A = \begin{pmatrix} \lambda_1 E_{n_1} & & & \\ & \lambda_2 E_{n_2} & & O \\ & & \ddots & \\ O & & & \lambda_r E_{n_r} \end{pmatrix} \tag{89}
$$

Hierbei ist zur Abkürzung

$$
n_i := \dim V(\lambda_i, f) \tag{90}
$$

gesetzt. Das charakteristische Polynom von f hat aufgrund von (89) die Gestalt

$$
\chi_f = \chi_A = (X - \lambda_1)^{n_1} (X - \lambda_2)^{n_2} \dots (X - \lambda_r)^{n_r} \tag{91}
$$

Somit zerfällt χ_f über K vollständig in Linearfaktoren, und außerdem ist wegen (90) auch (88) erfüllt.

(ii) $\Rightarrow$ (v): Zerfällt χ_f über K vollständig in Linearfaktoren, so gilt aus Gradgründen zunächst

$$
\dim V = n = \sum\limits_{i=1}^{r} \operatorname{ord}_{\lambda_i}(f)
$$

Ist nun für jeden Eigenwert λ von f auch noch (88) erfüllt, so folgt damit (v).

(v) $\Rightarrow$ (iii): Wir gehen aus von der Feststellung (87) in Bem. 2 zu Def. 8. Aus ihr ergibt sich (im Hinblick auf die Bem. 1 zu Def. 8) sofort die Dimensionsbeziehung

$$
\dim\left(\sum\limits_{i=1}^{r} V(\lambda_i, f)\right) = \sum\limits_{i=1}^{r} \dim V(\lambda_i, f)
$$

Wird jetzt die Gültigkeit von (v) vorausgesetzt, so ist V nach Bem. 1 zu Def. 8 die direkte Summe der $V(\lambda_i, f)$, d.h. es gilt (iii).

(iii) $\Rightarrow$ (i): Man wähle der Reihe nach Basen von $V(\lambda_1, f)$, $V(\lambda_2, f)$, ..., $V(\lambda_r, f)$; zusammengesetzt ergeben diese aufgrund der Voraussetzung (iii) eine Basis von V. Diese Basis besteht nur aus Eigenvektoren von f, also gilt (i).

(iii) $\Leftrightarrow$ (iv): Aus (iii) folgt trivialerweise (iv). Im Hinblick auf (87) folgt aber umgekehrt aus (iv) auch (iii). $\square$

Um die Diagonalisierbarkeit eines vorgelegten Endomorphismus – oder sagen wir gleich: einer vorgelegten $n \times n$-Matrix A über K – zu untersuchen, können wir nach Satz 3 folgendermaßen vorgehen: Zuerst ist zu prüfen, ob das charakteristische Polynom χ_A von A vollständig in Linearfaktoren über K zerfällt. Ist dies nicht der Fall, so kann A auch nicht diagonalisierbar sein. – Im folgenden nehmen wir an, daß bekannt ist, welche Nullstellen χ_A in K besitzt; seien dann die paarweise verschiedenen Zahlen $\lambda_1, \lambda_2, ..., \lambda_r$ die sämtlichen Nullstellen von χ_A in K. Für jedes $i = 1, 2, ..., r$ besteht nun für die Dimension d_i des zu λ_i gehörigen Eigenraumes $V(\lambda_i, A)$ die Beziehung

$$d_i = \dim \mathrm{Kern}(A - \lambda_i E).$$

Somit ist d_i gleich der Dimension des Lösungsraumes des homogenen linearen Gleichungssystems mit der Koeffizientenmatrix $A - \lambda_i E$ und läßt sich folglich effektiv bestimmen. Gilt dann

$$\sum_{i=1}^{r} d_i = n, \tag{92}$$

so ist A diagonalisierbar; ist (92) hingegen nicht erfüllt, also $\sum_{i=1}^{r} d_i < n$, so ist A nicht diagonalisierbar.

Beispiel für Diagonalisierung einer Matrix:
Wir betrachten

$$A = \begin{pmatrix} 1 & -3 & -2 & 1 \\ -1 & -1 & -2 & 1 \\ 1 & 3 & 4 & -1 \\ 0 & 0 & 0 & 2 \end{pmatrix} \in M_4(\mathbb{R})$$

Bezeichnet man mit M das linke obere 3×3-Kästchen in A, so gilt nach F12 zunächst

$$\chi_A(X) = (X - 2)\,\chi_M(X) = (X - 2)(X^3 - 4X^2 + 4X) = X(X - 2)^3$$

A besitzt somit genau die Eigenwerte $\lambda_1 = 0$ und $\lambda_2 = 2$. Wie man leicht feststellt, hat das homogene lineare Gleichungssystem mit der Koeffizientenmatrix $A - \lambda_1 E = A$ einen eindimensionalen, etwa durch

$$b_1 := \begin{pmatrix} 1 \\ 1 \\ -1 \\ 0 \end{pmatrix}$$

erzeugten Lösungsraum. Der Lösungsraum des homogenen linearen Gleichungs-systems mit der Koeffizientenmatrix

$$A - \lambda_2 E = A - 2E = \begin{pmatrix} -1 & -3 & -2 & 1 \\ -1 & -3 & -2 & 1 \\ 1 & 3 & 2 & -1 \\ 0 & 0 & 0 & 0 \end{pmatrix}$$

ist offenbar 3-dimensional und wird etwa durch die Vektoren

$$\boldsymbol{b}_2 := \begin{pmatrix} -3 \\ 1 \\ 0 \\ 0 \end{pmatrix}, \quad \boldsymbol{b}_3 := \begin{pmatrix} -2 \\ 0 \\ 1 \\ 0 \end{pmatrix}, \quad \boldsymbol{b}_4 := \begin{pmatrix} 1 \\ 0 \\ 0 \\ 1 \end{pmatrix}$$

aufgespannt. Die Bedingung (92) für die Diagonalisierbarkeit ist also erfüllt. Die obigen Vektoren $\boldsymbol{b}_1$, $\boldsymbol{b}_2$, $\boldsymbol{b}_3$, $\boldsymbol{b}_4$ bilden eine nur aus Eigenvektoren von A bestehende Basis von $V = \mathbb{R}^4$. Bezüglich dieser Basis besitzt der Endo-morphismus A des $\mathbb{R}^4$ die Koordinatenmatrix

$$\begin{pmatrix} 0 & 0 & 0 & 0 \\ 0 & 2 & 0 & 0 \\ 0 & 0 & 2 & 0 \\ 0 & 0 & 0 & 2 \end{pmatrix} = S^{-1}AS, \tag{93}$$

wobei S die (invertierbare) 4 × 4-Matrix mit dem Spaltensystem $\boldsymbol{b}_1, \boldsymbol{b}_2, \boldsymbol{b}_3, \boldsymbol{b}_4$ ist. *Übungsaufgabe* 8: Man berechne S^{-1} und prüfe die Matrixgleichung (93) durch direkte Rechnung nach.

Was die in §2 behandelten Beispiele 1, 2 und 4 betrifft, so handelt es sich dabei in Bsp. 1 und Bsp. 4 um diagonalisierbare Endomorphismen, hingegen in Bsp. 2 um einen nicht diagonalisierbaren Endomorphismus.

Am Schluß dieses Paragraphen soll nicht unerwähnt bleiben, daß Eigenwertfragen auch bei Endomorphismen *unendlich-dimensionaler Vektorräume* eine große Rolle spielen. Dabei werden in der Regel Vektorräume über $\mathbb{R}$ oder $\mathbb{C}$ zugrundegelegt, in denen als zusätzliche Struktur noch ein geeigneter Konvergenzbegriff erklärt ist. Darum gehört das Studium solcher Räume auch in die *Analysis*. Als Grundlage und Orientierungsrahmen ist die Kenntnis der Verhältnisse in endlich-dimensionalen Vektorräumen für die Analysis allerdings unerläßlich.

§4 Der Satz von Cayley-Hamilton und der Begriff des Minimalpolynoms

Wir haben in diesem Kapitel damit begonnen, die Endomorphismen endlich-dimensionaler Vektorräume genauer zu beschreiben. Dabei war die Einführung des Begriffes *Eigenvektor* ein naheliegender Ausgangspunkt; wir haben auch gesehen, daß man mit Hilfe dieses Begriffes (und der daraus abgeleiteten Begriffe

Eigenwert und *charakteristisches Polynom*) in vielen Fällen schon wesentlichen Aufschluß über die Gestalt eines vorgelegten Endomorphismus erhalten kann. Im Falle eines *diagonalisierbaren* Endomorphismus f speziell führt die Untersuchung seines charakteristischen Polynoms bereits zu einer vollständigen Kennzeichnung von f. Im allgemeinen kommt man aber damit allein nicht aus. Wir benötigen somit jedenfalls einen neuen, allgemeineren Ansatz:

Es sei f ein Endomorphismus des n-dimensionalen K-Vektorraumes V, und sei $v \neq 0$ ein beliebiger Vektor von V. Wir betrachten dann mit v auch die Vektoren fv, $f(fv) = f^2 v$, $f(f^2 v) = f^3 v$, ..., welche aus v durch fortgesetzte Anwendung von f hervorgehen. Wegen $n = \dim V$ ist das $(n + 1)$-gliedrige System der Vektoren

$$v, fv, f^2 v, ..., f^n v$$

linear abhängig. Es gibt folglich eine natürlich Zahl $r \leq n$, für die das System

$$v, fv, ..., f^{r-1} v \quad \text{*linear unabhängig*} \tag{94}$$

das System v, fv, ..., $f^r v$ aber *linear abhängig* ist. Es gibt dann eine Relation der Gestalt

$$f^r v = c_0 v + c_1 fv + \cdots + c_{r-1} f^{r-1} v \tag{95}$$

mit Koeffizienten c_i aus K. Es sei nun

$$U = \langle v, fv, ..., f^{r-1} v \rangle \tag{96}$$

der von den Vektoren in (94) erzeugte Teilraum von V. Wegen (94) bilden die Vektoren

$$b_1 := v, b_2 := fv, b_3 := f^2 v, ..., b_r := f^{r-1} v \tag{97}$$

eine *Basis* von U. Anwendung von f auf diese Elemente liefert

$$fb_i = b_{i+1} \quad \text{für } 1 \leq i \leq r - 1 \tag{98}$$

sowie

$$fb_r = c_0 b_1 + c_1 b_2 + \cdots + c_{r-1} b_r \tag{99}$$

mit den Koeffizienten c_i aus (95). Die Vektoren b_i der Basis (97) von U werden also bei f sämtlich in Vektoren aus U abgebildet, und daher gilt jedenfalls

$$f(U) \subseteq U \tag{100}$$

Somit vermittelt f per *Einschränkung* einen Endomorphismus von U; wir bezeichnen diesen mit f_U. Aus (98) und (99) geht hervor, daß der Endomorphismus

$$f_U : U \to U \tag{101}$$

bezüglich der Basis $b_1, \ldots, b_r$ von U die Koordinatenmatrix

$$M := \begin{pmatrix} 0 & 0 & \cdots & \cdots & 0 & c_0 \\ 1 & 0 & \cdots & \cdots & 0 & c_1 \\ 0 & 1 & \ddots & & \vdots & \vdots \\ \vdots & 0 & \ddots & \ddots & \vdots & \vdots \\ \vdots & \vdots & & \ddots & 1 & 0 & c_{r-2} \\ 0 & 0 & \cdots & 0 & 1 & c_{r-1} \end{pmatrix} \tag{102}$$

besitzt. Die Koeffizienten $c_0, c_1, \ldots, c_{r-2}$ in der letzten Spalte von M hängen dabei allein von f_U ab, denn nach F11 von §2 hat das charakteristische Polynom von f_U die Gestalt

$$\chi_{f_U} = \chi_M = X^r - c_{r-1} X^{r-1} - c_{r-2} X^{r-2} - \cdots - c_1 X - c_0 \tag{103}$$

Unsere Betrachtung hat somit zu einer befriedigenden Beschreibung wenigstens des Endomorphismus f_U von U geführt. Was nun den vorgelegten Endomorphismus f von V selbst angeht, so wird man versuchen, den Vektorraum V in geeignete Teilräume U der obigen Art so zu zerlegen, daß man durch Zusammensetzung von Matrizen der Gestalt (102) eine Matrixbeschreibung von f erhält. Dieses Programm wollen wir an dieser Stelle jedoch nicht weiter verfolgen; als ein Resultat der obigen Betrachtungen sei hier aber noch ein höchst bemerkenswerter Satz abgeleitet:

Im Hinblick auf (103) bedeutet die Relation (95), daß die Gleichung

$$\chi_{f_U}(f)\, v = 0 \tag{104}$$

besteht. Hieraus gewinnt man nun leicht den folgenden schönen

Satz 4 ('Satz von Cayley-Hamilton'):

Jeder Endomorphismus f eines n-dimensionalen K-Vektorraumes genügt seiner eigenen charakteristischen Gleichung, d.h. es gilt

$$\chi_f(f) = 0 \tag{105}$$

Speziell gilt für jede $n \times n$-Matrix A über K die Matrixgleichung

$$\chi_A(A) = 0 \tag{106}$$

Ist also $\chi_A(X) = X^n + s_1 X^{n-1} + \cdots + s_{n-1} X + s_n$ das charakteristische Polynom von A (vgl. F8), so besteht die Beziehung

$$A^n + s_1 A^{n-1} + \cdots + s_{n-1} A + s_n E = 0, \tag{107}$$

wobei E die $n \times n$-Einheitsmatrix bezeichnet (und die Null auf der rechten Seite die $n \times n$-Nullmatrix).

Beweis: Wir haben zu zeigen, daß für jeden Vektor v aus V die Gleichung

$$\chi_f(f)\,v = 0 \tag{108}$$

erfüllt ist. Für $v = 0$ ist dies klar, sei also im folgenden $v \neq 0$. Dann betrachten wir zu v den oben definierten Teilraum U von V. Ergänzen wir die in (97) genannte Basis $b_1, \ldots, b_r$ von U zu einer Basis $b_1, \ldots, b_r$, $b_{r+1}, \ldots, b_n$ von V, so hat die Koordinatenmatrix A von f bzgl. dieser Basis offenbar die Gestalt

$$A = \left(\begin{array}{c|c} M & C \\ \hline 0 & M' \end{array}\right), \tag{109}$$

wobei M die Koordinatenmatrix von f_U bezüglich der Basis $b_1, \ldots, b_r$ von U bezeichnet. Nach F12 besteht dann zwischen den charakteristischen Polynomen $\chi_A = \chi_f$, $\chi_M = \chi_{f_U}$ und $\chi_{M'}$ die Beziehung

$$\chi_f = \chi_{M'} \cdot \chi_{f_U}$$

Setzt man hier f ein und wendet die so erhaltene Abbildung auf v an, so erhält man wegen (104) die Behauptung (108).   □

Bemerkung: Sei $A = (a_{ij})$ eine beliebige $n \times n$-Matrix über einem kommutativen Ring K mit Eins, und sei

$$\chi_A(X) = \det(XE - A) \tag{110}$$

ihr charakteristisches Polynom. Um $\chi_A(A) = 0$ zu zeigen, ist man versucht, auf der rechten Seite von (110) für X einfach die Matrix A einzusetzen. Wenn man nun kritisch überlegt, was hier unter Einsetzung von A zu verstehen ist, führt dies tatsächlich zu einem brauchbaren Beweisansatz für den Satz von Cayley-Hamilton: Wir betrachten zunächst die kommutative K-Teilalgebra

$$K[A] = \{g(A)\,|\,g \in K[X]\} \tag{111}$$

von $M_n(K)$; es bezeichne dann C die folgendermaßen definierte $n \times n$-Matrix mit Koeffizienten aus $K[A]$:

$$C = \begin{pmatrix} A - a_{11}E & -a_{12}E & \ldots & -a_{1n}E \\ -a_{21}E & A - a_{22}E\cdot & & -a_{2n}E \\ \vdots & & \ddots & \vdots \\ -a_{n1}E & -a_{n2}E & \ldots & A - a_{nn}E \end{pmatrix} \tag{112}$$

Als $n \times n$-Matrix über dem Ring $K[A]$ besitzt C offenbar die Determinante

$$\det(C) = \chi_A(A) \tag{113}$$

Sei $e_1, \ldots, e_n$ die kanonische Basis von K^n. Dann gilt

$$Ae_i = \sum_j a_{ji}e_j \quad \text{für } 1 \leq i \leq n \tag{114}$$

Werden daher die Koeffizienten der Matrix C in (112) mit C_{rs} bezeichnet, so kann (114) auch in der Form

$$\sum_j C_{ji}\,e_j = 0 \quad \text{für } 1 \le i \le n \tag{115}$$

geschrieben werden. Wir behaupten, daß dann notwendig $\det(C) = 0$ gelten muß; wegen (113) bedeutet das gerade $\chi_A(A) = 0$. In der Tat: Sei $\tilde{C} = (\tilde{C}_{rs})$ die *komplementäre Matrix* zu C; multipliziert man dann (115) mit $\tilde{C}_{ik}$ und summiert anschließend über i, so folgt

$$\sum_i \tilde{C}_{ik} \sum_j C_{ji}\,e_j = \sum_j \left(\sum_i C_{ji}\tilde{C}_{ik}\right) e_j = 0$$

Wegen $C\tilde{C} = \det(C)\,E$ ist dann aber $\det(C)\,e_k = 0$ für alle k und somit wirklich $\det(C) = 0$.

Damit ist der Satz von Cayley-Hamilton aufs neue bewiesen; darüber hinaus haben wir gezeigt, daß $\chi_A(A) = 0$ auch für jede $n \times n$-Matrix A über einem beliebigen kommutativen Ring K mit Eins gilt.

Die Tatsache, daß eine beliebige $n \times n$-Matrix A über einem Körper K überhaupt einer Polynomgleichung genügt, ist allein schon eine beachtenswerte Folgerung aus dem Satz von Cayley-Hamilton. Allerdings kann man diese Tatsache ganz einfach auch direkt beweisen, denn $M_n(K)$ hat die Dimension n^2 über K und folglich ist das System der Elemente $E, A, A^2, \ldots, A^{n^2}$ von $M_n(K)$ linear abhängig.

Es sei f ein Endomorphismus eines n-dimensionalen K-Vektorraumes. Wir betrachten dann alle Polynome $g \in K[X]$ mit

$$g(f) = 0, \quad g \neq 0. \tag{116}$$

Wir wissen aus Satz 1, daß es ein solches Polynom jedenfalls gibt, nämlich das Polynom χ_f. Unter allen Polynomen g mit (116) sei nun μ eines von minimalem Grad. Wir können o.E. annehmen, daß μ normiert ist. Es sei jetzt g ein beliebiges Polynom aus $K[X]$ mit (116). Nach F3 (*Division mit Rest*) gibt es Polynome q und r aus $K[X]$ mit

$$g(X) = q(X)\,\mu(X) + r(X), \quad \text{grad } r < \text{grad } \mu$$

Einsetzen von f ergibt sofort $r(f) = 0$. Aufgrund der Wahl von μ ist dann aber $r = 0$, also μ ein *Teiler* von g. Es folgt daraus auch, daß es nur ein Polynom μ mit den obigen Eigenschaften geben kann. Wir erhalten somit

F16 ('Minimalpolynom'):
Sei f ein Endomorphismus eines n-dimensionalen K-Vektorraumes. Dann gibt es genau ein normiertes Polynom $\mu \in K[X]$ mit $\mu(f) = 0$ und folgender Eigenschaft: Ist $g \in K[X]$ ein beliebiges Polynom mit $g(f) = 0$, so ist g durch μ teilbar. Wir nennen μ das <u>Minimalpolynom</u> des Endomorphismus f und bezeichnen es mit

$$\mu_f \tag{117}$$

Den Satz von Cayley-Hamilton können wir im Hinblick auf F16 auch folgendermaßen aussprechen:

Satz 4': *Für jeden Endomorphismus f eines n-dimensionalen K-Vektorraumes ist das Minimalpolynom von f ein Teiler des charakteristischen Polynoms von f:*

$$\mu_f \mid \chi_f \tag{118}$$

Beispiele: (1) Die Matrix A von Beispiel 2 auf Seite 200 besitzt das charakteristische Polynom $(X-1)^4$; wegen $E-A \neq 0$ und $(E-A)^2 = 0$ ist dann

$$\mu_A = (X-1)^2$$

das Minimalpolynom von A.

(2) Die diagonalisierbare Matrix A auf Seite 208 mit dem charakteristischen Polynom $\chi_A = X(X-2)^3$ besitzt das Minimalpolynom $\mu_A = X(X-2)$.

F17: *Für jeden Endomorphismus f eines n-dimensionalen K-Vektorraumes haben die Polynome χ_f und μ_f die gleichen Nullstellen in K (wobei jedoch eine solche Nullstelle in μ_f mit kleinerer Vielfachheit als in χ_f auftreten kann).*

Beweis: Wegen (118) ist jede Nullstelle von μ_f auch eine Nullstelle von χ_f. Sei jetzt λ eine Nullstelle von χ_f, also λ ein Eigenwert von f. Hat nun μ_f die Gestalt

$$\mu_f(X) = X^r + a_{r-1}X^{r-1} + \cdots + a_1 X + a_0,$$

so gilt für jeden Eigenvektor v zum Eigenwert λ von f aufgrund von $\mu_f(f) = 0$ die Gleichung

$$\lambda^r v + a_{r-1}\lambda^{r-1}v + \cdots + a_1 \lambda v + a_0 v = 0,$$

woraus sich wegen $v \neq 0$ sofort die Behauptung $\mu_f(\lambda) = 0$ ergibt. $\quad\square$

Die Gültigkeit von F17 folgt mit (118) auch aus der nachstehenden

Bemerkung: Für eine beliebige $n \times n$-Matrix A über K ist das charakteristische Polynom von A stets ein Teiler der n-ten Potenz des Minimalpolynoms von A:

$$\chi_A \mid \mu_A^n \tag{119}$$

Um dies zu zeigen, betrachten wir die kommutative K-Teilalgebra $R := K[A]$ von $M_n(K)$. Das Polynom $\mu_A(X)\, E_n \in R[X]$ besitzt in R die Nullstelle A, also gibt es (nach §1, F4) ein Polynom $Q(X) \in R[X]$ mit

$$\mu_A(X)\, E_n = (XE_n - A)\, Q(X) \tag{120}$$

Wir lesen nun (120) als Gleichung zwischen $n \times n$-Matrizen über dem Ring $K[X]$ und bilden Determinanten über diesem Ring; wir erhalten

$$\mu_A(X)^n = \chi_A(X)\det(Q(X)) \tag{121}$$

Nun ist $q(X) := \det(Q(X))$ ein Element aus $K[X]$, also folgt aus (121) die Behauptung (119).

Wir beschließen diesen Paragraphen mit der folgenden Charakterisierung der Diagonalisierbarkeit eines Endomorphismus mittels dessen Minimalpolynom:

F18: *Für einen Endomorphismus f eines n-dimensionalen K-Vektorraumes V sind die beiden folgenden Aussagen gleichwertig:*

(i) f ist diagonalisierbar.

(ii) Das Minimalpolynom μ_f von f zerfällt über K vollständig in Linearfaktoren, und μ_f besitzt nur einfache Nullstellen.

Beweis: (i) $\Rightarrow$ (ii): Es sei $\{\lambda_1, \lambda_2, \ldots, \lambda_r\}$ mit paarweise verschiedenen $\lambda_1, \lambda_2, \ldots, \lambda_r$ aus K die Menge aller Eigenwerte von f. Wegen $V = \sum_{i=1}^r V(\lambda_i, f)$ gilt dann offenbar $(f - \lambda_1 \operatorname{id}_V)(f - \lambda_2 \operatorname{id}_V) \ldots (f - \lambda_r \operatorname{id}_V) = \mathbf{0}$. Somit ist μ_f ein Teiler von $(X - \lambda_1) \ldots (X - \lambda_r)$. Wegen F17 gilt dann $\mu_f = (X - \lambda_1)(X - \lambda_2) \ldots (X - \lambda_r)$ und somit (ii).

(ii) $\Rightarrow$ (i): Nach Voraussetzung gilt

$$\mu_f = (X - \lambda_1)(X - \lambda_2) \ldots (X - \lambda_r)$$

mit paarweise verschiedenen Elementen $\lambda_1, \lambda_2, \ldots, \lambda_r$ aus K. Wir führen Induktion nach $n = \dim V$. Für $n = 1$ ist nichts zu beweisen, sei also $n > 1$. Wir behaupten, daß

$$V = \operatorname{Kern}(f - \lambda_1 \operatorname{id}) \oplus \operatorname{Bild}(f - \lambda_1 \operatorname{id})$$

gilt. Ist dies erst einmal bewiesen, so ist die Diagonalisierbarkeit von f klar, denn es ist $\operatorname{Kern}(f - \lambda_1 \operatorname{id}) = V(\lambda_1, f)$, und auf den Teilraum $W := \operatorname{Bild}(f - \lambda_1 \operatorname{id})$ können wir wegen $fW \subseteq W$ die Induktionsannahme anwenden. Um nun die obige direkte Summenzerlegung von V zu zeigen, bemerken wir, daß eine Darstellung

$$(X - \lambda_2) \ldots (X - \lambda_n) = q(X)(X - \lambda_1) + c \quad \text{mit } q \in K[X], c \in K^\times$$

existiert (*Division mit Rest*). Setzen wir nun f ein, so erhalten wir für jeden Vektor v aus V eine Darstellung der Gestalt

$$cv = (f - \lambda_2 \operatorname{id}) \ldots (f - \lambda_n \operatorname{id})v - q(f)(f - \lambda_1 \operatorname{id})v$$

Hier liegt der erste Summand in $\operatorname{Kern}(f - \lambda_1 \operatorname{id})$ und der zweite in $\operatorname{Bild}(f - \lambda_1 \operatorname{id})$. Wegen $c \neq 0$ ist also $V = \operatorname{Kern}(f - \lambda_1 \operatorname{id}) + \operatorname{Bild}(f - \lambda_1 \operatorname{id})$. Wegen $\dim V = \dim \operatorname{Kern}(f - \lambda_1 \operatorname{id}) + \dim \operatorname{Bild}(f - \lambda_1 \operatorname{id})$ ist die Summe schließlich direkt.

§5 Trigonalisierbare Endomorphismen

In diesem Paragraphen untersuchen wir Endomorphismen eines n-dimensionalen K-Vektorraumes, deren charakteristische Polynome über K vollständig in Linearfaktoren zerfallen. Solche Endomorphismen sind nicht notwendig diagonalisierbar (vgl. §3), wohl aber gilt für sie der folgende

Satz 5 ('Kriterium für Trigonalisierbarkeit'):

Es sei f ein Endomorphismus des n-dimensionalen K-Vektorraumes V. Zerfällt dann das charakteristische Polynom χ_f von f über K vollständig in Linearfaktoren, so ist f trigonalisierbar, d.h. es gibt eine Basis B von V, bezüglich welcher die Koordinatenmatrix von f eine obere Dreiecksmatrix ist, also die Gestalt

$$\begin{pmatrix} \lambda_1 & & & * \\ & \lambda_2 & & \\ & & \ddots & \\ O & & & \lambda_n \end{pmatrix} \tag{122}$$

besitzt.

Umgekehrt folgt aus der Existenz einer Basis B von V, bezüglich welcher die Koordinatenmatrix von f die Gestalt (122) hat, daß das charakteristische Polynom von f die Gestalt

$$\chi_f(X) = (X - \lambda_1)(X - \lambda_2) \dots (X - \lambda_n) \tag{123}$$

besitzt, also über K vollständig in Linearfaktoren zerfällt. In (122) stehen also notwendig die sämtlichen Eigenwerte von f (wobei ein λ_i so oft erscheint, wie seine Vielfachheit in χ_f beträgt).

Beweis: Der zweite Teil von Satz 5 ist klar, denn eine Matrix der Gestalt (122) besitzt offenbar das charakteristische Polynom $(X - \lambda_1)(X - \lambda_2) \dots (X - \lambda_n)$.

Sei nun f ein Endomorphismus, dessen charakteristisches Polynom die Gestalt (123) besitzt. Sei dann $b_1 \neq 0$ ein Eigenvektor zum Eigenwert λ_1 von f. Wir ergänzen b_1 zu einer Basis $b_1, b_2, \dots, b_n$ von V. Die Koordinatenmatrix von f bezüglich $b_1, \dots, b_n$ hat dann die Gestalt

$$\begin{pmatrix} \lambda_1 & * & * & \cdots & * \\ \hline 0 & & & & \\ \vdots & & B & & \\ 0 & & & & \end{pmatrix} \tag{124}$$

mit einer Matrix $B \in M_{n-1}(K)$; o.E. sei $n > 1$. Wir wollen zeigen, daß B

bei geeigneter Wahl von $b_2, \ldots, b_n$ eine obere Dreiecksmatrix ist; dann ist auch die Matrix in (124) eine obere Dreiecksmatrix und damit die Behauptung bewiesen. Es sei

$$W := \langle b_2, \ldots, b_n \rangle$$

der von $b_2, \ldots, b_n$ erzeugte Teilraum von V. Speziell für jeden Vektor w aus W hat man dann für fw eine eindeutige Darstellung der Gestalt

$$fw = a(w)\, b_1 + g(w) \quad \text{mit } a(w) \in K \text{ und } g(w) \in W$$

Es ist dann $g: W \to W$ ein Endomorphismus von W, und zwar derjenige, welcher bezüglich der Basis $b_2, \ldots, b_n$ gerade die Matrix B in (124) als Koordinatenmatrix besitzt. Nun ist (aufgrund von F12 in §2) aber $\chi_f = (X - \lambda_1)\, \chi_B = (X - \lambda_1)\, \chi_g$, also

$$\chi_g = (X - \lambda_2) \ldots (X - \lambda_n) \tag{125}$$

Per Induktion nach n können wir daher annehmen, daß der Endomorphismus g des $(n-1)$-dimensionalen K-Vektorraumes mit (125) trigonalisierbar ist. Es läßt sich also in der Tat eine Basis $b_2, \ldots, b_n$ von W finden, für welche die zugehörige Koordinatenmatrix B von g eine obere Dreiecksmatrix ist. $\square$

Bemerkung 1: Für Matrizen formuliert, besagt Satz 5, daß für jede $n \times n$-Matrix A über einem Körper K die folgenden Bedingungen äquivalent sind:

(i) *χ_A zerfällt vollständig in Linearfaktoren über K.*
(ii) *Der Endomorphismus $A: K^n \to K^n$ ist trigonalisierbar.*
(iii) *A ist konjugiert (ähnlich) zu einer oberen Dreiecksmatrix, d.h. es gibt ein $S \in \mathrm{GL}(n, K)$, so daß $S^{-1} AS$ die Gestalt (122) besitzt.*

Bemerkung 2: Der oben geführte Beweis von Satz 5 zeigt zugleich ein Verfahren auf, nach welchem man eine vorgegebene $n \times n$-Matrix A über K, deren charakteristisches Polynom über K vollständig in Linearfaktoren zerfällt, auf Dreiecksgestalt transformieren kann. Betrachten wir zum Beispiel die Matrix

$$A = \begin{pmatrix} 2 & -1 & 1 \\ -1 & 2 & -1 \\ 2 & 2 & 3 \end{pmatrix} \in M_3(\mathbb{R})$$

mit dem charakteristischen Polynom $\chi_A(X) = X^3 - 7X^2 + 15X - 9 = (X-1)(X-3)^2$. Durch Lösung des linearen Gleichungssystems $(A - E)\, x = 0$ findet man

$$b_1 := \begin{pmatrix} 1 \\ 0 \\ -1 \end{pmatrix}$$

als Eigenvektor zum Eigenwert 1 von A. Offenbar ist b_1, e_2, e_3 eine Basis von $V = \mathbb{R}^3$. Bezüglich dieser hat der Endomorphismus die Koordinatenmatrix

$$\begin{pmatrix} 1 & -1 & 1 \\ 0 & 2 & -1 \\ 0 & 1 & 4 \end{pmatrix} \tag{126}$$

Wir haben nun die Matrix

$$B = \begin{pmatrix} 2 & -1 \\ 1 & 4 \end{pmatrix}$$

zu 'trigonalisieren'. Es ist $\chi_B = (X - 3)^2$, und man findet sofort, daß der Eigenraum zum Eigenwert 3 von B durch den Vektor $\begin{pmatrix} 1 \\ -1 \end{pmatrix}$ erzeugt wird.

Insgesamt hat somit die Koordinatenmatrix C von A in bezug auf die Basis

$$b_1 = \begin{pmatrix} 1 \\ 0 \\ -1 \end{pmatrix}, \quad b_2 = \begin{pmatrix} 0 \\ 1 \\ -1 \end{pmatrix}, \quad b_3 = e_3 = \begin{pmatrix} 0 \\ 0 \\ 1 \end{pmatrix} \tag{127}$$

obere Dreiecksgestalt; man findet genauer, daß

$$C = \begin{pmatrix} 1 & -2 & 1 \\ 0 & 3 & -1 \\ 0 & 0 & 3 \end{pmatrix} \tag{128}$$

Man beachte, daß die ersten Zeilen in (126) und (128) nicht übereinstimmen.

Übungsaufgabe 9: Ist S die Matrix mit den Spalten b_1, b_2, b_3 in (127), so muß $S^{-1} AS = C$ gelten. Man rechne dies zur Probe nach.

Bemerkung 3: Sei f ein Endomorphismus des n-dimensionalen K-Vektorraumes V. Dann ist die Koordinatenmatrix von f bezüglich der Basis $(b_1, \ldots, b_n)$ von V genau dann eine *obere* Dreiecksmatrix, wenn die Koordinatenmatrix von f bezüglich der Basis $(b_n, b_{n-1}, \ldots, b_1)$ von V eine *untere* Dreiecksmatrix ist.

Bemerkung 4: Ist der Körper *algebraisch abgeschlossen*, so ist nach Satz 5 jeder Endomorphismus eines n-dimensionalen Vektorraumes über K trigonalisierbar. Insbesondere gilt das also für $K = \mathbb{C}$, dem Körper der komplexen Zahlen.

Bemerkung 5: Ist K ein beliebiger Körper, so gibt es einen algebraisch abgeschlossenen Körper C, der K als Teilkörper enthält. Diesen Satz beweist man in der *Algebra*; wir haben ihn hier erwähnt, weil er im Hinblick auf die vorangegangene Bemerkung 4 in unserem Zusammenhang von Bedeutung ist.

Bemerkung 6: Ein Endomorphismus f eines n-dimensionalen K-Vektorraumes V heißt *nilpotent*, wenn es eine natürliche Zahl k mit $f^k = 0$ gibt. Als Anwendung insbesondere von Satz 5 beweisen wir hier die Äquivalenz der folgenden Aussagen:

(i) *f ist nilpotent.*
(ii) *Das charakteristische Polynom χ_f von f hat die Gestalt $\chi_f = X^n$.*
(iii) *Es gibt eine Basis, bezüglich welcher die Koordinatenmatrix von f eine (obere) Dreiecksmatrix mit lauter Nullen auf der Hauptdiagonalen ist.*
(iv) *Es ist $f^n = 0$ mit $n = \dim V$.*

Beweis: (iv) $\Rightarrow$ (i): trivial.

(i) $\Rightarrow$ (ii): Es gibt eine natürliche Zahl k mit $f^k = 0$. Somit ist das Minimalpolynom μ_f von f ein Teiler von X^k. Also ist $\mu_f = X^r$ mit $r \le k$. Aufgrund von (119) muß dann auch χ_f eine Potenz von X sein, also $\chi_f = X^n$.

(ii) $\Rightarrow$ (iii): Dies folgt unmittelbar aus Satz 5.

(iii) $\Rightarrow$ (ii): klar.

(ii) $\Rightarrow$ (iv): Dies ergibt sich sofort aus dem Satz von Cayley-Hamilton. $\square$

In diesem Kapitel haben wir wichtige Grundtatsachen über Eigenvektoren, Eigenwerte, charakteristisches Polynom und Minimalpolynom eines Endomorphismus zusammengestellt. Die Untersuchung der Endomorphismen endlich-dimensionaler Vektorräume ist damit aber keineswegs abgeschlossen: Das schon in Kap. III (am Schluß von §5) angesprochene Problem, quadratische Matrizen hinsichtlich *Ähnlichkeit* genau zu klassifizieren, blieb nach wie vor unerledigt. Wir geben uns an dieser Stelle jedoch mit dem Erreichten zufrieden und verschieben eine abschließende Darstellung der Theorie der Endomorphismen endlich-dimensionaler Vektorräume auf ein späteres Kapitel des zweiten Bandes.

Abgesehen davon, daß es ratsam ist, den Lernenden nicht zu lange mit der Behandlung e i n e s Gegenstandes zu ermüden, sondern lieber seinem Bedürfnis nach Abwechslung entgegenzukommen, benötigen wir auch einige weitere algebraische Hilfsmittel, welche die Teilbarkeitslehre in Polynomringen über Körpern betreffen. Im übrigen reicht für viele Fragen die bisher entwickelte Theorie bereits völlig aus, wobei namentlich Satz 5 (in Verbindung mit Bemerkung 5) hervorzuheben ist.

Es sei aber an dieser Stelle schon erwähnt, daß es möglich ist, Satz 5 durch die Forderung zu verschärfen, daß auch das Koeffizientenschema $*$ oberhalb der Hauptdiagonalen in (122) eine ganz bestimmte spezielle Gestalt besitzt (siehe Band II: *Jordansche Normalform*).

Sachregister

A

abelsche Gruppe   28, 119
additive Gruppe eines Vektorraumes   120
affiner Teilraum, siehe Kap. VI, Bd II
ähnlich (=konjugiert)   112
Ähnlichkeit von Matrizen   112, 115, 219
Algebra der $n \times n$-Matrizen über K 97
Algebra (über K)   87, 180
algebraisch abgeschlossen   191, 218
algebraische Vielfachheit eines Eigenwertes   202
Äquivalenzrelation   113
Äquivalenz von Matrizen   112
alternierende Multilinearform   162
Assoziationsgesetz   24, 56, 119
assoziierte Matrix   170
Automorphismus   120
Automorphismusgruppe eines Vektorraumes   120

B

Basis (eines Vektorraumes)   36, 37, 43, 48, 53
Basisergänzungssatz   54
Basisisomorphismus   74
Basiswechsel   108, 110
bijektive Abbildung   73
Bild einer linearen Abbildung   78
Binominalkoeffizient   163

C

Cayley–Hamilton (Satz von)   211
Charakteristik eines Körpers   26
charakteristisches Polynom (einer Matrix, eines Endomorphismus)   195ff.
Cramersche Regel für die Matrixinversion   148, 152
Cramersche Regel für lineare Gleichungssysteme, siehe Bd II
Cramersche Regel über die komplementäre Matrix   148, 152

D

Darstellung einer Determinante nach Leibniz   161
Defekt einer linearen Abbildung   81
Determinante einer Matrix   140
Determinante eines Endomorphismus   171
Determinante auf $M_n(K)$ 144
Determinantenfunktion   134
Determinantenregeln (die zehn Determinantenregeln)   150ff.
diagonalisierbar   204, 206, 215
Diagonalmatrix   12, 204
Differentation (als lineare Abbildung)   70, 194
Dimensionsformel für lineare Abbildungen   80